언스쿨링
가족여행

일러두기

1. 이 책에 실린 사진은 저자가 직접 찍거나 셔터스톡(www.shutterstock.com)에서 구매한 것임을 밝힙니다.

2. 저자의 이야기 서술 방식을 살리고자 구어체 표현이 사용됐습니다.

3. 여행지와 관련된 정보는 현지 상황에 따라 달라질 수 있으므로 반드시 확인이 필요합니다.

언스쿨링 가족여행

초판 1쇄 발행 2021년 5월 15일

지은이 심정섭
발행인 조상현
마케팅 조정빈
편집인 김주연
디자인 Design IF

© 심정섭, 셔터스톡, 2021

펴낸곳 더디퍼런스
등록번호 제 2018-000177 호
주소 경기도 고양시 덕양구 큰골길 33-170
문의 02-712-7927
팩스 02-6974-1237
이메일 thedibooks@naver.com
홈페이지 www.thedifference.co.kr

ISBN 979-11-6125-307-7 (13590)

독자 여러분의 소중한 원고를 기다리고 있으니 많은 투고 바랍니다.

더스 | 더디 | 더디퍼런스 | 마이북

교실 밖 세상에서 배우는

언스쿨링 가족여행

심정섭 지음

더디퍼런스

포스트 코로나 시대에 열리는
새로운 교육 기회

코로나로 인해 아이들이 학교에 가지 못하는 날이 늘면서 아이들의 기본 학습 능력 저하나 학력 격차가 사회적으로 큰 문제가 되고 있습니다. 특히 가정 형편이 어렵거나 부모의 학습 지원을 받지 못하는 아이들의 교육 문제가 심각한 상황입니다. 뿐만 아니라 각 가정의 경제, 교육적 상황과 관계없이 평소 아이들과 집에 있을 때 무엇을 해야 할지 고민하는 가정이 많습니다.

한편으로 학교에서의 대면 학습 시간이 줄어든 점은 그동안 이상적으로 생각했던 새로운 교육을 실험해 볼 수 있는 기회이기도 합니다. 부모와 자녀가 대화를 나누고 같은 경험을 할 시간이 늘게 된 것이죠. 말로만 듣던 유대인식 가정 중심 교육이나 하브루타 교육을 실천해 볼 수 있습니다. 그리고 교실을 벗어나 좀 더 의미 있고 미래를 대비할 수 있는 새로운 도전도 할 수 있습니다.

저는 이전부터 아이들을 언제까지 좁은 교실에만 가둬 두고 미래 사회를 살아가는 핵심 역량을 기를 수 있을지 의심을 품었습니다. 이미 국·영·수 문제지만 열심히 푼다고 해서 제대로 된 일자리를 얻을 수 있는 시대가 아닙니다. 인터넷 검색만 해도 나오는 단순 정보나 지식을 암기해서 시험을 잘 보는 것이 점점 의미가 없어지고 있습니다. 이제는 나만의 문제의식을 갖고, 유의미한 질문을 던질 수 있는 아이들이 미래 사회의 주역이 될 것입니다. 그러기 위해서는 다양한 경험을 통해 살아 있는 지식을 얻고 창의력을 끌어 낼 수 있는 아날로그적 감성을 키워야 하는데 이는 학교와 학원의 좁은 교실에서는 불가능한 교육입니다.

그런데 코로나 사태는 이런 고민을 한 번에 해결해 주었습니다. 어차피 학교에 가지 못하는 상황에서 교실 밖으로 나갈 수 있는 기회가 열린 것입니다. 하지만 막상 어디에서 무엇을 보고 경험해야 할지 막연한 가정이 많습니다.
그래서 이 책에서는 코로나 사태와 같은 팬데믹 상황에서 아이들에게 보여 주고 싶은 우리나라의 곳곳을 담았습니다. 이런 여행과 새로운 경험을 통해 자신만의 관심사를 만들고 더 큰 세상을 공부하는 방법을 제시했습니다.

우리나라를 지역별로 서울, 경기도, 충청도와 전라도, 경상도, 강원도와 제주도 총 5개 파트로 나누었고, 아이와 함께 가 보면 좋은 장소 35곳을 엄선해서 소개했습니다.

저와 저희 아이들이 가 본 곳은 역사 유적지만은 아닙니다. 각 지역의 전통시장과 의미 있는 건축물, 그리고 그 지역의 유명한 식당들을 둘러보며 이 땅에 살아가며 누릴 수 있는 것들을 경험하고자 했습니다. 특히 한 장소에 국한된 역사적 배경이나 정보를 다루기보다는 좀 더 넓은 시야에서 바라볼 수 있도록 국내 다른 지역과 세계 여러 나라의 이야기도 함께 다루어 하나의 주제를 확장시켜 생각하도록 했습니다.

예를 들어 종묘의 경우 경건함을 주는 건축의 힘을 느껴 보며, 국가적으로나 역사적으로 의미 있는 건물에 어떤 철학을 담아 냈는지, 서울대 캠퍼스와 스탠포드대학 캠퍼스의 건축물을 비교하며 생각해 보는 기회를 갖게 한 것이죠.

물론 여행에는 많은 돈과 시간이 듭니다. 그리고 모든 가족이 이런 여행을 마음껏 갈 수 있는 것도 아닙니다. 하지만 물건을 사기보다 경험을 산다는 마음으로, 그리고 사교육비를 줄여 더 큰 교육적 투자를 한다는 마음으로 돈을 아끼고 모으면 좀 더 여유 있는 여행을 할 수 있습니다. 모든 가족이 갈 수 없는 상황이라면 가능한 가족 구성원부터 한두 곳씩 도전해 보는 것도 방법입니다.

아무쪼록 이 책을 통해 아이들이 집에서 인터넷 수업만 듣고, 게임하고, 유튜브만 보는 또 다른 감옥에 갇히는 것이 아니라, 주어진 환경에서 최대한 세상을 경험하고, 교실보다 더 큰 세상에서 배우고 성장할 수 있기를 소원합니다.

마지막으로 제가 진행하는 강의, 독서 모임, 역사하브루타, 하브루타 원전토론 모임에 참석해 새로운 교육에 도전하는 가족들에게 감사의 말씀을 드리고, 특히 지난 일 년간 새벽마다 지혜독서와 나눔을 같이 한 김수정, 허영욱, 현성순, 심숙희, 안수희, 최원영 님께 큰 감사를 드립니다. 그리고 가정 중심의 더 나은 교육에 관심을 갖고, 지속적인 기획과 출판으로 미래 교육의 대안을 만들어 주시는 더디퍼런스의 조상현 대표님과 김주연 편집실장님, 좋은 책을 만들어 주신 더디퍼런스 가족에게도 다시 한 번 감사드립니다.

한 아이라도 더 행복한 교육의 꿈은 반드시 이뤄지리라 믿습니다. 한 가정이라도 더 그 길을 함께 가길 원합니다.

차례

준비 마당

1. 가족 인문학 여행 준비

고전평론가이자 여행 인문학의 선구자인 고미숙 작가는 "준비되지 않은 여행 뒤에는 카드 빚만 남는다."고 했습니다. 하지만 또 너무 준비만 하다 보면 계속 미뤄지고, 떠나지 못하는 경우도 있습니다. 저는 우선 여행을 떠나 보고, 좋은 곳은 자료를 더 조사해서 다시 찾는 것도 대안이 될 수 있다고 생각합니다.

또한 너무 일정을 빡빡하게 짜는 것보다 여유 있게 짜는 것이 좋습니다. 짧은 일정에 여러 곳을 가면, 운전하는 부모나 동행하는 아이들 모두 지치기 마련입니다. 가장 이상적인 여행은 한 곳을 정해 3박 4일 혹은 일주일 정도 머물면서 천천히 돌아보는 것입니다. 하지만 그러기 위해서는 적지 않은 경비가 큰 걸림돌이 됩니다.

💜 여행 경비 마련

여행 경비를 마련하는 가장 좋은 방법은 근검절약하는 것입니다. 그런데 일상에서 소비를 줄이는 것만으로는 **목돈**을 마련하기 힘듭니다. 그 래서 저는 현실적인 조언으로 "사교육비 아껴서 여행 가자!"는 말을 많이 합니다. 문제지 푸는 실력을 늘려 주는 사교육은 어느 정도 공부로 승부를 볼 아이들에게나 도움이 됩니다. 냉정하게 말해서 상위 20% 정도의 인지 학습 능력이 안 된다면 굳이 사교육에 큰돈을 쓸 필요가 없습니다. 공교육만 충실하게 받고, 학원비나 과외비를 아껴 아이들과 전국을 다니며 생생한 체험을 하는 것이 아이들의 미래 경쟁력을 높이는 데 더 도움이 됩니다.

💜 숙소와 식당

가장 흔한 숙소는 호텔인데, 유명한 관광지나 역사 유적지에는 조리 시설이 갖춰진 리조트나 펜션을 활용할 수 있습니다. 아이와 함께 차를 가지고 이동하는 경우 간단한 식사는 숙소에서 요리해 먹으며 식비를 줄일 수 있습니다. 잘 알려진 대로 아고다(agoda)나 부킹닷컴(booking. com) 등의 숙박 예약 사이트를 활용하면 여러 숙소를 손쉽게 찾아볼 수 있습니다.

그리고 역사 유적지 부근의 한옥마을이나 한옥 민박 등을 활용하는 것도 좋습니다. 강릉이나 경주, 전주 등에는 한옥 숙소가 많고, 전주한옥마을에는 공공시설이 아닌 개인이 운영하는 저렴한 숙소도 있습니다. 호텔에 비해 욕실이나 편의시설 등은 조금 불편하지만 옛 정취와 함께 인문학 여행을 하는 느낌도 나서 특별한 경험이 됩니다.

지역의 맛집은 인터넷 검색이나 후기 등으로도 충분히 찾을 수 있습니다. 간혹 몇몇 곳은 기대에 미치지 못했지만 그래도 인터넷 검색으로 나오는 별점을 신뢰할 만한 곳이 더 많았습니다.

💜 어린 아이들과의 여행

저희 가족은 아이들이 6개월 이상 됐을 때부터 같이 여행을 다니곤 했습니다. 아이들이 어리면 준비해야 할 것도 많고, 아이들이 아프거나 다치는 돌발 상황에 대비해야 합니다. 그래서 한 숙소를 장기간 잡지 않는 것도 방법입니다. 이전에 가 봐서 검증된 곳이 아니면 장기 투숙으로 예약하지 않고, 하루 이틀 간격으로 숙소를 바꿔 가며 상황에 맞는 대응을 할 필요도 있습니다. 그리고 하루 일정을 너무 타이트하게 짜지 않는 것이 좋습니다. 욕심을 내서 하루에 여러 곳을 둘러보려고 하면 아이와 부모 모두 힘이 들고, 일정을 전부 소화하기 위해 무리해서 다닐 경우 제대로 경험하지 못하는 문제도 생깁니다.

💜 정보 찾기

요즘에는 주로 유튜브나 블로그에서 정보를 찾는 사람이 많고, 그밖에 관련 책이나 지역카페 등도 활용할 수 있습니다. 이미 가 본 사람들의 소개나 평가를 보면 어디를 가서 무엇을 봐야 할지 알 수 있습니다. 그리고 역사 유적지의 경우 유명한 역사 강사들의 강의를 미리 듣고 가면 좀 더 많은 것을 보고 느낄 수 있습니다.

💜 장소 선정

아이가 어리면 부모가 주도적으로 장소를 고르게 되지만, 초등 고학년 이상이라면 아이가 보고 싶은 곳을 선정하고, 아이에게 자료 조사를 맡기는 것도 **좋습니다**. 전에 미국으로 가족 여행을 갔을 때 지연 명소니 역사 유적지에는 관심이 없던 조카가 본인이 가고 싶었던 박물관에서는 몰입하고 열심히 참여하는 모습을 경험했습니다. 장소를 선정하고 일정을 짤 때 아이들의 참여를 늘리는 것이 교육적으로도 의미가 있습니다.

2. 심쌤이 추천하는 '전국 10대 가족 여행지'

1. 종묘와 창덕궁 (Part1 서울 > 5. 종묘, p.61 참고)

서울에는 경복궁, 덕수궁, 창덕궁 등 여러 궁이 있고, 선릉, 헌인릉 등의 왕릉도 있지만 조선 왕조를 경험할 수 있는 단 하나의 공간을 말해 보라면 저는 종묘를 추천합니다. 왕과

왕비의 위패를 모신 공간답게 다른 고궁이나 오래된 건축물에서 느낄 수 없는 신비감이 느껴집니다. 시간별 관람 인원이 제한돼 있기 때문에 여유 있게 일정을 잡고 가면 좋습니다.

2. 원주 뮤지엄 산 (Part5 강원도 > 32. 원주, p.347 참고)

원주에 간다면 뮤지엄 산을 꼭 가 보길 권합니다. 산꼭대기에 펼쳐진 인공과 자연의 조화, 안도 다다오의 건축 세계를 느끼고 볼 수 있습니다. 이 외에도 원주에서는 박경리 문학공원

과 생가, 한살림 창립자인 무일당 장일순 선생의 흔적을 찾아볼 수 있습니다.

3. 대관령 삼양목장 (Part5 강원도와 제주도 > 30. 대관령, p.328 참고)

대관령 삼양목장은 봄, 여름, 가을, 겨울 매 계절마다 가 보기를 권합니다. 아름다운 자연 경관도 좋고, 알프스 초원 같은 언덕에서 풀을 뜯는 양떼와 소떼의 모습도 생생합니다. 부근

에 이효석 기념관에서 이효석 작가의 삶과 그의 단편소설《메밀꽃 필 무렵》에 대해 생각해 보고, 유명한 메밀국수를 먹고 오는 것도 한국인만이 누릴 수 있는 행복입니다.

4. 단양팔경과 구경시장 (Part3 충청도와 전라도 > 18. 단양, p.205 참고)

단양은 한 달 정도 살면서 구석구석 돌아보고 싶은 곳입니다. 단양팔경의 계곡과 아름다운 자연 풍광뿐 아니라, 마늘을 테마로 한 거대한 푸드코트 같았던 구경시장도 인상 깊습니다. 꼭 한 번 가 보길 권합니다.

5. 제천 청풍호 케이블카와 의림지 (Part3 충청도와 전라도 > 18. 단양, p.205 참고)

제천 청풍호 케이블카와 비봉산 정상에서 내려다보는 청풍호 일대의 모

숨은 한마디로 웅장합니다. 마치 우
리 국토 전체를 내려다보며 베토벤 7
번 교향곡 2악장의 장엄한 선율을 듣
는 듯한 느낌입니다. 부근의 의림지
와 의림지박물관도 함께 둘러보길
권합니다.

6. 경주 대릉원, 첨성대 (Part4 경상도 > 24. 경주 황룡사, p.278 참고)

평지에 왕들의 거대한 무덤이 모여
있는 대릉원과 첨성대는 여러 번 가
볼 만한 명소입니다. 천마총은 무덤
내부를 볼 수 있게 해서 박물관 전시
시설과는 다른 느낌으로 관람할 수
있습니다. 이외에도 경주는 시 전체가 하나의 거대한 박물관이니 여유 있
게 일정을 잡아 둘러보고, 여러 번 가 봐야 할 곳입니다.

7. 지리산 (Part3 충청도와 전라도 > 21. 지리산, p.240 참고)

정상인 천왕봉까지 오르기 위해서
는 상당한 체력적 준비가 필요하지
만 '평생에 꼭 한 번은 가 본다'는 마
음으로 준비하면 좋겠습니다. 첩첩
산중으로 펼쳐지는 지리산의 장엄한
산세를 직접 눈으로 보지 않고 죽는다면 대한민국에 태어나서 받을 수 있

는 귀한 선물을 놓치는 것입니다.

8. 거제도와 외도 (Part4 경상도 > 28. 거제도, 29. 외도 참고)

한류드라마 〈겨울연가〉의 마지막 장
면의 촬영지이자 섬 전체가 하나의
거대한 식물원인 외도는 국내 여행
지 순위 1, 2위에 오를 정도로 유명한
곳입니다. 외도로 가는 길에 한려해

상국립공원의 섬들도 매우 멋진 광경을 연출합니다.

거제도는 조선소와 포로수용소 공원, 두 대통령의 생가, 이순신 장군의
옥포대첩 유적지, 바람의 언덕 등 역사, 문화, 산업이 어우러진 최고의 교
육 공간이기도 합니다. 거제도와 외도로 일주일 이상 머물며 천천히 둘러보
길 권합니다.

9. 포항 호미곶 해돋이와 구룡포 (Part4 경상도 > 26. 포항, p.288 참고)

호미곶에서 해돋이를 본 후 구룡포
의 〈동백꽃 필 무렵〉 촬영지를 둘러
보고, 포스코 박물관과 포스코를 거
쳐 포항죽도시장에서 과메기를 먹는
코스는 하루, 이틀로도 충분한 관광

일정입니다. 자연과 산업, 그리고 삶의 현장을 생생하게 경험할 수 있습
니다.

10. 가파도 (Part5 강원도와 제주도 > 33. 가파도, p.365 참고)

제주도는 성산일출봉, 만장굴, 정방 폭포, 4.3평화공원 등 곳곳에 훌륭한 자연 경관과 역사 유적지를 지니고 있지만, 저희 가족에게 좋은 기억으로 남은 곳은 가파도입니다. 마치 어

린왕자의 작은 별처럼 한 나절이면 다 돌아볼 수 있는 작은 섬이 하나의 작은 세계 같았죠. 다음에는 마라도와 우도도 꼭 한번 가 보려고 합니다.

3. 심쌤이 추천하는 '한 달 살기 장소 Top 5'

저희 가족에게 한 달 혹은 일 년 정도 살 곳을 정하라고 한다면 아래 다섯 군데를 추천합니다.

1. 단양

제일 먼저 단양이 떠오릅니다. 개인적으로 바다를 좋아하지만, 굽이치는 남한강 물줄기와 단양팔경의 힘찬 계곡물이 바다를 대신할 정도입니다. 단양팔경뿐 아니라, 고수동굴,

만천하 스카이워크, 수양개 빛터널, 단양적성비, 구경시장 등 볼거리, 생각할 거리, 먹을거리가 가득한 곳입니다.

2. 경주

경주야말로 다양한 형태의 한 달 살 기가 가능한 최적의 장소가 아닐까 싶습니다. 조리 시설이 갖춰진 대형 리조트들이 많아서 일 년 중 요금이 저렴할 때 한 달 정도 살면서 경주와

인근 곳곳의 유적지를 여유 있게 돌아보면 좋습니다. 우리나라 대표 음식은 땅과 바다의 신선한 식재료를 기반으로 하는 남도 음식이라고 하지만, 저는 개인적으로 경주의 한정식 식당들이 더 좋았습니다. 교동 쌈밥이나 경주 황남빵도 경주의 대표적인 먹거리이고, '황리단길'이라는 문화 명소도 있습니다.

3. 강릉

서울이나 수도권에서 마음만 먹으면 한걸음에 달려가 바다를 볼 수 있는 강릉도 한 달 이상 살아보고 싶은 곳입니다. 강릉뿐 아니라 속초, 고성 등 관동 지역의 유명한 명소를 여유 있

게 돌아볼 수 있습니다. 강릉은 율곡 이이와 허균, 허난설헌 등 조선의 천재들이 난 곳이기도 합니다. 아이들이 똑똑해지기 원한다면 '강릉과 경포대의 기운을 받아야 하지 않을까(?)' 라는 생각도 해 봅니다.

4. 공주

공주 공산성에서 내려다본 금강이나 낙화암에서 내려다본 백마강은 풍납토성에서 내려다보는 한강과 같은 느낌이었습니다. 오염되지 않은 청정 도시 같은 느낌이 들었던 공주도  한 달 정도 살면서 부근의 부여와 익산의 백제 유적지를 두루 둘러보면 좋습니다.

5. 제주

이미 많은 분들이 한 달 살기나 일 년 살기로 추천하는 곳이어서 가장 마지막에 넣었습니다. 별다른 이유나 설명이 필요 없는 곳이죠. 날이 따뜻할 때는 아이들을 바닷가에 마음껏  풀어 놓고 자연을 즐길 수 있고, 섬 전체가 세계자연유산이나 세계문화유산이기에 곳곳이 교육의 장소가 됩니다.

Part 1

서울

1 국립민속박물관

할아버지와 아빠는
어떻게 살았는지 궁금하니?

시온아*, 오늘은 경복궁 옆에 있는 국립민속박물관에 가 보자 꾸나. 아빠가 어렸을 때는 이곳이 국립중앙박물관이었는데, 지금은 민속박물관이 됐단다. 원래 이 자리에는 조선시대 왕들의 초상인 어진을 모시고 제사를 드린 선원전(璿源殿)이 있었는데, 1960년대 이 건물이 들어서게 됐다고 해. 이후 경복궁 복원 계획을 고려하지 못한 위치 선정이나, 불국사의 청운교와 백운교, 법주사 팔상전과 같은 우리나라 주요 문화재를 짜깁기해서 만든 건물 외형 등 논란이 많은데 이 문제는 나중에 다른 건축물을 다루며 자세히 이야기 나눠 보면 좋을 것 같아.

*이 책은 제 큰 아이에게 이야기해 주는 식으로 서술했습니다. 시온이는 큰 아이의 영어 이름 Zion의 한글식 발음이고, 별명처럼 불러 주는 이름입니다.

가난했던 지난 200년의 삶

······································

민속박물관 안에는 우리나라 선조들의 삶이 생생히 재현돼 있단다. 양반 같은 높은 사람들뿐 아니라 평범한 백성들의 일반적인 삶의 모습을 볼 수 있는 의미 있는 공간이지. 아빠는 이곳을 돌아보며 너의 증조할아버지 할머니가 쓰시던 물품과 아빠가 어렸을 때 살았던 모습이 생생히 재현돼 있는 걸 보고 깜짝 놀랐단다. '아 맞아, 저 때는 저랬지!'라는 말이 계속 나오더라고. 그리고 민속박물관 부근에 서울시 교육박물관이 있는데, 이곳에서는 옛날 학교와 학생들의 모습을 볼 수 있단다.

일제강점기와 한국전쟁을 거치며 가난하고 배고픈 시기를 사셨던 증조할아버지, 할머니는 춥고, 전기도 들어오지 않는 집에서 호롱불이나 등잔불을 켜고 지내셔야 했어. 아궁이에 나무로 불을 때며 난방도 제대로 안 되는 집에서 겨울을 보내셨지. 겨울에 물을 떠서 온돌의 열이 잘 전달되지 않는 윗목에 놓아두면 아침에는 꽝꽝 얼 정도였다고 해. 그리고 웃풍이 너무 세서 방에 있어도 입에서 하얀 김이 나올 정도였단다.

일제강점기 삶의 모습

연탄아궁이와 곤로를 쓰던 주방

또, 아빠가 할머니 댁에서 봤던 화톳불, 재봉틀, 요강 등 당시의 생활용품이 그대로 전시돼 있어서 마치 타임머신을 타고 몇 십 년 전으로 돌아간 느낌이야. 그리고 아빠가 어렸을 때 사용했던 연탄아궁이, 석유곤로라고 하는 조리 시설, 알루미늄 밥상과 세숫대야, 나무 상자 속에 있던 TV, 앉은뱅이책상 등을 보니 가난했던 어린 시절이 떠오르는구나. 지금은 당연히 여겨지는 보일러와 에어컨, 수도꼭지만 틀면 온수가 나오는 집은 아빠가 어렸을 때에는 거의 없었지.

우리는 왜 그렇게 가난했을까?

아빠나 할아버지가 어렸을 때는 왜 그렇게 가난하게 살았을까? 그리고 너는 어떻게 이렇게 풍요로운 환경에서 살게 됐을까? 궁금하지 않니? 할아버지나 우리 조상들이 가난했던 것은 이 분들이 게으르고 무능했기 때문만은 아니란다.

개화기나 일제강점기 때 우리 할아버지 세대들을 관찰한 서양 선교사들과 서양 여행가들은 한국에 와서 보니 여자들은 살림하고, 자식 키우고, 농사짓고, 한 시도 쉬지 않고 일하는데, 남자들은 술 먹고 노름하며 게을리 살더래. 그런데 가만히 보니, 남자들이 그렇게 사는 이유는 가족들이 먹고살 만큼 이상의 일을 하면 관리들이 모조리 수탈해 가서 더 일할 마음이 없던 거지.

영국 출신 오지 여행가였던 이사벨라 비숍은《조선과 그 이웃 나라

서울교육박물관　　　　　　　　산업화시대 도시의 과밀 학급

들》이라는 책에서 "조선의 백성들은 아무리 열심히 일해도 관리들의 착취로 인해 가난을 면할 수 없다는 체념 때문에 가난을 운명으로 알고 산다."고 기록했단다. 그리고 러시아나 만주로 이주한 조선 사람들이 열심히 살고, 부(富)를 이루는 모습을 보고 '조선 사람들은 조선 밖을 나가면 더 잘 살 민족'이라고 보았다고 해. 왜 이렇게 근면하고, 생활력 강한 백성들을 게으르고 무능한 백성으로 만들 수밖에 없었는지는 나중에 괴산 화양구곡에 가서 송시열과 그를 따랐던 양반들의 생각과 행동을 보면 알 수 있단다.

개인적으로 아빠는 우리 민족을 세계적으로 평가해 보면 지도자들은 하위권, 백성들은 최상위권, 남자들은 하위권, 여자들은 최상위권이라고 생각한단다. 왜 우리는 지난 수천 년 동안 무능하고 부패한 사람들이 지배층이 되고, 백성과 민중 수준에서는 잘하던 사람도 지배 계층이나 지도자가 되면 똑같이 무능하고 부패하게 되는지 깊이 생각해 봐야 할 것 같아. 그런데 이 문제는 너무 어려운 주제니까 너도 계속해서 생각해 보고, 네가 커서 능력이 탁월하다면 올바른 역사의식과 철학을 가진 모범적인 지도자가 되면 좋겠구나.

어떤 삶의 형편에서도 살 수 있는 힘

아빠는 네가 어릴 때 좀 더 가난을 경험하고, 어떤 삶의 형편 가운데서
도 견디고 살아갈 수 있는 힘을 가졌으면 하는 바람이 있단다. 할아버
지는 정말 하루 한 끼도 제대로 먹기 힘든 굶주림과 가난 속에서 어린
시절을 보내고, 피땀 흘려 일해서 가족들이 먹고살 수 있는 기틀을 마
련해 자녀들을 교육시켰단다. 아빠도 어려서 단칸방에서 시작해 삶의
형편이 점점 나아지는 것을 경험하고 자랐지. 할아버지 정도는 아니었
지만, 아빠도 풍족하지 않았기에 남이 물려준 옷과 운동화를 깨끗이 빨
아서 쓰고, 쓸데없는 데 돈을 안 쓰고 근검절약하며 사는 법을 배웠단
다. 그래서 지금도 큰 차를 사거나 좋은 옷, 신발, 가방 등을 사는 데는
돈을 거의 쓰지 않는 거고. 또, 아빠가 군대 갔다가 사회에 나왔을 때,
IMF 구제 금융을 받을 정도로 우리나라 경제가 안 좋았던 시절이라 아
빠도 바닥부터 시작해 열심히 돈을 벌고, 아끼고 저축하는 게 습관이
됐단다.

그런데 너는 태어나 보니 아빠가 차도 있고, 집도 있는 환경이었지.
너무 풍족하고 편한 환경에서 자라서 앞으로 혹시 경제적인 어려움이
왔을 때 제대로 대응하고 살 수 있을지 약간 염려가 된단다. 그래서 네
가 어렸을 때 원룸이나 시골에 허름한 집에서 살면서 너에게 가난 속에

서도 살아가는 법을 가르쳐 주고 싶었는데, 막상 네 동생이 태어나니 좀 더 넓고 편안한 집으로 이사를 해버렸네. ㅜㅜ 이미 풍족해진 한국에 있으면서 가난한 어린 시절을 선물하기란 쉽지 않더구나.

네가 가난한 삶도 경험했으면 하는 이유는 너를 일부러 고생시키고 힘들게 하려는 것은 아니란다. 다만 네가 어떤 환경 속에서도 살아남을 수 있는 강인함을 가졌으면 해서야. 성경에서 바울은 "내가 비천함도 경험하고, 풍부함도 경험하고, 배부름과 배고픔, 풍부와 궁핍에서 살아가는 모든 방법을 배웠다"라고 말했단다. 사람이 부유함을 누리는 것은 쉽단다. 하지만 배고프고, 궁핍함 가운데서도 그 시절을 버티고 즐거움으로 이겨 나가기는 쉽지 않지. 아빠는 경제적 자유란 돈이 많아서 마음 놓고 돈을 쓰며 사는 것이 아니라, 돈이 많지 않아도 돈 걱정하지 않고, 궁핍하지 않게 살 수 있는 힘이라고 생각한단다. 그러기 위해 근검절약과 분수에 맞는 삶을 사는 연습이 필요하지. 또, 돈이나 물질이 풍족하지 않은 가운데도 만족하면서 살아가는 자기만의 확고한 삶의 이유가 있어야 할 것 같아.

풍요의 시대에 결핍을 대비하는 법

그럼 풍요의 시대에 태어난 너는 어떻게 어떤 삶의 형편에서도 만족하며 살아가는 힘을 기를 수 있을까? 아빠가 제안하고 싶은 몇 가지 방법이 있는데, 오늘은 우선 한 가지만 이야기해 줄게.

앞으로 코로나 사태가 진정되고 해외여행이 가능해지면 가난한 나라로 여행을 자주 다녀 보렴. 아빠는 필리핀 오지에 가는 길에 자주 들렀던 베일러(Baler)라는 도시에서 재미있는 모습을 자주 보았단다. 이곳은 유명한 서핑 해안이지만 마닐라에서 7-8시간 떨어져 있어 한국 사람은 거의 찾지 않는 시골 마을이란다. 그런데 아빠는 이곳에서 유럽이나 미국에서 온 시피들을 자주 만날 수 있었단다. 이들은 우리처럼 하루 이틀 호텔에 머무는 것이 아니라, 한 달 정도 현지에 살면서 서핑도 즐기고, 책도 보고, 필리핀 사람들과도 어울리며 지내지. 그리고 이렇게 장기 체류하는 젊은이들 대부분은 현지인들이 쓰는 숙소를 그대로 쓰더구나.

보통 보라카이나 세부 같은 필리핀 유명 관광지에 가 보면 대부분의 한국 관광객은 3성급 이상의 좋은 호텔이나 리조트에서 머문단다. 저렴한 현지인 숙소에 살면서 그들과 어울리고 이야기 나누는 사람들은 드물지. 필리핀 현지인들이 쓰는 숙소는 에어컨도 없고, 뜨거운 물도 안 나오는 곳이 많단다. 그 대신 1박에 1-2만 원 정도로 저렴한 숙소가 많지. 한 달 이상 장기간 머물려면 비용을 줄여야 하니까 자연스럽게 이런 도전을 하는 것 같아. 편하게 살면서 유약해졌을 것 같은 서양 사람들이

베일러의 고급 리조트

현지인들이 쓰는 저렴한 숙소

이렇게 불편한 환경에서도 불평 없이 잘 적응하는 모습이 아빠 눈에는 정말 신기했단다.

자발적 가난과 새로운 땅의 탐험

우리나라보다 훨씬 풍요로운 나라에 사는 서양인들 가운데 이런 도전을 하는 사람들이 많은 것 같아. 일종의 어설픈 풍요를 내려놓고 자발적으로 낮은 삶의 자리에서 자기를 단련하는 모습이기도 하지. 우리도 일 년에 한두 달은 이렇게 어려운 곳에서 살아가는 연습을 해 보는 게 좋지 않을까? 우리가 정말 없고 가난해서 어쩔 수 없이 이런 삶을 산다면 서글프고 불쌍하겠지. 하지만 이렇게 자발적으로 가난한 삶을 받아들이고 형편이 어려운 사람들과 같이 살아가는 연습을 해 보면 우리가 누리는 것이 얼마나 감사한지 분명히 깨달을 수 있단다.

철학자 최진석 교수님은 동양에는 없지만 서양에만 있었던 직업 중 하나가 '탐험가'라고 하셨지. 콜럼버스, 마젤란, 아문센과 같이 서양에서는 새로운 세계를 탐험하고자 자발적으로 힘든 삶을 선택한 사람들이 많았단다. 그런데 동양 세계에서는 그런 사람들이 거의 없었지. 탐험 대신 전쟁을 일으키고 다른 땅과 민족을 정복한 사람들은 있었단다. 몽골은 군대를 가지고 아시아와 유럽에 걸치는 대제국을 건설했잖니. 하지만 전쟁이 아닌, 탐구와 도전을 목적으로 미지의 땅에서 새로운 도전을 한 사람들은 찾아보기 힘들지.

하지만 아빠는 네가 커서 이런 자발적인 탐험을 해 보길 권하고 싶구나. 물론 인도 같은 나라는 조심해야 한다고 들었어. 치안이 좋지 않은 나라를 무리하게 다닐 필요는 없지. 가난하지만 순박하고 치안이 좋은 나라들을 도전해 보는 건 의미 있을 거야.

아빠가 바라는 것은 네가 어떤 환경에 처해도 감사하게 받아들이고, 그 안에서 네가 할 일을 묵묵히 해 내며 네 인생을 행복하게 사는 거란다. 아빠와 작은 아빠는 어릴 때부터 단칸방에서 방이 두 개인 집으로, 또 남의 집에서 우리 집으로, 할아버지 트럭에서 승용차로 삶의 형편이 나아지는 것을 지켜보며 매 순간 감사하며 사는 삶을 배울 수 있었단다. 하지만 너희 세대에는 그런 기쁨을 누리기는 힘든 것 같아. 너는 너의 세대에 맞는 방법으로 네가 누리고 있는 것이 얼마나 소중한지를 제대로 느끼고, 항상 감사하고, 행복한 삶을 살기를 바랄게.

심샘의추천자료

♥ 《조선과 그 이웃 나라들》 I. B. 비숍 저/신복룡 역 | 집문당 | 2019년

♥ 《탁월한 사유의 시선》 최진석 저 | 21세기북스 | 2018년

♥ 《바람이 우리를 데려다주겠지!》 오소희 저 | 북하우스 | 2009년

　→ 세 살 아이와 함께 남들이 많이 찾지 않는 외진 여행지를 천천히 돌아본 엄마의

　여행기다. 이후 엄마는 작가가 됐고, 아이는 오지의 아이들을 돕는 자원봉사 단체

　까지 조직해 활동하는 세상을 품는 아이가 됐다.

 **심샘의깨알정보**

★ **국립민속박물관 (www.nfm.go.kr)**

주소 서울 종로구 삼청로 37 (02–3704–3114)

운영 매일 09:00~18:00 / 설 · 추석 당일 휴무

경복궁 오른편 삼청동 방향에 위치했고, 민속박물관과 어린이박물관에는 전통 놀이

체험 시설들이 잘 갖춰져 있다.

★ **서울교육박물관 (edumuseum.sen.go.kr)**

주소 서울 종로구 북촌로5길 48 정독도서관 (02–2011–5782)

운영 평일 09:00~18:00, 주말 09:00~17:00 / 1, 3주 수요일 휴관, 공휴일 휴무

경복궁 옆 북촌마을 정독도서관 앞에 위치했다. 서울의 옛날 모습과 조선시대부터 현

대까지의 학교 모습, 교복, 교과서 등이 전시돼 있다.

★ **대한민국역사박물관** (www.much.go.kr)

주소 서울 종로구 세종대로 198 (02-3703-9200)

운영 매일 10:00~18:00 / 1월 1일, 설 · 추석 당일 휴무

광화문 앞에 위치했고, 조선말 근대화 시도와 좌절, 일제식민지배, 해방과 전쟁 그리고 대한민국의 역사가 생생하게 묘사돼 있다.

광화문 앞에 있는 대한민국역사박물관

2 동묘

동묘시장에는
정말 없는 게 없구나

시온아, 오늘은 동묘시장에 가 보자꾸나. 동묘가 원래 어떤 곳
인지 아니? 동묘의 원래 이름은 동관왕묘(東關王廟)로 동쪽에
있는 관왕을 모신 사당이라는 뜻이란다. 관왕은 중국 삼국지
에 나오는 관우를 신격화해서 부르는 이름이지. 중국에서는 용
맹과 인품을 갖춘 관우가 어느 때부터 신격화되기 시작했는데,
중국 도교 쪽에서는 관우를 성스러운 제왕으로까지 격상시켜
관성제군(關聖帝君)이라 부르고 제사를 지냈단다. 관우에 대한
숭배가 본격화 된 것은 명나라 때부터인 것 같아. 나관중이 지
은 삼국지연의(三國志演義)가 크게 알려지면서부터 민간신앙으
로 급속히 퍼진 듯해.

임진왜란 때 왜군과 싸우기 위해 우리나라에 온 명나라 장수들이 우리나라에서 관우의 신령을 봤고, 그 덕에 전쟁에 이겼다는 보고를 하자, 명나라에서는 우리나라 조정에 관우 사당을 지을 것을 요청했단다. 그래서 선조 34년인 1601년에 동관왕묘가 동대문 밖에 세워지게 됐지. 원래 동묘뿐 아니라 남대문 밖에 남관왕묘도 있었고, 고종 때는 북묘, 서묘도 있었다고 하는데, 지금은 이 동묘만 남게 됐지.

삶의 에너지가 느껴지는 동묘시장

동묘시장은 1980년대부터 형성되기 시작했다고 해. 지금은 서울뿐 아니라 전국 최대 규모의 구제시장이 됐지. 구제(舊製)는 새 물건이 아닌 한 번 쓰다가 나온 중고물품이라는 의미인데, 그래서 동묘시장을 동묘구제시장 혹은 동묘벼룩시장이라고 부른단다. 여러 경로로 들어온 중고물품이 수백 개의 상설 가게와 좌판에 널려 있단다. 가격이 대부분 몇 천 원에서 만 원 전후여서 운이 좋으면 맘에 드는 물건을 싸게 살 수

동묘역 앞에서 시작되는 동묘시장 　　　　　 옛날 책들이 가득한 헌책방

있지. 사진에서 보면 알겠지만 취급하는 물품도 옷, 골동품, LP판, 중고 서적, 가전제품 등 없는 게 없단다.

우리가 다른 곳을 여행하면서 항상 그 지역의 전통시장을 들르잖니. 이렇게 자연스럽게 형성된 시장에 오면 사람 사는 냄새와 삶의 의지랄까 어떤 에너지가 느껴지면서 왠지 모르게 신나는 것 같아. 깔끔하게 정돈된 백화점이나 대형마트에서는 느낄 수 없는 생명력이 이런 시장에서 느껴지지 않니?

인류 역사를 발전시킨 시장과 상업

나에게 남는 물건을 팔거나 교환하면서 사람들이 만나고, 그 만남 가운데 새로운 아이디어와 혁신이 만들어지는 곳, 이런 곳이 시장이란다. 이런 자연스러운 시장이 많이 생기고, 사람들이 서로 만나고 물건과 생각을 나눠야 개인도 발전하고 나라도 발전하는 것 같은데, 우리나라 특히 조선이라는 나라는 이런 상업을 많이 억압했단다. 지금도 그렇지만 장사하는 사람들로부터 세금을 제대로 걷기 어렵고, 국가에서 통제하기 힘들기 때문에 조선의 지도자들은 장사를 싫어했지.

하지만 끼가 많고, 역동적인 우리 민족에게는 아무래도 농사보다 장사가 더 체질에 맞는 것 같아. 경쟁적으로 중국과 무역을 하고, 다른 지역의 문화와 물건을 적극적으로 받아들이고자 했던 삼국시대나, 수출로 먹고살게 된 지금의 대한민국을 봐도, 우리나라는 역시 장사할 때 국력이 제일 세지는 것 같아.

인류 역사를 봐도 장사로 큰돈을 벌기 위해 위험을 무릅쓰고, 새로운 도전을 하는 사람들로 인해 역사는 큰 발전을 했단다. 중국의 서안(西安)에서 로마까지 이어졌다는 비단길을 통해 동서양의 물자와 문화, 불교와 같은 사상도 전해지게 됐지. 낭나라 때 상보고는 중국과 우리나라의 해상교역로를 장악하고 보호해서 비단길이 일본에까지 이어지게 했지. 지금의 서양이 전 세계를 좌지우지하는 패권세력이 된 것도 결국 인도나 중국과 교역하기 위한 과정에서 축적된 경제, 과학, 군대의 힘 때문이야.

장사의 긍정적 의미

우리나라에서는 여전히 장사꾼이라고 하면 남을 속이고 부당하게 이득을 취하는 부정적 의미가 강하지만, 건강한 상거래 문화나 상인정신은 개인이나 국가 발전에 아주 큰 도움이 된단다. 본질적으로 장사는 사람들의 필요를 살펴서 물건을 공급해 주고, 그에 대한 대가로 돈을 버는 거지. 그러기 위해 사람과 세상을 이해하고, 이 시대가 어디로 가는지에 대한 본능적인 혹은 공부를 통한 통찰력이 있어야 해.

그리고 한 곳에 안주하지 않고, 끊임없이 돌아다니고 도전해야지. 이런 정신을 '노마딕 스피릿(Nomadic spirit)'이라고 하는데, 노마드는 유목민, 스피릿은 정신을 말한단다. 노마딕 스피릿의 가장 큰 장점은 개방성이란다. 자신의 생각이나 경험만을 절대시하지 않고, 다양한 경험과 가치를 인정하며 좀 더 유연한 사고와 판단을 할 수 있지. 농사만 강조하고, 농민들에게 세금 걷는 데만 몰두한 조선의 양반 사대부들이 성리학이라는 폐쇄적인 생각에 갇혀 더 넓은 세상을 보지 못한 게 바로 이런 노마딕 스피릿이 부족해서가 아닐까? 이에 비해 북경에서 발전된 청나라의 모습을 직접 눈으로 본 연암 박지원이나 홍대용 같은 실학자들은 노마딕 스피릿이 있던 분들이라고 할 수 있고.

가정을 지키고 장사를 한 민족

지금까지 전해져 내려오는 백제시대 노래 중 〈정읍사(井邑詞)〉라는 곡이 있는데 한번 들어 볼래? 원래는 '달아 노피곰 도다샤' 같은 고어로 돼 있는데, 현대어로 해석하면 아래와 같단다.

> 달님이시어 높이 높이 돋으시어
> 아아 멀리 좀 비춰 주세요.
> 저자(시장)에 가 계십니까?
> 아아 (내 님이) 진흙탕을 디딜까 두렵구나.
> 어느 곳에 (무거운 짐을) 내려놓으소서.
> 아아 내 님이 가는 곳에 (날이) 저물까 두렵구나.

1500년 전 백제시대나 지금이나 보통 아빠들이 장사를 하러 다니면 오랜 시간 동안 집을 떠나 있는 경우가 많았지. 또 과거에는 장삿길에 수많은 어려움과 유혹이 도사리고 있었고. 그래서 대부분 장사하는 사람들은 가정을 소홀히 했던 것 같아.

그런데 가정을 잘 지키며 장사도 공동체적으로 했던 사람들이 있는데, 대표적으로 중국의 화교와 유대인들이 있단다. 화교나 유대인들은 가족 혹은 친척들과 강력한 공동체를 이뤄서 어떤 어려운 환경 속에서도 장사를 하며 살아남았지. 사실 유대인들이 장사에 매달린 것은 어느 곳에도 편안히 정착할 수 없었던 불우한 환경 때문이었어. 하지만 그들이나 화교는 낯선 타국에서 장사를 통해 부를 쌓았고, 유대인들은 이런 노하우가 축적돼 20세기에는 전 세계 경제와 금융을 좌지우지하는 큰손이 됐지.

마케팅 공부를 해 보자

아빠는 우리 집안에서 재주가 있는 사람이 있다면 장사에 대해 긍정적인 마인드를 가지고 열심히 공부해서, 장사로 일가를 이루는 사람이 많이 나왔으면 해. 이건 단순히 무조건 돈을 많이 벌라는 이야기와는 다른데, 이 이야기는 나중에 좀 더 자세히 해 보자꾸나. 그리고 장사를 하든 안 하든 꼭 공부해야 할 학문이 바로 '마케팅'이란다. 마케팅은 사람들의 필요를 읽어서 제품을 개발, 제조해 홍보와 판매까지 이르게 하는 현대 경영학의 꽃이란다. 단순히 경제학적인 면뿐 아니라, 심리학, 역사, 지리, 문화 등을 같이 공부할 수 있는 종합 학문이라고 할 수 있지. 그리고 마케팅은 굉장히 재미있단다. 지금 우리 주변에 있는 맥도날드나 코카콜라, 애플 같은 회사들이 어떻게 생기고 발전했는지 공부하는 거라고 생각하면 돼.

아빠가 추천하고 싶은 책은 잭 트라우트와 알 리스의 《포지셔닝》과 《마케팅 불변의 법칙》이란 책이야. 《포지셔닝》의 핵심 메시지는 차별화해서 그 분야의 1등이 되라는 거고, 《마케팅 불변의 법칙》은 그 목표를 달성하기 위해 어떻게 해야 하는지에 대한 이론적인 설명이라고 할 수 있지. 여러 기업의 사례가 나와 아주 재미있는데, 네가 중학교 교과서 정도의 독해력이 된다면 충분히 읽을 수 있을 거야. 또 세스 고딘이라는 유명한 베스트셀러 작가가 쓴 《보랏빛 소가 온다》도 아주 재미있는데 그리 어렵지 않게 읽을 수 있을 거야. 세스 고딘은 최근작 《마케팅이다》에서 다음 세 문장에 답할 수 있는 제품이나 서비스를 만들어 팔아 보라고 했단다.

> 나의 제품은 ____을 믿는 사람들을 위한 것이다.
> 나는 ____을 원하는 사람에게 집중할 것이다.
> 내가 만든 제품을 쓰면 ____에 도움이 될 것이다.

이 문장들은 마케팅뿐 아니라 인생을 살아가고, 삶의 목표를 잡는 데에도 도움이 될 거야.

네가 장사를 본격적으로 한다면, 책 외에도 소개해 줄 사람들이 많이 있단다. 트럭 하나로 시작해 수백 명을 고용하는 기업으로 키운 아빠 지인도 있고, 인스타그램 스타들을 그들의 캐릭터와 맞는 제품과 연결해 주는 사업을 하는 분도 있단다. 또 실제 생선 장사로 전국 시장을 몇 년 동안 돌아다니며 삶의 현장을 누비고, 여러 가지 투자를 한 분도 있어. 이 분들 밑에 들어가 청소부터 시작한다는 마음으로 배우면 많은 도움을 받을 수 있을 거야.

또 네가 생각이 있다면 초등 고학년 무렵부터 직접 장사를 해 보며 경험을 쌓을 수도 있지. 세계적인 주식 부자인 워런 버핏은 여섯 살 때부터 껌과 콜라를 팔았고, 11살 때 주식 투자를 시작했다고 해. 15살 때 자기 고향 농지 5만평 가까이를 사고, 17살 때 핀볼 게임기 대여 사업을 했다고 하지. 그리고 이런 자금을 모으기 위해 아르바이트와 장사 등을 해서 직접 돈을 벌며 돈의 소중함과 의미를 알았다고 해. 돈에 대한 올바른 태도와, 돈을 왜 벌고 어떻게 돈을 벌 것인가에 대해서는 다음 기회에 좀 더 이야기 나눠 보자.

어때 오늘 재미있었니? 정말 세상은 넓고, 별의 별 물건, 별의 별 사람들이 다 있지 않니? 힘닿는 대로 우리에게 주어진 이 넓은 세상을 마음껏 돌아보고 누려 보자꾸나.

심샘의 추천자료

♥ 《워런 버핏 이야기》 앤 재닛 존슨 저/권오열 역 | 움직이는서재 | 2016년
♥ 《열두 살에 부자가 된 키라》

　보도 섀퍼 글/원유미 그림 | 을파소(21세기북스) | 2014년
♥ 《장복이, 창대와 함께하는 열하일기》

　강민경 글/김도연 그림 | 현암주니어 | 2020년
♥ 《세계 최고의 여행기 열하일기 상, 하》

　박지원 저/김풍기, 길진숙, 고미숙 공역 | 북드라망 | 2013년
♥ 《포지셔닝》 잭 트라우트 저/안진환 역 | 을유문화사 | 2021년
♥ 《마케팅 불변의 법칙》 알 리스, 잭 트라우트 저/이수정 역 | 비즈니스맵 | 2008년
♥ 《보랏빛 소가 온다》 세스 고딘 저/남수영, 이주형 역 | 재인 | 2004년
♥ 《마케팅이다》 세스 고딘 저/김태훈 역 | 쌤앤파커스 | 2019년

 **심샘의 꿀깨알정보**

★ **동묘시장**

서울지하철 1호선, 6호선 동묘역 3번 출구 부근부터 동묘시장이 이어진다. 주말에는 곳곳에 좌판이 벌어지고, 많은 사람들이 모여 흥겨운 모습을 만들어 낸다.

3 방산시장, 광장시장

서울 재래시장의
활기를 느껴 보자

시온아, 오늘은 할아버지께서 일하시는 논현동 빌딩에 같이 가 보자. 할아버지는 지인의 부탁으로 오래된 빌딩 리모델링 공사를 하고 계신데, 오늘은 벽과 바닥 작업을 위해 방산시장에서 재료를 사신다고 해. 할아버지 따라서 방산시장도 가 보고 근처도 돌아보자꾸나.

손기술이 있으신 할아버지
···

할아버지께서는 젊어서 택시 운전, 자동차 정비, 농사, 목수일 등 안 해 본 일이 없으시단다. 학교나 학원을 다니거나 누구에게 따로 배운 적은 없지만, 손재주가 좋아서 한 번 보면 그대로 따라 할 수 있는 능력을 갖고 계시지. 지금 칠순이 넘는 연세에도 힘닿는 대로 지인들의 집수리나 간단한 공사를 해 주고 계신단다. 참 대단하시지? 할아버지가 기술이 있고, 양심적으로 공사하니 일을 그만 하려고 시골로 내려가셨음에도 찾는 사람들이 끊이질 않는구나. 오랜 도시 생활을 정리하고, 괴산 시골로 증조할머니 모시고 내려갈 때도 할아버지의 손재주는 큰 힘을 발휘했단다. 다 쓰러져 가는 시골집을 일 년 동안 틈틈이 내려가 혼자 세우는 걸 보고, 동네 사람들이 깜짝 놀랐지. 그리고 우리 동네에 손기술 좋은 목수 한 사람이 내려왔다며 다들 좋아했단다. 이후에 마을의 집수리나 축대(築臺) 공사를 해 주고 인심을 얻어 내려간 지 얼마 안 돼서 동네 사람들과도 금방 친해졌다고 해.

그리고 할아버지는 아무래도 계속 손을 쓰고 몸을 움직이시니까 치매나 정신 질환도 거의 없으신 것 같아. 대장암 수술 이후 몸이 많이 약해졌지만 그래도 이렇게 칠순이 넘은 나이에도 일하며 건강하게 지내시니 말이야. 사실 이 정도 나이가 되면 노동을 필요로 하는 일보다는, 경로당에서 친구분들과 장기를 두거나 화투 치며 여유 있게 여가 시간을 보내는 경우가 많지. 하지만 손기술이 있으니까 사람들이 계속 찾아 주고, 일을 하고 보람도 느끼며 더욱 활기차게 노년을 보내시는 것 같아. 할아버

할아버지가 지은 시골집과 손수 만든 캠핑카

지의 이런 모습을 보며, 아빠도 70이 넘었을 때 다른 사람들이 나를 찾아 줄까를 가끔 생각해 본단다. 아빠는 할아버지처럼 손기술도 없고, 오로지 이렇게 말하고 글 쓰는 일밖에 할 줄 모르는데 말이야.

남자아이에게 하나의 손기술을 가르치는 유대인

아빠가 자주 이야기한 대로 유대인들은 남자아이들에게 손기술 하나를 반드시 가르쳤다고 해. 언제 어디로 쫓겨날지 모르는 상황에서 전 세계 어디에 있어도 살아남을 수 있는 기술이 필요하다고 생각해서지. 유명한 유대인 철학자 스피노자는 자신의 주장 때문에 유대인 공동체에서 파문당하고 난 이후에도 렌즈 깎는 기술로 생계를 유지하며 소신을 지킬 수 있었다고 해. 여러 가지 기술 가운데 유대인들은 자녀들에게 보석 가공 기술을 많이 가르쳤다고 한다. 보석은 무슨 일이 있을 때 쉽게 손에 들고 이동할 수 있기 때문에 많은 사람들이 선호했고, 이로 인해 이후 세계 보석 산업에서도 유대인들이 큰 영향력을 미쳤지. 일반 사람들뿐 아니라 유명한 랍비들도 손기술 하나씩은 있었단다. 손기술이라고 하기는 그렇지만 탈무드 연구에서 중요한 업적을 남긴 랍비 마이모니데스나 나흐마니데스는 의사라는 직업을 가지고 있었어.

그런데 아쉽게도 솜씨 좋은 목수였던 할아버지는 정작 아빠에게 손기술은 하나도 가르쳐 주지 않았단다. 가끔 보일러 공사할 때나 도배와 장판 작업 때 허드렛일을 도와드린 적은 있는데, 할아버지는 아빠가 이른바 펜대 잡고 일하는 화이트칼라 일자리를 얻길 바라셨어. 하지만 아빠는 유대인들처럼 네가 손기술 하나는 확실히 가졌으면 한다. 할아버지에게 목수 일을 배워도 좋고, 자동차 정비도 좋고, 제빵, 제과, 요리도 좋단다. 하여간 손으로 할 수 있는 것 중에 네가 관심 있는 것을 찾아보렴. 기술을 배우는 데 드는 비용은 아빠가 충분히 후원해 줄게. 땀 흘려 일해서 돈을 버는 것은 매우 중요한 일이란다. 그리고 확실한 손기술 하나가 있으면 늙어서도 치매에 걸릴 확률이 낮고, 다른 사람들에게 자신의 재능으로 도움을 주며 죽는 날까지 보람 있게 살 수 있지.

이런 의미에서 아빠도 늦게나마 몸을 써서 일하는 법을 조금씩 배우고 있단다. 지금 증평에 내려와 할아버지가 하시던 원룸 관리 일을 아빠가 배우고 있지 않니? 복도 청소하고, 페인트칠 하고, 막힌 배수구 뚫고, 욕실 배수관 갈고, 세탁기, 보일러 등 간단한 기기들이 고장 나면 고쳐보고. 처음에는 '내가 이걸 할 수 있을까?'라는 두려운 마음이 있었지만, 모르는 것을 할아버지께 묻거나 유튜브를 찾아보면 대부분 해결할 수 있더구나. 이런 기본적인 관리 일을 손기술이라고 하기는 그렇지만 최소한 아무것도 못하는 먹물 인생은 면할 것 같구나. 혹시 너도 커서 이런 원룸 관리에 관심이 생기면 한번 도전해 보렴. 네가 아빠 하는 일을 대신 할 수 있으면 나중에 보조 직원으로 정당한 급여도 챙겨 줄게. ^-^

방산시장과 을지로 인테리어 자재거리
....

여기 방산시장 일대는 우리나라 최대의 인테리어 용품 시장이란다. 벽지, 바닥재, 페인트, 인테리어 소품, 캔들 용품 등 없는 게 없지. 원래 방산시장은 포장지, 비닐 제품, 에폭시수지 제품 등을 취급하는 곳이기도해. 에폭시수지는 핸드폰 크리너나 열쇠고리 장식 같은 데 쓰이는 부드러운 재질의 플라스틱이란다. 또 방산시장 부근인 을지로2가에서 4가까지를 '을지로 인테리어 자재거리'라고 하는데, 조명, 벽지, 타일, 인테리어 용품으로 쓰이는 도자기나 목재 등 거의 모든 재료를 구할 수 있단다. 요즘은 셀프 인테리어 시장도 점점 커지고 있어서 찾는 사람이 더 많다고 해. 인테리어 분야도 예술과 과학이 합쳐지는 좋은 일터이니 관심을 가져 봐도 좋을 것 같아. 인테리어 소품 중에 고풍스런 가구는

인테리어 용품 시장으로 유명한 방산시장

을지로 대로변의 조명 가게들

앤티크 가구라고 하는데, 이태원 앤티크 가구거리에서 구할 수 있어. 최신 가구 제품들은 여기 할아버지가 일하시는 논현동 가구거리에서 구할 수 있고.

참 세상은 재미있지 않니? 인테리어라는 하나의 주제로도 을지로와 이태원, 논현동이 이어지는구나. 그리고 앤티크 가구거리는 왜 이태원에 생겼을까? 하나하나 궁금증을 가지고 알아보면 그 안에서 우리 현대 역사와 곳곳에 박혀 있는 미국의 모습을 볼 수도 있지. 그래서 아빠가 자주 이야기하지. 마치 구글의 검색창처럼 하나의 질문을 통해 우리는 세계와 접속할 수 있다고. 네가 인테리어라는 분야를 제대로 알아보고 싶다면, 이런 시장에서 각종 제품과 그 제품을 만드는 공장과 기술, 그리고 전 세계 인테리어 트렌드까지 관심사를 넓힐 수 있을 거야. 그 분야에서 전문가가 되고 이른바 달인이 되면, 그때는 네가 가진 재능으로 많은 사람을 돕고, 많은 일자리를 만들 수 있는 사람이 되는 거지.

포목점과 먹거리로 유명한 광장시장

여기까지 온 김에 청계천 건너편에 있는 광장시장에도 한번 들러 보자꾸나. 광장시장은 100년의 역사를 자랑하는 전통시장으로 청계천 광교와 장교 사이에 있다고 해서 광장(廣藏)시장이라는 이름이 붙었다고 하는구나. 광장시장은 포목점(베와 무명 따위의 옷감을 파는 가게)과 한복집 등 의류로 유명한데, 육회, 빈대떡, 고기전, 대구탕, 잔치국수, 즉석 비빔밥 등 풍성한 먹거리로도 유명하단다. 우리는 채식을 주로 하지만 오늘

방산시장과 광장시장 사이에 흐르는 청계천   육회와 각종 전이 유명한 광장시장

만큼은 네가 먹어 보고 싶은 것을 골라 보렴.

우리나라와 세계의 먹거리 시장

광장시장의 풍성한 먹거리를 보니 단양에 있는 구경시장이 생각나지 않니? 우리가 지방에 갈 때마다 전통시장은 다 둘러보잖아. 그중 먹거리 1번지는 단양 구경시장인 것 같아. 명품 새우만두도 그렇고, 닭강정, 떡갈비, 튀각 등 거의 시장 전체가 마늘 반 식당 반이라고 할 정도였지. 그리고 단양에서 이런 이야기도 했었는데 기억나니? 이런 좋은 먹거리들을 잘 마케팅하고 쉽게 구매할 수 있는 솔루션을 개발하면 상인도 좋고 소비자들도 좋겠다고. 요즘 젊은이들 일자리가 없다고 하는데, 사실 이렇게 찾아보면 돈을 벌 수 있는 일은 여전히 많은데 말이야! 이런 새로운 분야에 도전하는 젊은이들이 많이 나오면 좋겠구나.

시장 안에서도 '유명한 맛집들을 한군데 모아 백화점 푸드코트처럼 다양한 음식을 편하게 먹을 수 있게 해도 좋을 텐데'라는 생각도 드는구나. 그리고 좀 더 위생에 신경을 쓰면 좋을 것 같고. 전통시장과 백화점 푸드코트의 중간 형태를 띠면서 전 세계 관광객을 끌어모으는 곳이 바로 미국 보스턴에 있는 퀸시마켓이지. 보스턴에 들어오는 신선한 해산물로 다양한 요리를 만드는 작은 식당들이 많은데, 랍스터 롤과 클램차우더가 대표적인 음식이란다. 네가 어렸을 때 할아버지, 할머니 모시고 한 번 가 봤는데 기억나니? 그때 퀸시마켓을 돌아보며 아빠는 그곳 사람들이 많이 부러웠단다. 우리나라도 유명한 특산물을 파는 장소에 많은 식당들이 있지만 관광객이 바가지 쓸 염려도 없고, 부담 없이 현지 음식을 맛보고, 기분 좋은 추억을 남길 만한 곳은 그리 많지 않은 것 같아. 단양구경시장이나 광장시장에도 퀸시마켓 같은 공간이 있으면 관광객들이 편하게 그곳의 독특한 음식들을 부담 없이 먹어 볼 수 있을 텐데 말이지.

단양팔경에 더해진 구경시장

줄을 서야 살 수 있는 마늘만두

보여 주고 싶은 서울의 여러 전통시장

서울에는 오늘 본 두 시장 이외에도 남대문, 동대문시장 등 유명한 전통시장이 있단다. 그리고 각 품목마다 특화된 여러 시장이 있어. 전국에서 나는 다양한 상품들이 서울의 주요 시장으로 올라오고 있지. 대표적으로 노량진 수산시장, 가락동 농수산물시장, 마장동 축산물시장 등 앞으로 네게 보여 주고 싶은 곳이 많단다. 아빠는 전에 멸치 도매업을 하는 지인을 따라 새벽에 노량진 수산시장에서 멸치 경매하는 모습을 보았단다. 능숙한 경매꾼들이 순식간에 엄청난 물량을 사고파는 모습이 정말 재미있었지. 네가 좀 더 크면 이런 도매시장에서 경매하는 모습도 같이 보면 좋을 것 같아.

오늘 시장 구경 어땠니? 아빠는 시장에 올 때마다 삶의 에너지가 느껴져서 참 좋구나. 마치 살아 있는 물고기가 파닥파닥 뛰는 것 같은 생명력이 전통시장에서는 느껴진단다. 포항 죽도시장에서 큰 소리로 생선을 팔던 아줌마, 청주 육거리시장에서 친절하게 웃는 낮으로 옥수수를 팔던 아저씨, 그리고 단양구경시장에서 덤을 넉넉히 주던 한국으로 시집온 베트남 아줌마의 얼굴이 생각나는구나. 활기 있는 상인들을 보며 아빠는 살아 있다는 게 무엇일까를 다시 한 번 생각해 본단다. 살아 있다는 건 땀 흘려 일하며 다른 사람의 필요를 채워 주는 것 아닐까?

 **심샘의 꿀팁 정보**

★ **방산시장** (www.bangsanmarket.net)

주소 서울 중구 을지로33길 18-1

운영 평일 09:00~18:00, 토요일 09:00~15:00 / 일요일, 명절 연휴 휴무

주차 요금 최초 30분 2,000원

★ **광장시장** (www.kwangjangmarket.co.kr)

주소 서울 중구 창경궁로 88 (02-2267-0291)

운영 매일 09:00~18:00 / 일요일 휴무

종로와 을지로 사이에 있는 전통시장이다. 도심 한가운데라 주차가 상당히 힘들다. 무거운 짐이 없다면 대중교통을 이용하는 게 현명하다. 1호선 종로5가역과 2호선 을지로4가역에서 도보로 10분 내외 거리에 있다. 방산시장에는 전용 주차장이 있다.

★ **서울의 전통시장 안내**

서울시 홈페이지에는 서울의 전통시장 지도가 잘 정리돼 있다.

★ **단양구경시장**

주소 충북 단양군 단양읍 도전5길 31 도전리시장 (043-422-1706)

무료 공영주차장: 충북 단양군 단양읍 별곡리 265

단양을 대표하는 전통시장으로 지역 특산품 단양 마늘뿐 아니라 흑마늘닭강정, 마늘만두, 마늘떡갈비 등 먹거리로도 유명하다.

4 절두산과 양화진

내게 가장 소중한 것은 무엇일까?

시온아, 오늘처럼 약간 흐린 날에는 마포구 합정동에 있는 절두
산과 양화진에 가 보는 것도 좋을 것 같구나.

천주교 순교 성지인 절두산

절두산(切頭山)은 한자를 보면 알 수 있지만, '머리를 자르던 산'이란 뜻이란다. 원래는 누에머리처럼 생긴 언덕이라는 뜻의 잠두봉(蠶頭峰)이라고 불렸고, 한강이 내려다보이는 경치 좋은 곳이었는데, 끔찍한 역사적 사건이 있은 후 이런 이름으로 불리게 됐단다. 여기서 무슨 일이 있었을까? 조선 말기에 정부에서 천주교 신앙을 가지고 있던 사람들의 머리를 잘라 죽이는 일이 있었단다. 특히 1866년 병인년에 약 8,000명 정도의 천주교 신자들과 선교사들이 죽임을 당했고, 이곳 절두산에서도 많은 사람이 죽었단다.

우리나라 천주교 신앙은 서양 선교사들의 선교를 통하지 않고 자생적으로 생겨난, 세계에서 유례(類例)없는 아주 독특한 역사를 가지고 있단다. 마테오리치의 《천주실의(天主實義)》와 같은 북경에 있는 서양 가톨릭 선교사들이 지은 책이 조선에 들어오기 시작하면서 실학자들 중심으로 천주교를 공부하기 시작했지. 처음에는 서양 학문 중 하나로 관심을 받다가 점점 신앙으로 발전했지. 가장 대표적인 공부 모임이 정약용, 이벽, 이승훈 등이 1779년에 만든 경기도 광주 천진암 모임이란다. 이후 1784년에 이승훈은 북경에 가서 프랑스 신부에게 세례를 받고 최초의 정식 신자가 되지.

이후 천주교 신자들이 사당을 없애고 제사를 안 지내는 것이 문제 되자 정부에서 경계하기 시작하다가, 천주교 신자들이 많은 남인 세력을 공격하기 위한 반대 세력의 정치적인 목적이 더해지면서 대대적인 박해가 시작됐단다. 그중에 1801년 신유박해, 1839년 기해박해, 1846년 병오박해, 1866년 병인박해로 4번의 큰 천주교 박해 사건이 있었단다. 특히 대원군 집권 때인 1866년의 병인박해가 혹독했는데 이때만 최소 8,000여 명에서 최대 2만여 명이 순교했을 거라고 추정한단다. 당시 서양 세력의 침략에 대한 경계심과 여러 가지 정치적 이해관계가 맞물려 박해가 시작됐고, 수많은 사람들이 죽거나 신앙을 위해 외딴 시골로 피난 가는 일들이 벌어졌지. 이 일이 빌미가 돼 그해 11월에는 프랑스가 강화도를 공격하고 역사 유물을 약탈해 가는 병인양요(丙寅洋擾)가 일어나게 됐어.

진짜 순교와 순교를 가장한 폭력

1801년 신유박해 때 정약용, 정약전은 신앙을 포기하고 목숨을 건지지만, 정약용의 형 정약종은 순교(殉教)를 택했단다. 당시 신앙을 포기하고 이른바 배교(背教, 살기 위해서 또는 자기 이익을 위해 믿던 신앙을 버리는 일)를 하면 살 수 있었지만, 많은 신자들과 외국 선교사들이 순교를 택했다고 해.

그럼 이분들이 목숨을 걸고 지키려고 했던 것은 무엇이었을까? 그리고 지금도 자신의 정치적인 목적을 이루기 위해 종교의 이름으로 순교하겠다는 사람들이 나오는 일이 계속 있는데, 진정한 순교란 무엇일까?

순교는 '신앙을 지키기 위해 자기 목숨을 포기하는 것'이라고 할 수 있어. 원칙적으로 (1) 자신의 의지에 의해야 하고, (2) 신앙과 관련된 것이어야 하고, (3) 자살이 아닌 신앙을 핍박하는 타인에 의한 죽음이어야 순교라고 할 수 있을 거야.

일부 종교 테러 단체들이나 폭력 집단들이 자신들의 조직원을 순교라는 명분으로 죽음의 자리로 몰아넣고, 그렇게 하지 않아도 아무 처벌이나 핍박이 없는데도 불구하고 목숨을 버리려 한다면 이는 순교라는 이름의 또 다른 폭력이라고 할 수 있겠지.

조금 무거운 주제일 수 있지만, 과연 나는 무엇을 위해 살아야 하나, 내가 목숨을 걸고 지켜야 할 가치는 무엇인가를 생각해 보며 절두산 성지를 같이 걸어 보자꾸나. 그리고 저기 절두산 성당이 보이지? 건축학적으로도 큰 의미가 있는 건물이란다. 접시 모양의 지붕은 옛날 선비들이 의관을 갖출 때 머리에 쓰던 갓을, 지붕 위에 구멍이 있는 수직(垂直) 벽은 순교자들의 목에 채워졌던 목칼을, 그리고 지붕 위에서 내려 뜨려

순교의 모습을 형상화한 절두산성당

순교자들의 형틀을 묘사한 성당 입구의 문

진 사슬은 족쇄를 상징한단다. 그리고 성지 내에 한국인 최초의 가톨릭 신부인 김대건 신부의 동상과 여러 가지 순교 기념탑과 조형물이 전시돼 있단다.

양화진외국인선교사묘원

그리고 절두산 성지 옆에는 양화진외국인선교사묘원이 있단다. 우리나라 근대 역사에 큰 영향을 미친 서양 선교사들의 무덤이란다. 1890년 고종의 주치의이기도 했던 존 헤론 선교사가 34세의 젊은 나이에 죽자, 도성 부근에는 묘를 만들지 않는다는 원칙을 깨고 정부에서 특별히 나루터였던 양화진 부근에 만드는 것을 허락했지. 이후 서양 선교사들의 묘역이 주변에 조성됐단다.

한국 근현대사에서 큰 역할을 한 서양 선교사들

여기 묻힌 선교사들에 대한 공부만 해도 우리나라 근현대사의 반을 설명할 수 있을 정도로 중요한 분들이 많이 묻혀 계신단다. 우선 학교와 병원 등을 통한 선교 사업을 활발히 했던 언더우드와 아펜젤러 선교사, 이화학당을 건립해 여성 교육을 시작한 스크랜턴 부인과 그들의 가족의 무덤이 있단다. 위의 분들은 아빠가 그래도 이름과 업적을 아는데, 우리가 잘 모르는 많은 선교사들이 우리나라의 독립과 근대화를 위해 여러 가지 헌신을 하셨단다.

특히 호머 헐버트 박사(1863-1949년)는 고종의 밀사로 활약하며 끝까지 우리나라의 독립을 위해 헌신했던 분이고, 독립유공자이기도 하단다. 헐버트 박사는 죽기 전에 "나는 웨스트민스터 사원에 묻히기보다 조선에 묻히고 싶다"는 유언을 남겼고, 소원대로 그가 평생 헌신한 한국 땅에 묻히게 됐단다.

의료선교사로 온 로제타 홀은 남편과 딸을 잃는 아픔을 겪으면서도 45년 동안 한국인을 사랑으로 섬기고, 여성 의과대학을 만들었단다. 그의 아들 셔우드 홀은 결핵환자를 치료하면서, 크리스마스실을 만들어 결핵 퇴치 운동도 했단다. 로제타 홀은 꾸준히 일기를 써 나중에 《로제타 홀 일기 1~6》라는 이름으로 번역 출판됐는데, 그의 일기 중에 이런 내용이 있다고 하는구나.

"조선의 여인들은 이름이 없다. 시집가기 전에는 이쁜이, 언년이 등으로 불리다가 시집을 가면 자기 고향 이름을 따라 광주댁, 천안댁이 되고, 자식을 낳으면 누구 엄마로 살다가 죽는다."

이렇게 서양 선교사들의 눈에 비친 한국 여인들은 살림, 육아, 농사일 등 온갖 궂은일을 다하면서도 제대로 인간다운 대접을 받지 못한 불쌍한 사람들이었단다. 이런 할머니들을 돕기 위해 로제타 홀과 같은 많은 젊은 여성 선교사들이 이 땅에 오기도 했지.

미국 개신교에서 우리나라를 비롯한 많은 아시아 지역에 20-30대

젊은 선교사들을 많이 보내게 된 출발점은 1808년 뉴잉글랜드 윌리엄스 칼리지에서 있었던 건초더미 기도회 모임이란다. 사무엘 밀즈와 그의 친구들이 대학에서 기도 모임을 하다 비를 피해 들어간 헛간에서 세계 선교에 대한 비전을 공유하고 "우리가 원하면 이것을 할 수 있다(We can do this, if we will.)"라는 모토로 학생들을 조직하고 후원해 본격적인 세계 선교를 하게 되지. 그리고 이들의 선교 운동이 가장 잘 뿌리내리고 열매를 맺은 곳이 바로 우리나라라고 할 수 있지.

나의 묘비명에는 어떤 글귀가 적힐까?

절두산도 그렇고 양화진도 그렇고, 이 일대를 돌아보면 정말 나는 어떻게 살아야 하는가를 깊이 생각해 보게 된단다. 그리고 힘들고 어려울 때 지금만 보지 않고 인생의 마지막을 볼 수 있는 넓은 시야도 가질 수 있지. 이 원리를 스티븐 코비는 "끝을 보고 시작하라(Begin with end in mind)"라고 하는데, 영어에서 end는 '끝'이라는 뜻도 있고, '궁극적인

양화진 묘역에서 바라본 절두산 성지

대를 이어 우리나라를 위해 헌신한 언더우드 가족의 묘소

목표'라는 뜻도 있단다. 마치 눈길을 갈 때 바로 앞만 보고 걸으면 삐뚤삐뚤 걷게 되지만, 멀리 있는 큰 나무를 최종 목적지로 생각하고, 거기에만 눈을 맞추고 걸으면 최대한 바로 걷게 되는 원리이기도 하지. 인생에서 어려운 문제에 부딪혔을 때 문제 자체나 주변의 환경만 바라보면 답이 없는 경우가 많단다. 하지만 내 인생의 마지막을 생각하고, 내가 죽을 때 지금 이 일이 어떻게 기억되고 어떤 의미가 있을까를 생각해 보면 의외로 분명한 답을 얻을 수도 있단다.

아빠는 묘비명에 무엇을 남길 수 있을까? 여기 선교사들처럼 "조선을 사랑하고 조선인을 섬긴 사람"이라는 울림이 있는 흔적을 남길 수 있을까? 아빠가 생각하는 한 가지 묘비명은 "가정 중심의 행복한 교육을 꿈꾸고 실천한 사람"이야. 그리고 이 꿈은 아빠 혼자서는 이룰 수 없지. 여기 묻힌 많은 선교사들이 3-4대에 걸쳐 실천하고 노력한 것처럼, 너나 다른 형제들이 같이 이뤄 나가고, 또 자손들이 이런 꿈을 계속 꿀 때 아빠가 꿈꾸는 모습이 구체화될 수 있겠지. 《리더십 불변의 법칙》에서 존 맥스웰은 '리더십의 완성은 자신의 가치와 신념이 다음 세대로 이어지게 하는 것(legacy)'이라고 하더라고. 아빠도 최대한 노력해서 너나 다른 자손들이 이런 꿈을 이뤄 갈 수 있는 기초를 튼튼히 쌓아 둬야 할 것 같아.

아빠는 개인적으로 생일을 기념하지 않는 것 알지? 이후에 네가 자라서도 아빠 생일을 굳이 챙겨 줄 필요는 없단다. 아빠는 태어난 날보다, 죽은 날이 기억되는 사람이 되고 싶구나. 그리고 그런 결심을 여기서 다시 한 번 해 보게 된다.

심샘의 추천자료

♥ 《조선이 버린 사람들》 이수광 저 | 지식의숲 | 2012년

♥ 《양화진 선교사 열전》 전택부 저 | 홍성사 | 2005년

♥ 《닥터 로제타 홀》 박정희 저 | 다산초당 | 2015년

♥ 《존 맥스웰 리더십 불변의 법칙》 존 맥스웰 저/ 홍성화 역 | 비즈니스북스 | 2010년

 ## 심샘의 개알정보

★ **절두산순교성지** (www.jeoldusan.or.kr)

주소 서울시 마포구 토정로 6 (02-3142-4434)

운영 매일 9:30~17:00 / 월요일 휴무

10명 이상이 방문할 경우 2주 전 사전 예약이 필요하다. (02-2126-2299)

★ **양화진외국인선교사묘원** (www.yanghwajin.net)

주소 서울시 마포구 양화진길 46 (02-332-9174)

관리 한국기독교100주년기념교회

운영 월-토요일 10:00~17:00

해당 주차장 만차 시, 근처 공영주차장에 주차하고 5분 정도 걸으면 두 곳 성지를 탐방할 수 있다.

양화진 공영주차장: 서울특별시 마포구 합정동 135-4 (080-376-1100)

한강시민공원 망원지구 공영주차장 (02-3780-0841)

5 종묘

건물 하나로 경건을 표현하는
건축의 힘을 느껴 보자

시온아, 오늘 가 볼 곳은 너에게 꼭 보여 주고 싶었던 종묘(宗廟)
란다. 종묘는 순우리말로 하면 '으뜸가는 사당'이라고 할 수 있
는데, 바로 조선의 왕과 왕비의 신주를 모시고 제사를 지내던
왕립 사당(royal shrine)이란다.

건물 하나로 만들어 내는 장엄한 엄숙미

종묘의 정전(正殿) 앞에 서면 '엄숙함' 혹은 신령한 곳에 서 있을 때 느낄 수 있는 '경건함'이 무엇인지 바로 알 수 있단다. 별다른 장식 없이 일자형 건물 하나로 하늘과 땅을 잇는 듯한 신성함을 만들어 내지. 그 앞에 서면 저절로 자세를 바르게 하고 옷매무새를 가다듬게 하는 우리 조상들의 지혜와 건축 기법이 정말 대단하지 않니? 서양에서는 고딕양식이라는 건축 양식으로 하늘에 닿고자 하는 인간의 욕망을 표현했다고 하지. 그리스는 거대한 신전으로 신의 위용을 뽐내고. 이집트와 바벨론 같은 고대 문명은 피라미드나 스핑크스 같은 거대한 건축물로 왕과 그들이 믿는 신의 권위를 표시했지.

이런 거대한 건축물은 마치 사람들에게 '내 앞에서 무릎 꿇어!'라고 윽박지르는 것 같아. 하지만 여기 종묘의 정전이나 조선의 왕릉은 거대하지 않으면서도 사람을 압도하고 그 앞에서 자발적으로 무릎을 꿇게 하는 조용한 힘이 있지. 이런 힘은 자연과 조화를 이루면서도 건축을 통해 표현하고자 하는 바를 부족하지도 넘치지도 않게 전하고자 했던 조상들의 건축 정신에서 나오는 것 같구나.

길게 일자로 늘어선 거대한 단층 건물과 검은 지붕, 그리고 정전 앞의 월대(月臺)라고 불리는 넓은 돌 마당은 전체적인 공간을 더 크게 보이게 하는 효과가 있단다. 정전 정면에는 건물을 받치는 20개의 기둥이 있는데, 가까이 다가가 동서 방향으로 보면 기둥과 지붕이 조화를 이루면서 아름다운 기하학적 모양이 나타나지. 측면과 뒷면은 회색 벽돌을 두껍

게 쌓아 올렸는데, 죽음의 공간에 양기(陽氣)기 들어오는 것을 치단히는 의미도 있다고 하는구나. 보통 이렇게 뛰어난 건축물에는 공학적 기술뿐 아니라, 철학적이고 우주적 의미가 건물과 공간 곳곳에 하나하나 새겨지는 경우가 많단다.

참 멋지지 않니? 건축은 이렇게 건물과 공간 배치를 통해 많은 메시지를 사람들에게 전할 수 있단다. 그리고 랜드마크라는 말이 있듯이 유명한 건축물은 시간과 공간을 넘어 많은 사람들에게 깊은 인상을 남기지. 아빠는 네가 건축에 관심이 있고 재능이 있으면 한번 제대로 공부해 볼 만한 전공으로 강력하게 추천하고 싶구나. 건축은 과학과 공학뿐 아니라, 철학과 예술이 합쳐진 종합 학문 같아. 그리고 우리 조상들은 중국의 영향을 많이 받으면서도 우리만의 독특한 건축 철학을 담은 훌륭한 건축물을 많이 만들어 냈지. 석굴암이나 해인사 가람 배치, 경복궁과 같은 궁의 건설, 한양 도성이나 수원화성 건축과 같이 국가적으로나 역사적으로 의미 있는 건물에 우리만의 철학을 담아냈단다.

역사와 철학, 예술을 모르는 사람들에 의한 건축물

그런데 아쉽게도 이런 훌륭한 우리의 건축 문화가 역사와 철학을 모르는 사람들에 의해 테러를 당하는 일이 현대사에 많이 생겼단다. 가장 대표적인 건물이 여의도 국회의사당이라고 하는구나. 정부에서는 1960년대 후반부터 지금의 서울시 의회에 있던 국회를 새로운 곳으로 옮기려는 시도를 했단다. 당시 많은 건축가들이 현대적인 외관으로 국회의사당 설계도를 제시했는데, 정치인들이 왜 우리 의사당에는 미국처럼 돔이 없냐고 '돔 타령(?)'을 하는 바람에 전체적인 건물과 어울리지 않는 돔을 쓰게 됐단다. 그리고 당시 최고 권력자가 처음 국회로 썼던 일본 총독부 건물이 5층이었는데 이보다 더 높게 올리라고 해서, 전체적인 크기를 줄이고 한 층을 올리는 설계 변경이 가해지면서 이상한 기형 건물이 나오게 됐단다. 당시에는 정권의 정통성이 약한 군인 출신 정치인들이 건물의 역사나 철학, 예술적 의미는 팽개치고, 오로지 자신의 업적을 드러낼 상징물을 만들려고 하면서 우리 역사에서 중요한 건물들이 괴이한 형상을 띠게 되는 경우가 많았지.

국립대 캠퍼스를 꼭 이렇게 지어야 했나?

한국 현대 건축물 중 흑역사의 정점은 서울대학교 관악캠퍼스 건물이 아닌가 싶구나. 아빠는 서울대 캠퍼스를 처음 보고는 왜 대부분의 건물들이 비슷하게 생겨서, 밖에 나오면 여기가 어디인지 헷갈리게 만들었

비슷한 모양과 구조로 지어진 서울대 인문대, 사회대, 공대, 자연대 건물

전통미를 살린 규장각 건물은 다른 주변의 서양식 건물과 왠지 어울리지 않는다.

니 의이했단다. 도서관이니 음악대, 미술대 건물이 좀 특이하고 나머지는 다 비슷한 구조로 돼 있지. 어떤 책에서 보니, 당시 정부에서 서울대 학생 시위 진압을 용이하게 하기 위해 비슷한 구조로 만들라는 지시가 있었다고 하는구나. 명색이 나라를 대표하는 국립대학인데, 우리 민족의 역사나 정신, 혹은 새로운 시대에 대한 비전을 담은 건물이 제대로 들어서지 못했단다.

아빠는 건축에 대한 지식이 별로 없어서 심각한 문제인지 모르다가, 미국에 가서 스탠포드대학교 캠퍼스를 보고 눈물이 왈칵 쏟아질 뻔 했단다. 미국도 펜실베니아대학 같은 경우는 여기가 대학인지 시내 한복판인지 분간이 안 될 정도로 어수선했지만, 스탠포드대학은 전체 건물이 조화를 이루며 한 폭의 그림 같더구나. 후버타워에 올라 빨간 지붕과 녹색 나무들의 아름다운 조화와 후버타워 앞 분수대의 에메랄드빛 물을 보면 왜 아빠가 눈물이 나올 뻔 했는지 이해가 될 거야. 대학 캠퍼스에 로댕의 작품인 '칼레의 시민'이나 '지옥문'이 있는 것도 놀라웠지.

꼭 우리 전통을 지켜야 한다고, 현대 건축에 처마를 만들고 한옥식으로 지으라는 의미는 아니란다. 새로운 미래의 비전을 제시하며 현대적

스탠포드대학교 후버타워 앞 분수대와 캠퍼스 건물

메모리얼 코트 안, 로댕의 작품인 '칼레의 시민(The Burghers of Calais)'

MIT 정문격인 로저스 센터, 그리스 로마 건축 양식이다.　레이 앤 마리아 스타타 센터로 언어학과, 철학과와 컴퓨터 사이언스 실험실이 있다.

인 아름다움을 담아낼 수 있지. 가장 좋은 예가 보스톤에 있는 MIT 캠퍼스인 것 같아. 여기에는 로마시대 판테온을 닮은 고전적인 건물에서 '레이 앤 마리아 스타타 센터'처럼 기존의 틀을 파괴한 독특한 구조의 현대 건축물까지 다양한 건축가들의 철학과 예술적 역량을 담은 건물들이 많단다. 캠퍼스를 돌아보는 것만으로도 현대 건축전을 보는 것 같지.

그런데 과연 서울대 관악캠퍼스를 그런 의미로 돌아볼 수 있을까? 게다가 지금은 아무 생각 없이 남은 공간에 수많은 콘크리트 빌딩을 지어 관악캠퍼스는 더욱 엉망이 된 것 같아. 이런 모습을 보면 단군 이래 최고의 전성기를 이루고 있다는 현재의 대한민국이 '무능해서 나라를 빼앗긴 조선 500여 년의 역사보다 나은 게 무엇인가?' 하는 생각이 든다. 우리 조상들은 궁이나 종묘 같은 중요한 국가적인 건물을 지을 때 적어도 어떤 철학과 의미를 부여해야 하는지는 분명히 알았던 것 같아.

현대적인 구조로 의림지의 역사적 의미를 잘 해석한 의림지 역사박물관, 박물관 앞 넓은 공간에 얕은 인공 수로를 만들어 의림지의 의미를 상징적으로 표현했다.

재미있는 건축 이야기와 건축의 힘

그래서 네가 건축에 관심이 있으면 이런 조상들의 좋은 건축 철학을 계승했으면 하는 거야. 최근에 본 인상적인 현대 건축물은 제천 의림지 역사박물관이란다. 건축가 이름은 모르겠는데, 이 건물은 귀중한 물건을 담는 함을 모티브로 해서 우리나라에서 가장 오래된 저수지의 소중함을 표현하고, 앞의 정원에는 여러 작은 수로와 물이 고이는 공간을 만들어 '물'이 상징이 되는 공간임을 잘 표현했더구나. 우리 역사와 현대적인 건축미가 어우러진 좋은 작품인 것 같아.

건축과 건축가 이야기는 정말 무궁무진한데,《딸과 함께 떠나는 건축 여행》이라는 책을 한번 읽어 보렴. 이외에도 관심 있는 건축이나 건축가 이야기를 찾아보면 재미있을 거야. 한국 현대 건축을 대표하는 두 명의 건축가는 김중업와 김수근이란다. 김중업 교수는 1970년대 정부의 건축 정책을 비판했다가 핍박을 받고 망명생활을 하다, 독재자가 죽자 돌아와 활동을 이어 간 것으로 유명하지. 프랑스 대사관, 부산 유엔묘지

일본 신사를 연상시켜 비판을 받았던 (구)국립부여박물관　박종철 고문치사 사건 등 많은 민주인사의 고문과 조사가
이뤄진 남영동 대공분실, 지금은 민주인권기념관이 됐다.

채플, 서강대학교 본관 등이 그의 대표적인 작품이야. 김수근 교수의 작품은 (구)국립부여박물관, 국립청주박물관, 남영동 대공분실(지금의 민주인권기념관), 서울대학교 음미대 건물 등이란다. 국립부여박물관은 일본 신사를 닮았다고 해서, 남영동 대공분실은 독재 정권의 요구에 맞게 건물을 설계한 게 아니냐는 여러 부정적인 평가가 따라다니기도 한단다.

세계적으로 유명한 건축가 중 한 사람을 뽑으라면 스페인의 가우디라고 할 수 있지. 그의 건축물이 많은 바르셀로나는 가우디의 도시라고 할 만큼, 가우디 작품으로 전 세계의 수많은 관광객들을 끌어모으고 있지. 카사 밀라, 구엘 저택, 사그라다 파밀리아 등이 대표적인 관광명소란다. 코로나가 가라앉고, 네가 좀 더 크면 꼭 한번 가 보자꾸나.

몸과 영혼의 의미

마지막으로 여기 종묘에 온 김에 몸과 영혼에 대해 한번 생각해 보자.

유교에서는 사람이 죽으면 몸은 땅에 묻히지만, 영혼은 어느 정도 이 땅에 더 머물면서 후손들의 제사를 받을 수 있다고 믿었대. 그래서 왕이나 왕비도 몸은 왕릉에 묻히고, 3년 상이 끝나면 영혼은 이곳 종묘로 모셨다고 하지. 죽은 조상의 이름과 관직을 담은 나무 조각을 '신주(神主)'라고 하는데, 종묘는 이 신주를 모신 곳이지. 우리 속담에 '신주 단지 모시듯 한다'라는 말이 있는데 이게 무슨 뜻인지 아니? 살아 있는 사람보다 조상의 신주를 더 정성스럽게 모시고 제사를 올린 우리 조상들의 마음을 표현한 속담이고, 무언가 가장 소중한 것을 나타내는 대명사로 신주라는 말이 쓰이게 됐지.

이순신 장군의 난중일기를 읽어 보면, 이순신은 일기에 수많은 제사를 언급했단다. 단지 가족의 제사뿐 아니라, 왕실의 제사까지도 기록하며 그날그날의 의미와 조상들의 음덕을 기억하려고 했지. 어찌 보면 죽은 자가 산 자의 삶을 지배하는 모습이라고 볼 수 있어. 이렇게 조상을 잘 모시려는 마음과 제사는 조선이라는 유교 국가를 버티던 기둥이었고, 수많은 전란에도 불구하고 500년이 넘는 기간 동안 왕조를 지켜 준 힘의 원천이기도 했단다.

이 정전과 종묘는 조선 초기에 지어졌고, 1592년 임진왜란 때 왜군에 의해 불탔단다. 그때 선조가 의주로 도망을 가면서도 선대왕들의 신주는 모시고 갔대. 전란이 수습된 이후 다시 한양에 돌아와 1608년에 종묘를 다시 짓고 신주를 모셨지. 그래서 이 종묘 건물은 약 400년 된 건물이지만, 태조의 신주를 비롯한 초기 왕들의 신주는 600년이 넘은 것이란다.

잠깐 언급한 대로 유교에서는 사람이 죽으면 몸은 땅에, 영혼은 어느 기간 동안은 존속하며 후손들의 제사를 받는다고 하는데, 과연 우리는 죽으면 어떻게 되는 걸까? 이는 지금을 사는 우리들뿐 아니라, 인류 역사상 계속 물었던 질문이기도 했단다. 할아버지는 죽은 후에는 모든 것이 무(無)로 돌아간다고 하셨는데, 아빠는 그 생각에 동의하지 않았지. 무거운 주제이기는 하시만 이렇게 죽음에 대해 생각하면 '우리는 왜 사는가?'에 대한 답을 의외로 쉽게 찾을 수 있단다.

혼돈의 안개를 걷어 내는 화두: 메멘토 모리

라틴어에 '메멘토 모리(Memento Mori)'라는 말이 있는데, "죽음을 기억하라"라는 의미란다. 즉, 평생 살 것처럼 착각하지 말고, 죽음의 순간이 있음을 기억하고 지금 제일 소중한 것이 무엇인지 생각해 보라는 뜻이기도 하지. 앞으로 네가 살면서 여러 가지 혼란스럽고 무엇이 중요한지 헷갈릴 때면 '내가 내일 당장 죽는다 해도, 이 일을 할 것인가? 이 사람을 만날 것인가? 이런 결정을 할 것인가?'라는 질문을 던져 보렴. 때로는 죽음 앞에 모든 것이 명확해지고, 무엇이 중요하고, 무엇이 중요하지 않은지 분명히 나타날 때가 많단다. 흙에서 와서 흙으로 돌아가는 인생이고, 돈이나 물질은 죽어서 가져갈 수 없지 않니? 종묘, 절두산 성지나 양화진, 그리고 우리 조상들의 무덤 앞은 이런 질문을 던질 수 있는 좋은 공간인 것 같아. 이런 질문을 자주 던지며 삶의 방향을 분명히 할 때 좀 더 의미 있고 행복한 삶을 살 수 있지 않을까?

심쌤의 추천자료

♥ **《딸과 함께 떠나는 건축 여행》** 이용재 저 | 멘토프레스 | 2013년
→ 우리나라 주요 역사적인 건물과 건축가들, 건축물의 의미와 역사를 흥미롭게 서
술한 책이다.

♥ **《건축가 – 어린이 직업 아카데미 1》**
스티브 마틴 글/에시 킴피메키 그림/이상훈 역 | 풀빛 | 2017년

♥ **《도시는 무엇으로 사는가》** 유현준 저 | 을유문화사 | 2015년

♥ **《공간이 만든 공간》** 유현준 저 | 을유문화사 | 2020년

♥ **《한국건축 중국건축 일본건축》** 김동욱 저 | 김영사 | 2015년

♥ **《스페인은 가우디다》** 김희곤 저 | 오브제 | 2014년

 **심쌤의 깨알 정보**

★ **종묘 (jm.cha.go.kr)**
주소 서울특별시 종로구 종로 157 (02-765-0195)
예약제로 소수의 인원만 정한 시간에 관람할 수 있다. 국경일과 명절에는 자유 관람이
가능하다.

★ **김중업건축박물관 (www.ayac.or.kr/museum/main/main.asp)**
주소 경기도 안양시 만안구 예술공원로103번길 4 (031-687-0909)
운영 매일 9:00~18:00 / 매주 월요일, 설날·추석 당일 휴무
우리나라 1세대 대표 건축가인 김중업 교수를 기념하는 건축박물관이다.

6 북촌

북촌 곳곳에서 수백 년의 역사와
문화를 느껴 보자

시온아, 오늘은 서울 북촌에 가 보자. 북촌은 경복궁 동쪽에 있는 동네인데, 조선시대 왕족과 명문가 고위 관료들이 많이 모여 살던 곳이란다. 아빠가 확인해 본 바로는 조선 후기에는 권력을 잡았던 노론 계열 사람들이 주로 살았다고 하는구나. 정조 때 노론벽파를 이끌고 정승까지 지낸 심환지도 처음에는 남산에 살다가 관직이 높아졌을 때는 삼청동에 살았다고 해. 삼청동은 지금은 국무총리 공관이 있는 곳이고, 경복궁 왼쪽에 효자동에는 대통령이 계신 청와대가 있지. 조선시대뿐 아니라 현대에도 최고 권력자들의 거처가 경복궁 근처에 있다는 게 흥미롭지 않니?

❶ 북촌한옥마을 골목과 한복을 입고 둘러보는 관광객들 ❷ 경복궁에서 북촌 방향으로 난 건춘문 ❸ 삼청동 길의 식당과 카페들

북촌 꼭대기 부근에는 세종대왕 때 정승까지 지낸 맹사성의 집터가 있단다. 지금은 동양문화박물관이 있지. 맹사성은 청렴하고 강직한 성격으로 유명한데, 세종대왕의 스승이기도 했단다. 맹사성이 살던 집에서는 경복궁이 잘 보이고, 경복궁에서도 맹사성의 집이 잘 보였다고 한다. 그래서 세종대왕은 공부하다 졸리면 내시를 시켜, 맹사성 대감댁 창문에 불이 꺼져 있는지 묻고, 맹사성이 불을 끄고 잠자리에 들 때까지 책을 보며 공부했다고 하는구나.

조선시대 명문가들이 많이 살던 곳이어서 그런지, 지금도 북촌은 한옥마을로 유명하단다. 그리고 많은 국내외 관광객들이 한복을 입고 일대를 돌아다니며 구경하고 사진 찍는 모습을 볼 수 있지. 그리고 삼청동 문화의 거리에는 예쁜 카페와 식당이 많이 있단다.

현대사의 중요한 결정을 내린 헌법재판소

북촌한옥마을뿐 아니라 북촌 일대는 역사적으로 의미 있는 곳이 상당히 많단다. 경복궁 좌우에 있는 장소를 돌며 역사적인 이야기를 나눠도 하루 이틀로는 모자라지. 우선 안국역 2번 출구로 나와서 북촌 쪽으로 가면 헌법재판소가 있단다. 노무현 대통령의 단핵을 기각(棄却)하고, 서울이 관습헌법상 수도라서 세종시로 행정수도를 이전하려면 헌법을 고쳐야 한다는 판결을 내리고, 박근혜 대통령의 탄핵을 만장일치로 받아들이는 등 한국 현대사의 중요한 결정을 내린 헌법 기관이란다. 우리 헌법 111조에는 헌법재판소가 ① 법원의 제청에 의한 법률의 위헌 여부심판, ② 탄핵의 심판, ③ 정당의 해산심판, ④ 국가기관의 상호 간, 국가기관과 지방자치단체 간 및 지방자치단체 상호 간의 권한쟁의에 관한 심판, ⑤ 법률이 정하는 헌법소원에 관한 심판 등을 담당한다고 돼 있단다. 이중 가장 중요한 역할은 국회에서 만든 법률이 헌법 정신에 맞는지를 판단하는 것이겠지. 일반 시민들의 삶과는 약간 거리가 있는 법률적인 판단을 하는 곳인데, 위에서 말한 대로 우리 현대사의 중요한 순간에 등장한 적이 많았지.

한국 현대사의 중요한 장면에서 자주 등장했던 헌법재판소

한자를 공부해야 하는 이유

헌법재판소에 대해 이야기하면서 법률 용어가 많이 나오니까 조금 어렵지. 기각(棄却), 제청(提請), 탄핵(彈劾). 쉽게 우리말로 풀어 말하면 기각은 '버리고 쓰지 아니함', 제청은 '잡아끌어 부탁함', 탄핵은 '잘못을 찾아내서 책임을 물음'이라고 할 수 있는데, 이런 식으로 말하면 너무 길고 복잡하니 한자어를 쓰는 거란다. 여기서 알 수 있는 것은 복잡한 제도나 개념을 이해하기 위한 한자 공부의 필요성이야. 또, 우리 조상들이 남겨 놓은 수많은 문화유산, 동양의 문화와 사고방식을 이해하기 위해서도 한자를 반드시 알아야 하고.

　이건 단지 역사나 법률 공부에만 해당되는 이야기가 아니란다. 수학 같이 한자와 관계없어 보이는 과목에도 수많은 한자어가 쓰이는데, 그게 무슨 뜻인지 제대로 이해하지 못하는 경우가 많지. 예를 들어 소수(素數), 인수분해(因數分解), 미분(微分) 등의 용어가 있어. 대부분의 수학 용어가 서양언어로 된 것을 근대화 시기에 한자로 바꾼 것이어서 의미를 알면 훨씬 쉽게 이해할 수 있지. 그런 점에서 아빠는 고등학문을 배우는 데 한자 공부는 필수라고 생각한단다.

재동초등학교의 유명한 졸업생과 서태지

헌법재판소에서 조금 올라가면 재동초등학교가 있는데, 1895년(고종 32년)에 개교한 엄청난 역사를 자랑하는 학교란다. 이 학교 졸업생 중에 유명한 분들도 셀 수 없이 많지. 소설가 김유정, 최인호, 가수 김민기, 양희은 등 수많은 예술가들과 정치인, 사업가들이 이 학교를 졸업했단다. 그중 1990년대 이후 대중문화계의 한 획을 그었다고 평가받는 서태지(본명 정현철)도 있단다. 서태지는 여기 가회동에서 태어나 재동초등학교를 나왔는데, 어려서부터 음악에 심취해서 중학교 2학년 때 '하늘벽'이라는 밴드를 만들었다고 해. 이후 고등학교를 중퇴하고 음악에만 몰두하다, 18살 때(1989년) 유명한 밴드인 '시나위'에 베이스 기타 연주자로 들어가게 되지. 당시 시나위 리더는 우리나라 기타 연주의 대가로 불리는 신대철이였고, 보컬(노래 부르는 사람)은 김종서라는 우리나라 록 음악을 대표하는 가수였단다.

시나위 해체 이후 서태지는 1991년에 양현석, 이주노를 만나 '서태지와 아이들'을 결성하고, 1992년 4월 1집 〈난 알아요〉를 발표했는데, 이전에는 들을 수 없던 음악으로 한국 대중음악계를 깜짝 놀라게 했지. 이후 〈하여가〉, 〈발해를 꿈꾸며〉, 〈컴백홈〉 등을 히트시키며 90년대 전반기 대중음악계를 지배했지. 그가 가진 대중문화 영향력이 하도 커서 '문화대통령'으로도 불렸어. 그러다 1996년 1월 갑작스럽게 그룹을 해체하고, 잠정 은퇴 선언을 했단다. 이후 미국에서 잠시 생활하다가 우리나라로 돌아와 개인 앨범을 내며 계속 활동을 이어 갔단다.

아빠가 음악이나 대중문화 쪽은 아는 바가 적어서 자세히 이야기해 주지는 못하겠구나. 나중에 관심 있으면 더 자세히 공부해 보렴. 유튜브에서 이전의 노래나 뮤직비디오 그리고 음악계의 다양한 평가를 찾아볼 수 있단다. 70년대 남진, 나훈아, 이미자, 80년대 조용필, 90년대 서태지는 한국 대중음악계에서 빼놓을 수 없는 중요한 이름이란다.

현대사의 어두운 그늘, 소격동과 궁정동

2014년에 발표된 서태지의 9집 앨범에는 〈소격동〉이라는 노래가 있는데, 소격동은 경복궁 옆, 국립현대미술관 일대란다. 원래 국립현대미술관 서울관은 기무사와 국군서울지구병원이 있던 곳이었지. 기무사는 국군기무사령부(國軍機務司令部, Defense Security Command)의 줄임말인데, 군대 내의 수사정보기관으로 군대 보안과 간첩 활동 방지, 군 범죄 수사 등을 담당하는 곳이란다. 그런데 이 부대가 원래 업무인 군 보안뿐 아니라, 민간인을 몰래 조사하고, 국내 정치에 개입하는 등의 많은 문제를 일으키기도 했단다. 최근에도 이명박, 박근혜 정부 시절 인터넷 댓글 공작으로 선거나 정치 현안에 개입하려 하고, 세월호 유가족까지 사찰(伺察)하기도 했고. 군대나 국가 정보기관이 나라를 지키는 본래의 업무를 하지 못하게 하고, 자신들의 권력을 지키는 도구로 활용하려는 사람이 아직도 있다는 게 서글프다. 또, 이런 모습이 우리나라 역사에서 계속 반복되는 게 참 안타깝구나.

기무사의 이전 이름은 보안사령부였는데, 1979년 12.12 쿠데타로 국가 권력을 가로챈 전두환이 박정희 대통령이 죽은 10.26 사태 때 보안사령관이었단다. 당시 박정희 대통령이 비공식적으로 정치적인 적수를 감시하고 독재 권력을 지키는 데 활용한 기관이 중앙정보부(지금의 국가정보원), 경호실, 보안사였는데, 1979년 10월 26일에 중앙정보부장

김재규가 경호실장 차지철과 함께 대통령을 총으로 쏴서 죽였단다. 이 때 남아 있던 권력의 한 축인 전두환이 혼란스런 시기에 권력을 차지한 셈이지. 박정희 대통령이 청와대 부근인 궁정동에서 총을 맞은 후 마지막까지 치료받다가 죽은 곳도 바로 기무사 옆에 있었던 국군서울지구병원이었단다. 기무사는 군사독재 시절에 학생운동이나 민주화운동을 하던 사람들을 잡아다가 조사하고 고문했는데, 〈소격동〉 뮤직 비디오를 보면 헬멧을 쓴 사복경찰들이 한옥 집에 들어와 여주인공의 가족으로 보이는 사람을 잡아가는 모습이 나오지. 또, 등화관제(燈火管制) 훈련이라고 당시 밤에 북한의 폭격에 대비해서 불을 전부 끄는 모습도 나오고, 전반적으로 독재와 억압된 분위기를 묘사하고 있음을 알 수 있단다.

어둠 속의 대화를 들어보렴

원래 북촌은 왕족과 양반 명문가들의 분위기를 느낄 수 있는데, 계속 으스스한 이야기가 많이 나오네. 마지막으로 북촌에 와서 시간이 되면 〈어둠속의 대화〉라는 전시를 '체험'해 보렴. 8살 이상 참여할 수 있고, 많은 인원이 함께할 수 없어서 미리 인터넷으로 예약하고 가야 한단다. 이 특별한 전시는 독일에서 시작된 시각 장애 체험프로그램이란다. 90분 동안 어둠 속에서 정말 신기한 체험을 할 수 있단다. 아빠도 칠흑 같은 어둠 속에서 하얀 지팡이 하나 들고 입구에 서니 기대보다 약간 두려운 마음이 들었단다. 가뜩이나 예민해진 청각에 조곤조곤 말하는 안내자(로드마스터)의 목소리가 귀에 쩌렁쩌렁하게 들렸지. 90분 동안 다양한 곳을 지나게 되는데 숲을 지나 배를 다고, 사람 사는 마을과 시장도 둘러보게 된다. 보이지 않지만 자연과 세상은 여전히 그대로인 것처럼 느낄 수 있고, 어둠에 대한 두려움은 차차 익숙함으로 바뀐단다.

〈어둠속의대화〉 북촌 전시관 입구

짧지 않은 90분의 여행인데, 어둠 속에서는 마치 몇 십 분처럼 짧게 느껴지는 것도 신기했단다. 안내자가 잠깐 쉬라고 하는 동안 여러 가지 생각이 머릿속에 떠올랐단다. '볼 수 없으니 이렇게 불편하구나, 하지만 또 옆에 사람들이 있으니 이렇게 살 수 있구나.', '본다는 것이 반드시 좋은 것일까? 대부분 사람들의 불행은 눈을 통해 들어오는데. 우리가 보는 것을 통해 얻는 것은 무엇이고 잃는 것은 무엇일까?' 등등. 그리고 여행이 끝나면 아주 놀라운 사실 하나를 알게 되는데 그게 무엇인지는 직접 경험해 보렴. 우리가 지금까지 했던 눈으로 보는 여행이 아닌 정말 특별한 여행인데, 끝나고 나면 마음속에 여러 가지 감정이 남을 거야.

미쉐린 가이드 식당, 떼레노

〈어둠속의 대화〉 전시가 있는 건물 위에는 '떼레노'라는 유명한 스페인 식당이 있단다. 가격은 좀 나가지만 오늘 점심은 여기서 먹자. 이 식당은 '미쉐린 가이드'에 선정됐는데, 혹시 미쉐린 가이드에 대해서 들어봤니? 원래 미쉐린 가이드는 타이어 만드는 회사인 미쉐린에서 타이

가지가 들어간 독특한 요리

어 구매 고객들에게 나눠 주던 여행안내 책자였는데, 여기에 실린 식당 평가가 객관적이라고 해서 지금은 유명 식당의 인증서처럼 됐지. 미쉐린 가이드는 유명한 식당에 별점을 주는데, 별 하나는 요리가 훌륭한 식당, 두 개는 요리가 훌륭해서 멀리 찾아갈 만한 식당, 세 개는 요리가 매우 훌륭해서 특별히 여행을 해서라도 갈 만한 식당이라고 해. 그런데 보통 별 하나만 받아 미쉐린 가이드에 올라가기만 해도 상당히 훌륭한 식당이라고 할 수 있지. 식당에 대한 평가는 매년 갱신되고, 담당 직원이 일반 손님처럼 식당에 방문해서 재료, 요리, 가격, 일관성 등을 평가한단다. 그리고 스페인이나 양식 식당뿐만 아니라 우리나라 한식 식당도 미쉐린 별을 받은 곳이 많이 있지. 여기 북촌에도 '두레유'라는 한정식 식당이 있고, 저렴한 메뉴가 많은 황생가 칼국수도 있지. 떼레노는 우리나라에 있는 스페인 식당으로는 거의 유일하게 미쉐린 별을 받아서 한번 가 볼만 하단다. 참고로 떼레노(terreno)는 스페인어로 '흙과 땅'이라는 뜻이라고 하는구나.

홈스쿨러 준규 형네도 들러 보자

마지막으로 준규 형네 집에도 들러 보자꾸나. 준규 형네가 언제까지 북촌에 살지 모르겠지만, 형이 여기 사는 동안은 가끔 들러서 형을 만나 보렴. 준규 형은 어려서부터 만들기를 좋아하고 몰입 능력이 특별했는데, 마음껏 뛰어놀 수 있는 환경을 만들어 주기 위해 형의 부모님은 아파트에서 북촌 한옥으로 이사했단다. 형은 어려서 종이접기부터, 코딩, 로봇 제작까지 혼자 공부해서 '로봇 영재'로 TV에 소개되기도 했지. 그리고 홈스쿨링으로 집에서 공부하고, 에어비앤비를 운영해 집에 들르는 외국인들과 이야기하며 영어도 배우고, 북촌 구석구석을 다니며 어린 시절을 보냈지. 그동안의 경험을 모아 준규형 엄마는《준규네 홈스쿨》, 준규 형은《게임 종이접기》책도 냈단다.

아빠는 이런 자율적인 교육 모델이 아주 좋다고 생각해서 많은 사람들에게 소개하기도 했단다. 모든 아이들이 준규형처럼 코딩도 잘하고 로봇도 만들 수는 없겠지만, 누구나 하늘로부터 받은 천부적인 재능이 있단다. 학교에 가서도 많은 것을 배울 수 있지만 형처럼 학교에 다니지 않고도, 집에서, 마을에서, 그리고 세상에서도 직접 많은 것을 배울 수 있지. 이런 새로운 배움의 형태를 언스쿨링(Unschooling)이라고 한단다. 오늘도 이렇게 아빠와 함께 북촌을 돌아보면서 교실에서 배울 수 없는 여러 가지를 알게 됐잖니? 조선시대 역사와, 소격동과 서태지 이야기도 듣고, 〈어둠속의 대화〉도 체험하고, 미쉐린 가이드까지 말이야.^-^

만약 우리도 다시 서울에서 살 기회가 있다면 아빠는 여기 북촌이나 경복궁 서쪽의 서촌에서 한번 살아보고 싶구나. 경복궁이나 창덕궁도 가고, 인왕산도 자주 오르면서 일대를 천천히 돌아보면 좋지 않을까?

북촌 한옥집에 사는 준규네

심쌤의 추천자료 ──────────────

♥ 《준규네 홈스쿨》 김지현 저 | 진서원 | 2019년
♥ 서태지 〈소격동〉 뮤직비디오

 **심쌤의 깨알정보** ──────────────

★ **어둠속의대화** (www.dialogueinthedark.co.kr)
주소 서울특별시 종로구 북촌로 71 (02–313–9977)
운영 평일 11:00~20:00 / 예약 필수, 월요일 휴관
관람 요금: 성인 기준 30,000원, 청소년 (8–19세) 20,000원

★ **북촌동양문화박물관** (www.dymuseum.com)
주소 서울 종로구 북촌로11길 76 (02–723–0190)
운영 매일 10:00~18:00 / 월요일 휴무
조선시대 청백리의 상징이자 대학자인 맹사성의 집터에 위치한 카페 같은 박물관으로 북촌한옥마을에서 제일 높은 곳에 위치해 서울 도성과 경복궁 일대를 내려다볼 수 있다.

★ **윤보선가옥** (www.culturecontent.com)
주소 서울 종로구 윤보선길 62

북촌의 안국동과 가회동 사이, 헌법재판소 뒷편에는 조선시대 궁이 아닌 민가로 최대 규모로 지을 수 있었던 99칸 대저택이 있다. 윤보선 전 대통령이 거주했고, 지금도 장남 일가가 살고 있어서 일반인에게는 개방되지 않는다. 이 집은 1870년경에 민대감이라는 사람이 지은 집으로, 이후 고종이 이 집을 사서 일본에서 돌아온 영혜옹주와 그의 남편 박영효에게 주어 살게 했다. 이후 1910년대에 윤보선의 아버지 윤치소 선생이 매입해 이후 4대째 윤씨 일가가 살고 있다. 1950-70년대에는 야당의 사무실 겸 회의실로도 사용됐고, 1980년에는 윤 전 대통령이 김영삼, 김대중 두 지도자를 불러 대통령 후보 단일화를 부탁했던 곳이기도 하다. 안에 들어갈 수는 없고, 주변만 둘러볼 수 있다.

★ **떼레노**

미쉐린 가이드 선정 스페인 레스토랑

주소 서울 종로구 북촌로 69 (02-332-5525)

운영 매일 12:00-22:00 (Break time 15:00-18:00)

★ **황생가칼국수**

미쉐린 가이드 선정 한식 레스토랑

주소 서울 종로구 북촌로5길 78 (02-739-6334)

운영 매일 11:00 - 21:30 / 명절 당일 휴무

7 도산공원

우리에게 안창호 같은
스승이 있었음을 감사하자

시온아, 오늘은 신사동에 있는 도산공원에 가 보자꾸나. 도산은 안창호(安昌浩) 선생님(1878-1938년)의 호(號)인 것 알지? '호'란 이름 대신 부르는 별명 같은 건데, 옛날에는 다 큰 성인의 이름을 바로 부르는 것이 예의에 맞지 않다고 생각해서 '자(字)'라고 하는 쉽게 부를 수 있는 이름이나 호를 지어서 불렀지. 백범 김구, 몽양 여운형, 단재 신채호 선생 같이 말이지. 도산 선생님은 미국으로 가는 길에 하와이를 보고 '망망대해에 산처럼 우뚝 선 섬'이라는 느낌을 가지셨다고 해. 그래서 본인도 그런 삶을 살고 싶은 마음에 도산(島山)이라는 호를 지었대.

도산의 흔들림 없는 독립운동

도산 선생님은 이런 말씀을 하셨지. "나는 밥을 먹어도 대한의 독립을 위해, 잠을 자도 대한의 독립을 위해 해 왔다. 이것은 내 목숨이 없어질 때까지 변함없을 것이다." 말과 행동이 같은 것을 언행일치(言行一致)라고 하는데, 도산 선생님이 민족의 스승이 될 수 있는 이유가 바로 여기에 있단다. 세상에 좋은 말 하는 사람은 많지만 자기가 한 말대로 사는 사람은 그리 많지 않거든. 도산의 말에 힘이 있는 건 본인이 말한 대로 실제로 살았기 때문이란다. 자신이 먼저 배우며 실천하고, 온전히 나라

❶ 신사동의 도산공원. 1973년 선생과 여사의 유골을 여기에 모시며 묘역과 공원을 조성했다. ❷ 도산공원 내 안창호 기념관 ❸ 형무소 출소 후 마중 나온 여운형, 조만식 선생과 함께 ❹ 안창호 선생과 부인 이혜련 여사의 합장묘

와 민족을 위해 생을 마치는 순간까지 최선을 다하셨지. 독립협회와 만민공동회 활동에서부터 25살에 시작한 늦깎이 미국 유학, 신민회 조직, 임시정부 활동 등 미국과 중국, 우리나라에서 꾸준히 독립운동을 하셨단다. 그리고 오랜 감옥살이로 고생하고 돌아가시기까지 흔들림 없이 민족을 위한 한 길을 걸으셨단다. 도산 안창호 기념관에서 선생님의 일대기를 찬찬히 돌아보면 정말 눈물이 앞을 가리고 가슴이 시려 온단다. '참 고생을 많이 하셨구나!' 선생님의 바람대로 완전한 독립을 이루지 못해 우리 민족은 분단과 전쟁의 아픔을 겪었지만, 도산 선생 같은 분들의 희생이 없었다면 우리는 지금도 감히 '자주(自主, 스스로 주인 됨)'와 '독립(獨立, 외세의 도움 없이 홀로서기)'을 말할 수 없었을 거야.

도산의 실력양성론과 이후의 왜곡

암울한 일제강점기 때 우리 민족 지도자들이 선택한 독립운동 방향은 크게 3-4가지였단다. 무장 독립 투쟁론, 실력양성론(민족 역량 강화론), 외교 독립론, 사회주의 노선 등이었지. 안창호 선생은 이 가운데 민족 역량 강화론의 가장 대표적인 이론가이자 실천가로 알려져 있지. 도산이 무장 투쟁을 배제한 것은 아니었지만, 우선 힘을 기르고, 전쟁을 하더라도 나중에 하자는 주장이었지. 하지만 당시에도 그렇게 해서 언제 독립하겠냐는 비판을 많이 받았고, 실제 안창호 선생과 뜻을 같이 하던 많은 실력양성론자들이 결국 친일로 돌아서면서 선생의 뜻은 이후에 많이 왜곡되고, 다음 세대에 제대로 전해지지 못했단다.

선생은 우리가 힘이 없어서 나라를 일본에 빼앗겼다고 봤는데, 선생이 말한 힘은 군사력과 경제력 이전에 내적인 자기 수양이었단다. 거짓말하지 않고, 약속 시간 잘 지키고, 청소 잘하고, 다른 사람을 배려하는 인격적인 힘이었지. 먼저 국민 각자의 역량을 길러 문명국가를 이루는 것이 군사나 경제력 같은 물리적인 힘을 기르는 것보다 중요하다고 생각하고, 개인의 수양과 교육을 강조했지. 실제 미국 유학이나 망명 생활 중에도 동포들에게 집 안팎을 잘 청소하고, 옷도 깨끗하게 입고, 약속을 잘 지키며 한국인으로서의 품위를 지킬 것을 강조하고, 교포 사회를 새롭게 하는 성과도 많이 거두셨지. 또 본인이 직접 오렌지 농장에서 동포들과 일하며 독립운동 자금을 만들기도 하셨고, '실질적인 것을 추구해 힘써 실천하고, 정의를 위해 씩씩하고 기운차게 행동하고, 자기를 사랑하고 남을 사랑하라.'는 무실역행(務實力行), 충의용감(忠義勇敢), 애기애타(愛己愛他)는 도산 정신의 핵심인데 지금도 마음에 새기고 실천할 만한 소중한 내용이지.

힘과 물질적인 성공을 우상시하는 사람들의 실수

안창호 선생의 삶을 공부하면 제일 안타까운 부분이 바로 위에서 말한 실력양성론 계열의 많은 독립운동가들이 나중에 친일로 돌아선 부분이야. 남강 이승훈 같이 끝까지 독립운동을 하고 신념을 지킨 분들도 있지만, 윤치호나 이광수 같은 사람들은 선생과 함께 초기 독립운동을 하다가 결국에는 친일로 빠진 사람들이란다.

이 사람들의 실수를 지금도 여전히 똑같이 반복할 수 있기 때문에 이 점을 좀 더 자세히 이야기하고 싶구나. 이 사람들이나 개화기의 많은 지식인들이 빠졌던 함정이 '힘이 곧 선(善)이자 정의(正義)다'라는 잘못된 생각이란다. 전통적인 인문학에서는 당연히 힘이 세다고 옳고 선한 것은 아니라는 생각이 보편적이었는데, 서양에서 이른바 사회진화론이라는 사상이 나오면서 이 세상은 약육강식(弱肉强食), 즉 강한 자가 약한 자를 지배하는 게 자연의 법칙이고, 강한 것은 선하고 우월하고, 약한 것은 악하고 열등하다는 이상한 논리들이 들어오기 시작했지. 그러면서 영국, 프랑스와 같은 제국주의 국가들과 독일, 일본, 미국과 같은 후발 제국주의 국가들은 힘을 길러 다른 나라와 민족을 침략하고 착취하는 것을 당연하게 생각했단다.

이런 생각에 물들기 시작하면서 개화기 때 일본에 의지해 나라를 바꿔 보려고 한 김옥균, 박영효 등의 갑신정변 세력이나 윤치호와 이광수 같은 실력양성론자들은 강한 일본은 선이고, 우리도 일본을 배우고, 일본처럼 돼야 한다는 논리를 갖게 된 것이지.

그리고 이런 생각은 지금도 이 사회를 지배하고 있단다. 지금 우리가 일본의 식민지 상태는 아니지만, 여전히 돈과 권력이 선이고, 돈과 권력이 없는 사람은 무능하고 열등하다는 논리가 남아 있단다. 그래서 돈 없고 힘없는 사람들을 무시하고, 그들 위에서 군림하려는 이른바 '갑질'이라는 잘못된 생각과 행동이 우리 사회에 여전히 남아 있지.

정말 돈과 권력이 선일까? 아빠는 그렇게 생각하지 않는단다. 돈과 권력이 있으면 편할 수 있지만, 그렇다고 돈과 권력을 가진 사람들이 다 옳고, 그들이 다 행복한 것도 아니지. 이는 개인적으로나 국가적으로 다 적용되는 사실이란다. 일본을 봐도 그렇지 않니? 그들이 아시아 최강의 경제력과 군사력을 가졌지만 결국 그 힘을 가지고 다른 나라 사람들을 수없이 죽이고, 자국 국민들을 전쟁으로 몰아가고, 결국 원자폭탄을 맞는 지경까지 이르게 했지. 개인적인 돈과 권력, 또 국가적인 경제력과 군사력은 잘 쓰면 약이지만, 잘못 쓰면 독이 될 수 있는 거란다. 자기 그릇과 분수에 맞는 돈과 권력은 어느 정도 사는 데 도움이 되지만, 자기 그릇에 맞지 않는 지나친 돈과 권력은 결국 그 사람이나 국가를 파멸로 이끌게 되지.

진정한 힘은 분별력과 자기 조절 능력

그런 면에서 우리는 진정한 힘이 무엇인가를 잘 생각해 봐야 할 것 같아. 진정한 힘은 겉으로 드러나는 돈과 권력, 명예가 아니란다. 자신의 재능과 분수를 알고, 그에 맞는 돈과 권력, 명예를 구하는 분별력, 자신의 분수에 만족하는 능력이 진정한 힘이 아닐까? 그래서 진정한 힘을 기르는 것은 나에게 없는 돈과 권력을 부러워하고 그것을 가진 사람들을 따라 하려는 게 아니라, 나의 능력과 지금의 상황을 분별하고 현재 할 수 있는 일에 집중하는 것이지.

그런 삶을 살았던 사람의 좋은 예로 아빠는 안회(顔回)를 자주 이야기한단다. 공자님의 제자였던 안회는 한 그릇의 밥과 한 표주박의 물을 마시고 누추한 마을에 살아도 부끄러움을 모르고, 허름한 옷을 입고도 가죽옷을 입은 귀족들 가운데서 당당한 삶을 살았다고 해. 그렇다고 안회가 능력이 부족한 사람은 아니었단다. 다만 때를 얻지 못하고, 운이 없어 일찍 죽는 바람에 그 뜻을 펼치지 못했지.

이른바 실력양성론자들이 이런 성현의 말씀에 귀를 기울이고 내면의 힘을 기르는 데 더 힘쓰고 때를 기다렸더라면, 성급하게 일본의 힘을 부러워하고 자기 자신과 우리 민족을 비하하는 오류에 빠지지 않았을 것 같구나.

물론 윤치호나 이광수의 삶은 이렇게 단순하게 말할 수 없는 부분이 많단다. 처음에는 민족을 위해 일하려 했지만, 일제의 고문과 회유를 견디지 못한 측면도 생각해야겠지. 특히 윤치호는 이완용과 같이 자신의 이익과 안위만을 위해 민족을 배반하고 친일(親日)을 한 사람과는 다르단다. 한일합방 이후 자신에게 주어진 일제의 귀족 작위도 거절했고, 친일 전향 이후에도 많은 독립지사들이 감옥에 갇히거나 병원에 입원했을 때 보석을 후원하고 간병을 지원했지. 나중에 시간이 되면 그에 대해서도 좀 더 공부해 볼 필요가 있단다. 하지만 광복 이후 이들이 자신의 잘못을 반성하거나 사죄하지 않고, 끝까지 변명과 자기 방어적인 논리를 편 것은 용서의 여지가 없어 보이는구나.

돈과 권력과 명예는 하늘의 선물

마지막으로 돈과 권력에 관련된 이야기 하나를 더 나누고 싶구나. 아빠는 세상 사람들이 추구하는 돈과 권력과 명예는 노력의 결과물이라기보다 하늘의 선물이라고 생각한단다. 이런 태도와 생각은 이 세상을 행복하게 사는 데 많은 도움이 될 거야.

단순화시켜 말하면 이런 공식이란다.

돈과 권력, 명예 = (하늘이 준 재능 + 하늘이 준 때) X 개인의 노력

재능과 운이 따르는 가운데 개인의 노력이 더해지면 더 크게 되지만, 재능과 운이 없는 가운데 개인이 애쓰는 것은 큰 의미가 없을 수도 있지.

영어로 재능은 gift라고 하지. 영재는 'gifted child'라고도 하고. 이 영어 표현에 재능의 의미가 잘 들어 있는 것 같아. 그리고 가만히 보면 어떤 사람의 천재적인 재능은 부모나 환경에 의해 만들어지는 것이 아니라 정말 하늘에서 주어지는 경우가 많아. 아인슈타인이나 뉴턴 같은 세상을 바꾼 천재들은 부모가 천재이거나 어려서부터 영재 교육을 받았던 사람들이 아니란다. 인류 역사를 바꾼 대부분의 천재나 위인들은 부모나 환경과 관계없이 정말 우연히 나온 사람들이 많지. 물론 어느 정도 부모의 유전자가 영향을 미치는 경우가 있지만 그 경우는 세상을 바꾼 천재나 위인이라기보다, 주목할 만한 정도의 재능을 가진 사람들이지.

또 재능과 더불어 중요한 게 때와 운이란다. 다음에 강릉에서 허균, 허난설헌에 대한 이야기를 하면서 설명하겠지만 아무리 천재적인 재능

을 타고나도 때를 잘못 만나면 오히려 그 재능이 독이 되는 경우가 있단다. '하늘이 부여하는 때의 흐름'을 운(運)이라고 할 수 있는데, 나라에는 국운이 있고, 개인도 개인 운이 있는 것 같아. 어떤 때는 아무리 노력해도 안 되는 때가 있고, 어떤 때는 별로 노력하지 않았는데도 잘 되는 때가 있단다. 임진왜란 때는 선조라는 조선 최악의 왕이 있었지만, 국운이 살아 있기 때문에 나라가 망하지 않고, 이순신 장군이나 유성룡 같은 충신들과 수많은 의병들이 나타나 나라를 지킬 수 있었지. 하지만 조선 말이나 해방 공간(1945년 광복 이후부터 1948년 대한민국 정부가 수립되기 이전까지의 시기)에서는 이상하게 국운이 따르지 않아 좋은 인재들은 다 죽어 나가고 의롭지 못한 자들이 권력을 차지해 백성들은 비참한 죽음을 맞이했지. 그렇다고 인생을 운에 맡기고 아무 노력도 하지 않고 무기력하게 살라는 말은 아니란다. 때를 분별해서 운이 안 좋은 때는 근신하고, 운이 좋을 때는 성취를 자신의 업적으로 여기며 교만하지 말고 겸손하게 사는 법을 배우라는 것이지.

하늘 앞에서 겸손한 삶

이렇게 재능이나 운을 다 하늘에서 받은 것이라고 생각하면 어떤 점이 좋을까? 사람이 어떤 성취를 이루더라도 겸손하고, 자신이 선물로 받은 돈과 권력, 명예를 좀 더 좋은 곳에 쓰지 않을까? 또한 하늘로부터 재능을 많이 받지 못했거나 재능이 있더라도 때를 만나지 못한 사람도 좌절하지 않고, 자신의 분수에 맞는 삶을 살아가지 않을까?

실력양성론자들도 이런 올바른 생각을 갖고 있었다면 일본에 대해 열등감을 갖고 우리 민족을 비하하는 태도를 갖지 않았을 거야. 또, 최치원이나 허균 같이 시대를 잘못 타고난 인재들도 자신의 때가 아님을 알고 책을 쓰거나 제자를 기르는 일에 더 집중하면서 주어진 인생을 좀 더 의미 있게 살 수 있었겠지.

그리고 이런 사고방식은 앞으로 네가 세상을 살아가는 데도 큰 지침을 줄 수 있단다. 네가 만약 하늘로부터 받은 재능이 많아서 공부를 잘하고, 돈을 잘 벌고, 명예를 크게 얻는다면, 이 모든 것이 네가 잘나서 혹은 네가 노력해서 얻은 것으로 생각하지 않겠지. 전부 하늘이 준 재능이고, 네가 때를 잘 맞춰 태어나서 얻은 성과로 생각하고, 네가 얻은 돈과 권력, 명예로 다른 사람과 세상을 섬길 수 있지 않겠니? 그래야 그 돈과 권력이 너를 살리고, 네 인생도 더욱 풍성하게 만들어 줄 거야.

또한 네가 재능이 부족해도 재능이 많은 사람들 앞에서 열등감을 느낄 필요는 없단다. 좋은 대학에 가지 못했다고 해서, 돈을 잘 벌지 못한다고 해서 좌절할 필요도 없지. 아빠가 자주 이야기하는 비유가 있잖니. 고급차를 타고 다녀도 불행할 수 있고, 경차를 타고 다녀도 행복할 수 있다고. 네게 주어진 재능과 돈과 명예 안에서 최대한 행복하게 누리고 살 수 있는 법을 배우면 된단다. 내게 없는 것을 남과 비교하지 말고, 내게 있는 것을 최대한 활용하면서 살면 되지. 또 너의 재능이 때를 만나지 못했다고 해서 너무 좌절할 필요도 없단다. 너와 함께 이번 인문학 여행을 다니며 여러 차례 이야기했듯이 남명 조식 선생과 다산 정약용 선생처럼 때를 기다리며 책을 쓰고, 제자를 기르면 되는 거란다.

눈에 보이는 것이 전부가 아니란다

이런 내적인 힘을 기르기 위해서는 궁극적으로 눈에 보이는 것이 전부가 아니라는 진리를 깨달을 필요가 있단다. 우주는 우리 눈앞에 보이는 것들의 합이 아니란다. 눈에 보이는 세계는 눈에 보이지 않는 세계에 비하면 티끌보다도 작단다. 이 진리를 깨달아야 돈과 권력, 명예가 있어도 잘 사용할 수 있고, 그런 것이 많지 않아도 불평 없이 살아가는 지혜를 얻을 수 있지.

그런 삶의 본을 보여 준 성인들이 우리 앞에 많이 있단다. 앞에서 말한 안회도 그렇고, 예수님, 바울, 부처님이 그런 삶을 사셨지. 예수님은 가난한 목수의 아들이었지만, 당시 최고 권력자였던 로마 총독이나 유대인 대제사장 앞에서 당당했지. 부처님은 부와 권력을 누릴 수 있지만, 다 내려놓고 누구에게도 아쉬운 소리 할 필요 없는 참 자유를 누리고 사셨지. 앞에서도 이야기한 바울은 "눈에 보이는 것은 잠깐이고, 보이지 않는 것은 영원하다."고 했단다. 그렇기에 그는 부유하든 가난하든 어떤 상황 가운데서도 만족할 수 있는 삶의 경지에 오를 수 있었던 것 같아.

시대를 떠나 오랫동안 민족의 스승으로 남을 만한 학식과 인격을 갖췄던 도산 선생

도산 선생의 말씀

하지만 살다 보면 이런 삶을 사는 사람들이 그리 많지 않다는 것을 알 수 있단다. 좁은 문으로 들어서야 하고, 좁은 길을 걸어야 한단다. 하지만 너무 외로워하지 말자꾸나. 우리에게는 그 길을 간 많은 선배들이 있고, 또 여기 도산 선생이 남겨 준 발자국이 있으니까.

"진리는 반드시 따르는 자가 있고,
정의는 반드시 이루는 날이 있다
죽더라도 거짓이 없으라"

도산 선생의 말씀을 마음에 새기고 우리도 한번 이런 멋진 삶에 도전해 보자꾸나.

심샘의 추천자료

♥ 《안창호: 우리가 잊지 말아야 할 독립운동가-03》

　김원석 글/김광운 감수 | 파랑새 | 2019년

♥ 《일제강점기 그들의 다른 선택》 선안나 저 | 피플파워 | 2016년

　→ 이회영과 이근택, 이육사와 현영섭, 안재홍과 방응모, 장준하와 백선엽 등 비슷

　한 상황과 처지였지만 한쪽은 민족을, 한쪽은 친일을 선택한 사람들의 삶의 대비를

　통해 어른과 아이들에게 어떻게 살 것인가의 답을 찾게 해 주는 책이다.

♥ 《물 수 없다면 짖지도 마라》 김상태 역 | 산처럼 | 2013년

 심샘의 깨알정보

★ 가로수길

도산공원에서 걸어서 20분 거리에 신사동 가로수길이 있다. 압구정로12길에서 도산
대로13길까지 이어지는 길로 양쪽에 옷가게와 유명한 식당들이 많다. 강남의 대표적
인 걷고 싶은 거리로 불린다.

8 예술의 전당

창작 가무극
<윤동주, 달을 쏘다>를 함께 보자

시온아, 오늘은 예술의 전당에 가서 <윤동주, 달을 쏘다>라는 창작 가무극을 함께 보자꾸나. 보통 '뮤지컬'이라고 부르는 가무극(歌舞劇)은 노래와 춤, 연기가 결합된 종합 예술이란다. 이런 가무극은 고대에서부터 다양한 형태로 있었는데, 서양에서는 17세기 이탈리아에서 오페라라는 장르로 자리를 잡았다고 해. 오페라는 춤은 빠지고 노래와 연기만 있는 가극이라고 할 수 있는데, 여기서 불리는 독창 혹은 이중창을 아리아(Aria)라고 한단다.

유명한 아리아로는 헨델의 오페라 〈리날도〉의 '울게 하소서(Lascia ch'io pianga)', 푸치니의 오페라 〈투란도트(Turandot)〉의 '네순 도르마(Nessun dorma, 공주는 잠 못 이루고)', 베르디의 오페라 〈리골레토(Rigoletto)〉의 '라 도나에 모빌레(La donna e' mobile, 여자의 마음)', 베르디의 오페라 〈라 트라비아타〉의 '리비아모(Libiamo, 축배의 노래)' 등이 있는데, 아마 네가 평생 살면서 여러 번 듣게 될 기야. 아빠는 대학교 때 문화관이라는 강당에서 음대생들의 졸업 공연으로 열린 구노의 오페라 〈파우스트〉의 일부를 본 것이 오페라와의 처음이자 마지막 인연이었단다. 마이크 없이 온 강당에 울려 퍼지게 노래하는 성악가들이 정말 대단하더구나. 기회가 되면 다른 오페라 공연도 더 보고 싶었지만 가장 큰 문턱은 티켓 가격이었단다. 가난한 대학생이 감당할 가격이 아니었지. 또 대사도 이해가 안 되고, 문화적으로도 너무 다르게 느껴져서 별로 큰 관심을 갖지 않았던 것 같아.

캣츠 오리지널 내한 공연을 봤던 국립극장

'메모리'라는 유명한 곡을 부르는 캐릭터인 그리자벨라

뮤지컬과의 인연

그러다가 나이가 들어 경제적인 여유도 생긴 후에 처음 본 창작 가무극
이 〈윤동주, 달을 쏘다〉였단다. 그날 밤은 공연에서 받은 감동으로 잠도
안 자고, 공연에 나온 윤동주의 시를 낭송하며 시간 가는 줄 몰랐단다.
스크린으로 영화를 보는 것과는 비교할 수 없는 현장의 생생한 감동을
처음으로 느껴 본 순간이었다. 원래 윤동주의 시 자체가 큰 감동이 있
지만, 배우들의 훌륭한 연기와 노래, 첨단 기술이 더해진 화려한 무대,
적절한 상황마다 읊어지는 윤동주의 시는 더 큰 울림으로 다가왔단다.

이후 좀 더 뮤지컬에 관심을 갖고 안중근 의사의 일대기를 다룬 〈영
웅〉과 미국의 유명 뮤지컬 〈캣츠〉 오리지널 공연을 보았지. 〈캣츠〉는 〈시
카고〉, 〈오페라의 유령〉, 〈지킬 앤 하이드〉, 〈레미제라블〉 등과 더불어
세계 10대 뮤지컬 중 하나로 꼽힌단다. 이런 뮤지컬이 만들어지고 공연
되는 곳이 뉴욕의 브로드웨이인데, 세계적인 뮤지컬은 이곳 브로드웨이
극장에서 크게 성공하면서 전 세계에 알려지게 됐지.

세계 뮤지컬의 중심 브로드웨이

사실 네가 아주 어렸을 때, 할머니 할아버지 모시고 뉴욕에 간 적이 있
는데, 다른 볼거리가 많아서 브로드웨이 공연은 보지 못했단다. 너도 너
무 어려서 데려갈 수 없었고, 할아버지 할머니도 별로 좋아하지 않으실
것 같아서 도전해 보지 못했지. 너도 좀 크고, 언제 한번 다시 뉴욕에 갈

브로드웨이 뮤지컬 간판으로 가득한 타임스퀘어 광장   TKTS 부스가 있는 더피 광장의 빨간 계단, 한국계 호주
인 존 최가 설계했다.

기회가 있으면 다시 도전해 보자꾸나. 그런데 뉴욕은 비싼 물가와 수많
은 사람들, 그리고 주차와 화장실 찾는 고통 등 안 좋은 기억이 많아서
그다지 다시 가고 싶은 생각은 없는데, 네가 관심이 있다면 아빠도 한
번 생각해 볼게. 우선 유튜브에 있는 공연 영상이나 유명 뮤지컬의 대
표적인 음악을 먼저 들어 보렴. 그리고 관련 뮤지컬의 배경이나 작곡가,
노래 등에 대해서 공부하고 가면 더욱 좋겠지. 브로드웨이에서 가까운
저렴한 호텔을 잡고, 일주일 정도 뉴욕에 머물면서 티켓을 저렴하게 구
하면 세계 10대 뮤지컬 중 상당수 공연을 몰아서 볼 수 있을 거야.

　뮤지컬 티켓을 저렴하게 구할 수 있는 여러 가지 방법이 있는데, 그중
하나는 TKTS 부스에서 구하는 거란다. 타임스퀘어의 명물인 빨간 계단
아래에 부스가 있는데, 운이 좋으면 원하는 자리의 티켓을 50% 정도 가
격에 구할 수 있단다. 그리고 이 빨간 계단은 존 최(John Choi)라는 한국
계 건축가가 설계한 거란다. 세상은 이렇게 재미있지. 뮤지컬이라는 주
제 하나로도 음악, 역사, 지리, 건축이 하나로 다 연결돼 있으니 말이야.

우리 창작 가무극의 높은 수준

아직 아빠가 예술적 안목이 없어서 그런지 모르겠는데, 솔직히 아빠는 〈캣츠〉를 보고 우리 창작극인 〈윤동주, 달의 쏘다〉가 훨씬 낫다는 생각이 들었단다. 아무래도 우리 역사와 감성을 우리말로 담은 가무극이어서 훨씬 더 좋았던 것 같아. 그리 유명한 작품은 아니어서 스타급 출연진이 나오지는 않았지만, 탄탄한 연기력에 노래, 춤까지… '우리나라 창작 가무극이 이 정도까지 발전했구나'라는 생각에 뿌듯하더구나. 또 안정적이지 않은 수입에도 불구하고 저렇게 헌신적으로 연기하는 배우들을 보니 비싼 티켓 가격도 그리 아깝지 않았고. 그리고 역시 우리 민족은 끼와 예술적 감각이 있는 문화 민족이라는 생각이 들더구나. 우리가 암울한 식민통치시대를 보내며 무지 몽매한 조센징이라고 조롱받던 시절에도 '문화 민족'의 비전을 갖고 있던 김구 선생님도 생각나고.

시인 윤동주

윤동주(1917~1945년)는 일제강점기 간도라고 불리던 연변의 용정마을에서 태어났단다. 이후 서울에 와서 연희전문학교를 나왔고, 일본 유학생 시절 항일운동을 했다는 혐의로 체포돼 후쿠오카 형무소에서 27살의 젊은 나이에 죽었단다. 가무극에도 묘사돼 있지만, 아무래도 고문과 생체 실험을 받아 일찍 죽은 것으로 생각된단다.

공연 중에는 윤동주의 대표시인 〈십자가〉, 〈참회록〉, 〈서시〉 등이 적절한 맥락에서 나온단다. 1944년 해방을 앞두고, 형무소에서 생체 실험 대상이 되어 죽어 가는 윤동주가 〈별 헤는 밤〉을 처절한 목소리로 외치는 모습이 나오는데, 평소에 자주 듣던 시를 이런 배경 가운데 들으니 목이 메고, 눈물이 울컥 나왔다.

〈별 헤는 밤〉

계절이 지나가는 하늘에는
가을로 가득 차 있습니다.

나는 아무 걱정도 없이
가을 속의 별들을 다 헬 듯합니다.

가슴 속에 하나 둘 새겨지는 별을
이제 다 못 헤는 것은
쉬이 아침이 오는 까닭이요.
내일 밤이 남은 까닭이요.
아직 나의 청춘이 다하지 않은 까닭입니다.

별 하나에 추억과
별 하나에 사랑과
별 하나에 쓸쓸함과
별 하나에 동경(憧憬)과

별 하나에 시와

별 하나에 어머니, 어머니

(중략)

어머님,

그리고 당신은 멀리 북간도에 계십니다.

나는 무엇인지 그리워

이 많은 별빛이 내린 언덕 위에

내 이름자를 써 보고,

흙으로 덮어 버리었습니다.

딴은, 밤을 새워 우는 벌레는

부끄러운 이름을 슬퍼하는 까닭입니다.

그러나 겨울이 지나고 나의 별에도 봄이 오면,

무덤 우에 파란 잔디가 피어나듯이

내 이름자 묻힌 언덕 우에도,

자랑처럼 풀이 무성할 게외다.

공연이 끝나고 모든 배우들이 나와 인사를 하는데, 훌륭한 공연을 해
준 배우들이 자랑스럽더구나. 집에 돌아와 다시 한 번 윤동주의 시집을

꺼내 공연에서 들었던 시들을 낭송해 본다.

<서시>

죽는 날까지 하늘을 우러러
한 점 부끄럼이 없기를,
잎새에 이는 바람에도
나는 괴로워했다.
별을 노래하는 마음으로
모든 죽어가는 것을 사랑해야지.
그리고 나한테 주어진 길을
걸어가야겠다.

오늘밤에도 별이 바람에 스치운다.

《하늘과 바람과 별과 시》. 윤동주가 죽은 후 1948년에 간행된 유고시집의 이름이란다. 원래는 '병원'이 될 뻔했다고 하는데, 이 제목이 윤동주의 삶을 더 잘 나타내는 것 같구나.

예술과 함께하는 풍성한 삶

예술의 전당은 1988년에 개관한 종합 예술 공간으로 오페라 극장, 작온 소극장들과 다양한 전시관으로 구성돼 있단다. 좋은 공연을 많이 하는데 조금 비싼 관람비용이 걸림돌이 되지만 그래도 우리나라 경제가 성장한 후에는 많은 사람들이 다양한 예술을 감상할 수 있는 기회를 누리는 것 같구나. 아빠는 네가 좀 더 크면 너뿐만 아니라 조금 형편이 어려운 친구들을 같이 초대해 이런 좋은 공연을 많이 봤으면 한단다. 너도 나중에 혹시 돈을 많이 벌게 되면 형편이 어려운 어린이들이나 청소년들에게 좋은 예술을 감상할 수 있는 기회를 많이 주면 좋지 않을까 싶구나.

좋은 노래나 공연, 전시는 우리에게 쉼을 주고 현실의 고단함을 넘어 더 넓은 세상을 볼 수 있게 해 준단다. 알랭 드 보통(Alain de Botton)이라는 작가는 "예술은 우리에게 기억, 희망, 슬픔, 균형 회복, 자기이해, 성장, 감상을 선물한다"고 하지.

그리고 이렇게 수동적으로 앉아서 보고 감상하는 차원을 넘어 직접 작은 악기를 연주하고, 그림을 그려 보고, 합창단이나 연극을 해 보는 경험은 우리 삶을 더욱 풍성하게 해 준단다. 예술로 생계를 유지하는 일은 쉽지 않지만, 삶을 풍성하게 할 정도로 무언가를 배우고 연습하는 것은 조금만 노력하면 쉽게 할 수 있는 일이란다. 아빠는 네 삶 속에도 이런 풍성한 경험이 좀 더 많기를 기원해 본다.

심샘의 추천자료

♥ 《초판본 하늘과 바람과 별과 詩 : 윤동주 유고시집》
　윤동주 저 | 소와다리 | 2016년
♥ 10대 오페라 아리아 음악 및 가사 모음
♥ Top 10 유명 뮤지컬 대표곡 모음

 심샘의 깨알정보

★ 창작 가무극 〈윤동주, 달을 쏘다〉

윤동주의 삶과 시를 기반으로 만든 창작 가무극이다. 서울예술단의 대표 작품으로 2012년 8월 10일에 초연했다. 2013년 이후 계속 예술의 전당 CJ토월 극장에서 재연되고 있다. 티켓은 최저가 3~4만 원부터이고, 8세 이상 관람이 가능하다. 인터파크 등에서 예매할 수 있다.

★★ Part 2 ★★

경기도

9 수원화성

정조의 못 다 이룬 꿈을
우리가 이뤄 보자

시온아, 오늘은 수원화성과 정조와 사도세자의 무덤인 융건릉 (隆健陵)에 가 보자꾸나. 조선의 22대 군주인 정조는 조선왕조 27명의 왕 중에 가장 파란만장(波瀾萬丈)한 삶을 사신 분이란다. 시련과 고난이 많았지만 그렇기에 더 공부하고 무술도 연마해서 자신을 지키고, 아버지인 사도세자의 명예뿐 아니라 백성을 지키려고 했지.

영조, 사도세자, 정조 모두 머리도 좋고 개인직으로 훌륭한 자질을 깃췄던 것 같은데, 당쟁의 소용돌이와 서로 간 소통의 부재로 비극의 가족사를 만들었단다. 잘 알려진 대로 정조는 11살 때 뒤주에 갇혀 죽어 가는 아버지의 모습을 목격해야 했어. 아버지를 살려달라는 어린 정조를 떼어 놓고, 영조는 매몰차게 아들을 죽게 했지. 그리고 정조가 세손이 돼 왕이 될 가능성이 높아지자, 정조에게 복수당할 것이 두려운 정치세력들은 정조의 즉위를 막고, 심지어 정조를 죽이려고 끊임없이 시도했단다.

험난했던 정조의 삶

이런 이야기는 《박시백의 조선왕조실록》 같은 책에 더 나오는데 《박시백의 조선왕조실록》은 만화로 돼 있어 쉽게 읽을 수 있을 거야. 또 이 세 사람의 삶과 관련된 다양한 역사서가 있으니 관심 있으면 더 읽어 보면 좋겠구나. 책 외에도 송강호, 유아인 주연의 영화 〈사도〉를 보면 늦은 나이에 얻은 아들에 대한 기대가 실망으로 변하는 아버지 영조, 아버지의 따뜻한 말 한 마디에 목말랐던 사도세자, 그리고 죽어 가는 아버지를 살리고자 울부짖는 어린 정조의 모습이 잘 묘사돼 있단다. 영화적인 상상력이 더해져 진짜 그렇게 말하고 행동했다고는 할 수 없지만, 배우들의 훌륭한 연기로 세 주인공의 감정을 잘 보여 주고 있단다. 안타까운 가족사와 불행한 그들의 운명에 영화 내내 눈물을 흘리지 않을 수 없는 명작이란다.

정조가 즉위하고 정조를 반대했던 노론 벽파라는 정치 세력은 정조를 죽이기 위해 궁궐에 자객을 보내기도 했어. 보통 왕이 마음에 안 들면 독살을 하거나 반정(反正)이라고 하는 쿠데타를 일으켜 임금을 바꾸는 경우는 있어도 이렇게 자객을 보내는 건 역사상 처음 있는 일이었단다. 정조는 어려서부터 항상 죽음의 위협을 느꼈기에 밤에도 자지 않고 밤새 책을 읽는 경우가 많았고, 스스로 무예를 단련해 자기 몸을 지킬 수 있는 실력도 길렀다고 해.

정조는 당시 조정을 장악하고 있는 노론 벽파 세력을 견제하고 왕권을 강화하기 위한 여러 노력을 했단다. 규장각을 만들어 자신의 개혁 정책을 수행할 신하들을 기르고, 장용영(壯勇營)이라는 친위 부대를 만들었단다. 그리고 서울 북촌에 살면서 정치, 경제, 군사 권력을 장악한 보수 정치 세력을 견제하기 위해 수원화성을 건축하고, 여러 가지 개혁을 추진할 여건을 만들었단다.

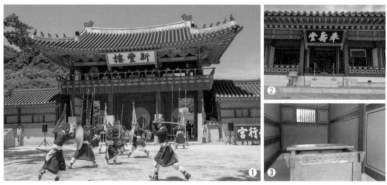

❶ 화성행궁의 정문격인 신풍루 앞에서는 정조가 편찬한 《무예도통지》에 나오는 무예 24기 시연이 열린다. ❷ 정조가 어머니 혜경궁 홍씨를 위해 회갑연을 열었던 봉수당 ❸ 행궁 한편에는 사도세자의 상징인 뒤주가 놓여 있다.

실제 수도를 한양에서 화성으로 옮기려고 한 것은 아니었다고 하는데, 화성 건설은 정조가 상당히 깊은 뜻을 가지고 추진한 사업이었단다. 화성을 만들고자 한 첫 동기는 사도세자의 무덤 현륭원(지금의 융릉) 때문이었다고 해. 원래 사도세자의 무덤은 지금의 서울시립대 부근 배봉산 자락이었다고 하는데, 풍수가 좋지 않다고 해서 효자인 정조가 다시 찾은 묏자리가 지금의 융릉 자리이지. 그런데 원래 여기는 수원읍 관청 부근이어서, 이 일대에 있는 관청들을 옮기기 위해 새로운 도시를 하나 만든 거지. 그 참에 여러 가지 개혁 정책을 시행하고, 대규모 군사 훈련도 하면서 보수 세력들을 긴장시켰지. 그 절정은 1795년이었단다. 어머니 혜경궁 홍씨의 60세 회갑 잔치를 화성행궁(행궁은 임금이 지방에 머물 때 거처하는 임시 궁)에서 치를 때 직접 갑옷을 입고 장용영 군사들을 동원해 대규모 야간 군사 훈련과 여러 가지 군사 행사를 치렀지.

갑작스런 죽음과 개혁의 좌절

영화 〈사도〉의 마지막에는 장성한 정조가 화성행궁 잔치에서 부채춤을 추는 모습이 나온단다.

　"내 어릴 적 참혹한 일이 너무 많아 어머니 앞에서 차마 재롱 한 번 피우지 못했노라. 내 오늘 제대로 한 번 놀아 보겠노라."

　강하고 멋진 왕이었지만 그 마음속은 피눈물에 젖어 있던 정조의 삶을 보여 주는 인상 깊은 한 장면이란다.

이렇게 어머니의 환갑잔치를 성대하게 치르고 5년 후, 1800년에 49살의 정조는 갑자기 화병이 도지고 종기가 나며 병상에 눕게 됐단다. 그러고는 보름 만에 죽고 만다. 너무나 갑작스러운 죽음이었고, 죽기 한 달 전에 앞으로 정국 운영에 큰 변화가 있을 것을 암시한터라 정약용을 비롯한 많은 사람들은 노론 벽파 세력이 정조를 독살한 게 아닌가 하는 의심을 했단다. 그렇게 정조는 갑자기 죽고 20여 년간 쌓아 놓은 개혁의 공든 탑은 와르르 무너지게 돼. 규장각은 폐쇄되고, 장용영은 해체되고, 정약용, 이가환 등 정조가 아끼던 신하들은 귀향을 가거나 죽음을 맞이하게 됐지. 이후 60년은 세도정치와 백성의 수탈이라고 하는 조선시대 최악의 암흑기로 들어가게 됐단다.

정조는 조선의 근본적인 문제라고 할 수 있는 신분제를 개혁해서 노비를 줄이고 서자에 대한 차별도 없애려고 했단다. 그래서 많은 사람들이 '만약 정조가 10년만 더 살았더라면 우리나라가 어떻게 됐을까?' 하며 아쉬워한단다. 하지만 역사에 있어 가정(假定)은 무의미하지. 정조의 죽음 이후 우리 민족이 받아 든 역사의 성적표는 세도정치 60년, 자생적인 근대화 실패, 일본에 의한 망국, 동족상잔의 비극이었지. 그렇다고 정조의 모든 노력이 다 물거품된 것일까?

정조와 정약용이 남긴 유산과 역사의 교훈

우리는 지금 당시 정치적 승리자였던 노론 벽파의 정치가들과 이후 60

년간 세도정치를 헌 안동 김씨, 풍양 조씨의 유력한 인물이 누구인지 알지 못한단다. 역사 교과서에도 굳이 그들의 이름을 언급하지 않지. 왜 그럴까? 그들에게는 후손들이 배우고 계승할 게 없기 때문이지. 백성을 위하기보다 자기와 가문의 이익만을 위해 열심히 살라고 후대에 가르칠 수 없지 않겠니? 하지만 이들에게 핍박받았던 정조나 정약용의 업적과 유산은 지금 이 시대에도 그대로 기억하고 계승하고 있지. 바로 이런 것을 역사의 평가라고 한단다. 그런 면에서 정조나 정약용은 역사의 승자라고 할 수 있지.

여기 정조와 정약용이 힘을 합쳐 만든 화성이 바로 그 증거이기도 해. 그들을 핍박한 권력자들의 흔적은 모두 사라졌지만 승자의 흔적은 후손들이 어떻게든 복원하고 많은 사람들이 다시 찾게 되지. 옛날 사진을 보면 지금의 화성도 한때는 다 허물어졌던 폐허 같은 모습이었단다. 하지만 지금은 최대한 복원을 했고, 화성행궁도 다시 발굴하고 복원 작업을 하고 있구나. 그래서 지금은 이렇게 아름다운 도성의 모습을 회복하고 유네스코 세계문화유산으로까지 올라가게 됐단다.

그리고 이전의 성곽과는 달리, 화성은 백성들의 노동력을 착취해서 만든 게 아니었단다. 정당하게 일꾼들의 품삯을 주고, 정약용이 만든 여러 가지 기계 장치를 활용해 인부들의 노동 강도도 줄이고 공사 기간도 단축시켰지.

이런 역사의 평가나 역사적 승자라는 논리를 생각하며 아빠는 한 가지 개인적인 적용을 해 보게 된다. 바로 당장의 성과나 다른 사람들의

❶ 유네스코 세계문화유산으로 등재된 수원화성 ❷ 화성의 동문인 창룡문, 풍수지리상 용은 왼쪽과 동쪽에 위치한다. ❸ 창룡문의 옹성, 방어력을 높이기 위한 옹성은 화성의 상징적인 구조물이다. ❹ 동장대에서 동북공심돈 방향으로 이어진 성벽 ❺ 화홍문이라고도 불리는 북수문 ❻ 화성에 주둔했던 장용외영(장용영의 군영)을 지휘했던 서장대. 화성장대라는 글씨는 정조가 직접 쓴 것이라고 한다.

평가에 너무 집착하지 말자는 생각이란다. 역사적으로 혹은 개인의 삶에서도 올바른 일을 열심히 했다고 해서, 반드시 노력에 합당한 열매가 맺히는 것은 아니란다. 옳은 일을 했는데 핍박받을 수도 있고, 열심히 했는데도 일이 제대로 안 될 수도 있단다. 이런 인생의 이치를 깨닫고 내 삶에서 일어나는 일을 바라보면 상당히 자유롭게 인생을 살 수 있어. 옳은 일을 했는데 칭찬받고, 열심히 해서 큰 성과가 나는 것은 역사적으로 보면 당연한 일이라기보다 예외적인 경우가 많단다. 그런데 그런 예외적인 일이 내 삶에 일어난다면 얼마나 감사한 일이겠니? 또 그런 일이 내게 일어나지 않는다고 해도 원망하고 불평하기보다 좀 더 여유 있는 마음으로 받아들일 수 있겠지.

정조의 삶을 이끈 에너지

마지막으로 정조의 삶을 바라보며 아빠가 갖는 또 하나의 감정은 애처로움이란다. 어찌 보면 정조의 삶을 이끈 에너지는 '한(恨)과 복수심'이었던 것 같아. 아버지를 죽인 원수를 갚고, 아버지의 명예를 회복하겠다는 열정이 정조로 하여금 공부도 열심히 하고, 무예도 열심히 닦고, 개혁 세력을 기르고, 왕권을 강화하려는 초인적인 노력을 가능하게 만들었지. 하지만 데이빗 호킨스의 《의식 혁명》을 보면, 이런 식의 부정적인 동기 부여는 결국 자기 자신과 다른 사람들과의 관계를 파괴하는 비극으로 끝나게 될 가능성이 많단다.

《의식혁명》에서 말하는 부정적인 에너지는 수치심, 죄책감, 증오, 슬품, 두려움, 욕망, 분노, 자부심이란다. 이런 에너지에 의해 동기 부여되거나 열심을 내면 단기간의 성과는 내지만, 장기적인 평안과 행복으로 이어지기란 쉽지 않단다. 이에 비해 긍정적인 에너지 수준은 용기, 중립, 자발성, 수용, 이성, 사랑, 기쁨, 평화, 깨달음인데, 부정적인 동기에서 시작하더라도 이런 수준으로 끌어올려야 나도 행복하고 남도 행복할 수 있는 경지에 오를 수 있지. 정조에게서도 용기, 중립, 이성 등의 모습이 보이지만 확실히 사랑과 기쁨, 평화의 단계로는 나가지 못한 것 같아.

거의 불가능한 일이었겠지만 정조가 유교와 무술, 의학 등의 현실적인 학문만을 열심히 공부하기보다 오히려 불교경전이나 노자 도덕경 같은 책을 함께 읽었더라면 어땠을까 생각해 본다. 좀 더 우주적인 관점에서 아버지의 억울함과 자신의 분노를 내려놓고, 그 에너지를 좀 더 긍정적인 수용과 사랑의 수준으로 끌어올렸더라면 화병도 덜하고, 잠도 푹 자고, 건강을 지키며 때를 기다릴 수 있지 않았을까?

이런 적용을 정조뿐 아니라, 우리 삶에도 적용할 수 있지. 살면서 억울한 일도 당하고 힘든 일을 겪으며 상처받을 수도 있지만, 과거의 상처에 붙잡혀서 살아갈지 아니면 상처를 이기고 새로운 삶을 만들지는 결국 내가 선택하는 거란다. 가능하다면 최대한 부정적인 에너지 수준에서 벗어나 긍정적인 에너지 수준으로 끌어올리려는 노력을 할 필요가 있지. 그게 나의 몸과 마음의 건강뿐 아니라, 가족과 주변 사람들의 행복을 보장해 주는 길이 아닐까?

이야기하다 보니 오늘도 이야기가 조금 심각해졌네. 그럼 화성을 거의 둘러봤으면 화싱행궁에 들러서 징조가 어머니 회깁잔치를 했던 곳과, 화성행궁 앞에서 하는 장용영 군사들의 무술 재현 공연도 보자꾸나. 그리고 화성행궁 부근에는 수원의 인사동이라고도 불리는 행궁동 공방 거리가 있단다. 아기자기한 공방도 많고 유명한 맛집도 많지. 오늘 점심은 수원 시립도서관 부근에 있는 '올라메히코'라는 식당에서 멕시칸 요리를 한번 먹어 보려고 해. 맛있게 먹고 힘내서 정조나 다산이 때를 못 만나 이루지 못한 꿈들을 우리 대에 하나씩 이뤄 보자꾸나.

심샘의추천자료

♥ **《박시백의 조선왕조실록》** 박시백 글그림 | 휴머니스트 | 2015년
♥ **《조선 왕 독살사건 2 효종에서 고종까지》** 이덕일 저 | 다산초당 | 2009년
♥ **《사도세자가 꿈꾼 나라》** 이덕일 저 | 위즈덤하우스 | 2011년
♥ **《의식 혁명》** 데이비드 호킨스 저/백영미 역 | 판미동 | 2011년
♥ **영화 〈사도〉**

　이준익 감독, 송강호, 유아인 주연의 영화다. 영조와 사도세자의 비극적인 가족사, 그리고 어린 정조의 안타까운 모습을 생생하게 그렸다. 유튜브에서 영화와 다양한 해설 영상을 볼 수 있다.

♥ **영화 〈역린(逆鱗)〉**

　2014년에 개봉한 이재규 감독, 현빈 주역의 사극영화다. 정조 암살 위협과 정순왕후와의 정치적 갈등을 소재로 다루었다.

♥ **정조 관련 영상**

 심샘의꿰알정보

★ **수원화성** (www.suwon.go.kr)
주소 경기 수원시 장안구 영화동 320-2 (031-290-3600)
화성의 4개 주요 문(창룡문, 화서문, 팔달문, 장안문) 부근에서 접근할 수 있고, 주로 화성행궁이나 창룡문 부근인 연무대 주차장에 주차하고 돌아보기도 한다. 성인 기준 1,000원의 입장료가 있다.

★ 화성행궁

주소 경기도 수원시 팔달구 정조로 825 (031-290-3600)

운영 매일 09:00~18:00 / 연중무휴

정조가 사도세자의 묘인 현륭원 참배 시 머물던 행궁이다. 내부에는 정조가 어머니 혜경궁 홍씨의 회갑연을 하던 모습이 재현돼 있고, 신풍루 앞에는 정조대왕 어가행렬, 무예 24기의 공연도 펼쳐진다.(매일 11:00~11:30, 월요일 휴무, 관람료 무료)

★ 수원호스텔

주소 경기 수원시 팔달구 행궁로 11 수원화성홍보관 (031-254-5555)

화성행궁 옆에 수원문화재단에서 운영하는 저렴한 숙소가 있다. 4인실 기준 4~5만 원대다. 근처에 행궁동 공방거리가 있고, 식당도 많아 3~4일 이상 장기 체류하면서 화성 일대를 돌아보기 좋다.

★ 융건릉

주소 경기도 화성시 화산동 효행로481번길 21

운영 매일 09:00~18:00(계절에 따라 상이함) / 월요일 휴무

사도세자의 무덤인 융릉과 정조와 정조의 비 효의왕후의 무덤인 건릉이 있는 곳이다. 수원화성에서 차로 약 20-30분 정도 소요된다.

정조의 무덤인 건릉 전경

사도세자 비문에 쓰인 글 '조선국 사도장헌세자 현륭원'

★ **정약용유적지**

주소 경기도 남양주시 조안면 다산로747번길 11 (031-590-2837)

운영 매일 09:00~18:00 / 월요일 휴무

남한강과 북한강이 만나는 두물머리 부근에 다산 정약용 유적지가 있다. 다산이 태어
나고 말년을 보낸 마재마을 일대에 다산의 묘와 생가가 복원돼 있고, 실학박물관도 있
다. 주말이면 찾는 사람들이 많아 주차가 힘들 수도 있다.

다산이 수원화성 축조 때 활용한 거중기 모형   정약용 유적지에는 그의 묘와 생가가 복원돼 있다.

수원시립선경도서관과 화성행궁 부근 유명 식당

★ **슬리핑테이블 (sleepingtable.modoo.at)**

주소 경기 수원시 팔달구 신풍로23번길 51-10 (031-255-3723)

운영 목요일-월요일 12:00 - 21:00, 화요일 12:00 - 17:00 / 수요일 휴무

슬리핑테이블 전경   야외 테이블에서 즐기는 양식

부부 셰프가 운영하는 브런치 레스토랑으로 파니니와 샌드위치가 유명하다. 예약 없이는 당일 식사가 어려울 정도로 인기가 많다.

★ **올라메히꼬** (www.instagram.com/hola_mexico_suwon)
주소 경기 수원시 팔달구 신풍로23번길 59 (031-257-1231)
운영 매일 12:00~21:00, 브레이크타임(15:30~17:00) / 화요일 휴무
타코와 퀘사디아 등 멕시칸 음식을 전문으로 하는 레스토랑이다. 실내 매장이 크지 않아 많은 손님을 받기는 힘들어 포장도 가능하다. 이국적인 분위기와 맛을 느낄 수 있다.

멕시칸 레스토랑 올라메히꼬

주 메뉴인 타코와 퀘사디아

★ **셰프스위트** (http://셰프스위트.com)
주소 경기 수원시 팔달구 정조로801번길 27 (031-242-6898)
운영 매일 11:00~22:00, 브레이크타임(15:30~17:00)
행궁동 공방거리에 있는 스파게티 전문점이다.

10 마석 모란공원

민주열사 묘역에서 한국 민주주의의 발자취를 따라가 보자

시온아, 오늘은 겨울이 오기 전에 남양주 마석에 위치한 모란공원묘지에 가 보자꾸나. 우리 가족이나 친척의 묘지는 아니지만, 어찌 보면 그분들만큼 중요한 분들이 묻혀 있는 곳이란다. 이 분들이 없었다면 우리는 이렇게 마음대로 생각하고, 말하고, 행동할 수 있는 자유를 누리지 못했을 수도 있단다.

모란공원은 현충원 같은 국립묘지가 아닌 일반 공원묘지란다. 아빠도 처음 여기에 왔을 때 제대로 된 안내 표지나 기념관이 없어서 민주열사 묘역을 찾는 데 한참을 헤맸단다. 그렇게 힘들게 찾았는데 정작 민주열사 묘역은 모란공원묘지 들어가는 바로 입구에 있었다! 입구에 큰 이정표나 안내 현수막이라도 있으면 좋을 텐데 국가나 지자체가 관리하는 곳이 아닌 일반 묘지다 보니 그런 것 같구나.

전태일이 쏘아 올린 작은 불꽃

이 평범한 공원묘지가 민주화의 성지가 된 것은 1970년에 전태일 열사(烈士)가 동대문 평화시장에서 "근로기준법을 준수하라!"고 외치며 분신, 사망한 후 이곳에 묻히면서란다. 열사(烈士)란 '나라나 대의를 위해 죽음으로써 뜻을 펼친 사람을 이르는 칭호'이지. 열(烈)자는 '세차다'라는 뜻인데, 열렬(熱烈, 烈烈)하다거나 맹렬(猛烈)하다라고 할 때 쓰는 한자야. 이에 비해 의사(義士)는 주로 폭력적인 방법으로 불의에 저항하고 죽은 사람을 말하는데, 보통 안중근과 윤봉길을 의사라고 하고, 유관순은 열사라고 하지.

하여간 전태일 열사가 우여곡절 끝에 이곳 모란공원에 묻힌 후 많은 노동운동가들과 민주화운동가들이 전태일 열사 옆에 묻히길 원하면서 자연스럽게 민주묘역이 만들어지게 된 거란다. 전태일 분신 항거 사건은 한국 민주주의 역사에 큰 획을 긋는 사건이었단다. 제대로 배우지 못한 노동자가 이렇게 자신을 희생하며 노동 현장의 비참함을 알리는 동안 '이 사회의 정치, 언론, 지식인들은 무엇을 했나?'라는 반성이 일어나며 산업화의 그늘에 가려진 노동자들의 인권에 대한 관심과 지원이 이어지는 계기가 됐단다.

그리고 그때 각성한 한 명의 지식인이 바로 이곳 모란공원에 묻힌 조영래 변호사란다. 조영래 변호사는 서울대를 수석으로 들어간 수재였는데, 사법시험을 준비하던 때 전태일 사건을 만나 다른 서울법대생들과 함께 학생장(學生葬)을 추진하려고 했고, 이후 민주화운동가와 인권

변호사라는 좁은 길을 선택했단다. 그리고 독재정권 시절 경찰에게 쫓기는 동안 자료를 모아 전태일의 생애를 정리한 《전태일 평전》을 저술해 전태일 사건을 다시 세상에 알리며(1983년) 민주화운동의 불쏘시개 역할을 했단다. 하지만 정작 자기의 이름은 밝히지 않았고, 1991년 그가 죽은 후에야 그의 저작임이 세상에 알려졌지. 조영래 변호사뿐 아니라 이후 대한민국 민주주의 발전에 큰 역할을 한 수많은 사람들이 전태일의 영향을 받았고, 많은 대학생들이 직접 노동현장에 들어가 노동운동과 인권운동에 헌신하기도 했지.

아들의 뜻을 이어 평범한 엄마에서 한국 노동운동의 어머니가 된 이소선 여사는 아들이 투사도 열사도 아니었다고 자주 말했단다. 그의 가족과 친구들이 기억하는 전태일은 그저 여동생 같은 여공들을 안타까워하며 도와주고, 사람답게 살 방법을 찾으려고 노력한 사랑 많은 순수한 청년이었다. 하지만 이후 이런 노동운동과 인권운동이 자신들의 정

❶ 전태일 열사 묘역 ❷ 아들의 뒤를 이어 노동자의 어머니가 된 이소선 여사 무덤 ❸ 보장된 출세의 길을 버리고 험난한 인권변호사의 길을 간 조영래 변호사

권을 위태롭게 하고, 이 땅을 사회주의 사상으로 물들인다고 생각한 사람들은 끊임없이 전태일의 외침을 묻어 두고 폄하하려고 했지.

인간의 탐욕 속에 희생당하는 사람들

사실 전태일 열사의 삶은 바로 우리 할아버지, 할머니의 삶이기도 했단다. 할아버지는 중학교도 마치지 못하고 돈을 벌기 위해 서울에 올라와 넝마주이(넝마나 헌 종이, 빈 병 따위를 주워 모으는 사람 또는 그런 일), 인쇄공, 공사판 인부 등 안 해 본 일이 없었다. 그리고 굶주린 배를 부여잡고 악착같이 일해서 가족을 부양하려고 노력하셨지. 이렇게 수많은 전태일과 할아버지 같은 분들, 그리고 동대문 일대에서 하루 16시간 이상의 노동을 하고도 커피 값 정도의 임금을 받으며 청춘을 보낸 할머니들의 헌신 덕분에 우리는 가난에서 벗어났고 산업화를 이룰 수 있었지.

우리나라가 몇 십 년 안 되는 짧은 시간 동안 산업화를 이룰 수 있었던 데에는 정부의 노력, 기업가들의 헌신도 있었지만, 이런 노동자들의 피땀, 눈물이 큰 역할을 했지. 하지만 산업화의 성공으로 정치인들은 권력을, 기업가들은 돈을 얻었지만, 대다수 노동자들이 두 손에 받아든 건 저임금과 여전히 비인간적인 삶이었단다.

전태일 열사가 요구한 건 아주 소박한 것이었다. "우리는 기계가 아니다! 일요일에는 쉬게 해 달라!"라는 인간으로서 최소한의 삶을 살게 해 달라는 것이었지. 하지만 정부와 언론, 기업 어디에서도 이런 목소리를 들어주지 않았고, 노동자들의 희생으로 산업화를 이룰 수밖에 없다는 논리로 눈앞의 비참한 현실을 외면했단다. 그리고 이런 점이 자본주의의 큰 모순과 한계이기도 하단다. 열심히 살아서 돈을 벌고자 하는 욕구가 탐욕이 돼 다른 사람들의 것을 도둑질하는 순간 자본주의 사회는 타락하게 되지. 자본주의 사회에서 노동의 착취, 여성, 어린이, 청소년 노동의 비참한 현실은 우리나라뿐 아니라 서구의 산업화 과정 그리고 현재 저소득 국가에서 똑같이 반복되는 비극이기도 하단다.

내가 즐겁게 할 수 있는 일을 통해 섬김의 길을 찾아보렴

이런 비극을 막기 위해서 우리는 무엇을 해야 할까? 아빠도 대학에 다닐 때 일 년 정도 서울 구로공단에서 야학(夜學) 활동을 하며 그곳의 어린아이들을 가르친 적이 있단다. 하지만 몇몇 사정이 있어서 계속하지 못하고, 이후 군대에 다녀온 후 우리나라에 온 외국인 노동자들을 돕는 일을 시작했지. 처음 3년은 네팔, 스리랑카 노동자들을 돕다가 이후 20여 년간 동대문시장에 컴퓨터 자수 용품을 납품하는 필리핀 노동자들을 돕는 일을 해 왔단다. 당시에는 외국인 노동자들의 산업재해나 인권 문제가 아주 심각했단다. 기계에 끼어 팔다리를 다치고도 제대로 치료 받지 못하고, 못된 한국인 사장에게 폭행과 폭언을 당하고 월급도 제대로 받지 못하는 사람들도 있었단다. 지금은 정부에서 관심을 가져 이런 일은 많이 줄었지만 여전히 우리나라에는 인간적인 대우를 받지 못하고 일하는 외국인 불법 체류자들이 많단다.

　이런 외국인 노동자들을 돕는 일을 하면서 아빠가 깨달은 것은 '아무리 좋은 취지의 일이라도 즐겁게 해야 오래 할 수 있다'란다. 이 사회의 불의나 자본주의의 모순에 맞서 싸운다고 항상 심각하고 투쟁적일 필요는 없단다. 필리핀 외국인 노동자를 돕는 일이 이후 필리핀 현지에 있는 가난한 어린아이들을 돕는 일로 확대돼 필리핀에 자주 가게 됐는데, 그러면서 아빠는 한동안 좋은 호텔에 머물고, 좋은 식당에서 밥을 먹을 수 없었단다. 이 돈을 조금만 아끼면 더 많은 아이들을 먹일 수 있을 거라는 부담이 자꾸 생기더라고. 오고가는 길에 서핑으로 유명한 해안을 지나면서도 한 번도 서핑을 타 봐야겠다는 생각조차 할 수 없었지. 너무 사치처럼 느껴졌기 때문이란다. 하지만 그런 식으로 일하니 점점 이런 일이 부담되고 힘들어지기 시작했지. 그러던 차에 한 번은 내가 행복하고 즐거워야 돕는 일도 부담 없이 오래할 수 있겠다는 생각이 들더라고. 그래서 이후에는 필리핀 오지에 다녀오는 길에는 큰 도시의 좋은 호텔에서 맛있는 것도 먹고, 서핑도 탔지. 그러니까 좀 더 자주 가고 싶은 마음도 들고, 다른 한국인을 초대하며 더 많은 사람들이 이 일에 동참할 수 있는 길을 열게 됐단다.

　두 번째로 아빠가 배운 점은 내가 옳은 일을 한다고 해서, 그렇지 않은 다른 사람들을 정죄할 필요는 없다는 거야. 아빠는 가끔 이런 노동운동이나 환경운동을 하면서 다른 사람들을 생각 없고 개념 없다고 비난하고 미워하는 경우를 봤단다. 한번은 육식을 반대하고 채식을 통해 환경을 지키자고 주장하는 분이 고기를 먹는 사람들은 환경을 파괴하고 동물을 학대한다는 식으로 말하는 것을 들었단다. 당시에는 아빠가 이런 환경문제에 관심이 없던 터라, 이 분이 참 무례하다고 생각했지. 사람들이 어떤 잘못을 저지를 때는 알면서도 그럴 수 있지만, 몰라서도 그럴 수 있어. 그런데 이분은 모든 사람을 싸잡아서 비난하며 소통의 기회를 차단하고 스스로를 고립시키고 있다는 생각이 들었어.

하지만 요즘 환경운동가들은 이런 식으로 소통하지 않는단다. 100명의 완전한 채식가를 길러 내는 것보다, 하루에 한 끼라도 수만 명의 사람이 고기를 안 먹는 것에 동참하도록 소통하는 것이 무분별한 가축 사육을 막고, 환경도 지킬 수 있는 더 좋은 방법이라고 보지.

그래서 아빠의 결론은 자신이 옳다고 생각하는 일은 즐거운 마음으로 하고, 가능한 다른 사람들을 정죄하거나 판단하지 말고, 더 많은 사람들이 동참할 수 있는 방법을 찾아서 지혜롭게 하는 게 좋다고 생각해. 너도 앞으로 살면서 즐겁게 그런 일을 할 수 있는 방법을 찾아보렴.

정의로운 사회는 약자가 보호를 받는 사회란다. 고아와 과부, 나그네를 돌보는 것. 이것이 이 땅을 좀 더 나은 곳으로 만드는 가장 확실한 방법 중 하나이지. 그리고 이 세 부류의 사람들의 특징은 경제적인 약자(弱者)라는 거야. 이들을 돕는 것을 다산 선생은 '애민(愛民)'이라고 했지. 그리고 랍비 마이모니데스는 사랑을 나누는 가장 좋은 방법 중 하나가 경제적 약자들이 지속적으로 일할 수 있는 일자리를 만드는 것이라고 했고.

이 부분을 좀 더 이야기하고 싶지만, 남은 시간은 또 다른 중요한 분인 박종철 열사를 이야기해야 해서 이만 줄여야겠다. 전태일 열사 묘역을 지나 뒤쪽으로 좀 더 들어가면 박종철 열사의 묘역이 있단다.

박종철 열사의 죽음과 1987년 6월 항쟁

박종철 열사는 부산에서 태어나 자랐고, 1984년 서울대학교 인문대학 언어학과에 입학해 학생회장으로 활동했어. 그러고는 1986년 4월 1일 청계피복노조 합법화 요구 시위로 구속됐단다. 청계피복노조는 전태일 열사의 어머니 이소선 여사가 만든 최초의 평화시장 노동조합이란다. 이후 1987년 1월 13일 하숙집에서 경찰 수사관들에게 연행돼 치안본부 대공수사단 남영동 분실 509호 조사실에서 물고문과 전기고문을

❶ 6월 민주항쟁의 도화선이 된 박종철 열사의 가묘 ❷ 박종철 열사가 물고문 받고 죽어 간 남영동 대공분실 509호 ❸ 70, 80년대 대표적인 민주주의 운동가였던 김근태 전 의원의 묘역 ❹ 김근태 의원이 고문 받던 515호실에는 '근태서재'로 꾸며졌다.

받다가 다음 날인 14일에 숨졌단다. 다른 민주화운동 동지인 대학 선배의 은신처를 말하지 않는다는 이유였어. 경찰과 정부에서는 이 사건을 감추려고 했지만, 한 검사의 용기 있는 결단과 기자들의 끈질긴 취재로 물고문 사건이 세상에 알려지고, 이 사건은 1987년 6월 항쟁의 출발점이 됐단다. 자세한 내용은 영화 〈1987〉을 보면 잘 알 수 있을 거야. 박종철 열사의 시신은 결국 화장돼 강가에 뿌려졌고, 여기 묘역은 가묘(假墓)라고 하는 빈 무덤으로 유품만 모셨다고 해.

전에 남영동 대공분실에 같이 가 본 적 있지? 그곳에서 수많은 민주화운동가들이 공산주의자라는 누명을 쓰고 고문을 받다 죽었단다. 모란공원에 묻힌 김근태 전 의원이 가장 대표적인 고문 피해자이기도 하지. 사람답게 살게 해 달라고, 자유롭게 생각하고 표현하게 해 달라고, 대한민국의 헌법대로 민주주의를 실천하게 해 달라고 요구한 사람들을 이른바 빨갱이로 몰아서 죽였던 현실, 이게 바로 분단의 또 다른 비극이었단다. 그리고 북녘땅에서는 반대로 정권에 따르지 않는 사람들을 자본주의 추종자들로 몰아서 수십 만 명의 사람들을 강제 수용소로 보내고, 수많은 사람을 이념의 이름으로 죽였고. 남북통일을 정치, 경제를 넘어 생명과 인권의 문제로 보는 이유가 여기 있단다. 통일을 이뤄 한반도 전역에 자유와 민주주의가 뿌리내리게 해야 이런 말도 안 되는 일을 막을 수 있는 거란다.

자유민주주의 선물로서의 문화

그러면 어떻게 해야 통일이 가능할까? 남녘땅이 북녘에 비해 압도적인 경제력을 갖고 이른바 체제 경쟁에서 승리하고도 통일은 아직도 멀기만 하구나. 정치적으로는 더욱 암담하단다. 북녘에 있는 집권자들이 핵무기를 포기하고 통일의 길로 나오는 게 쉬운 일이 아니지. 그런 가운데 한 가지 희망은 바로 문화란다. 잘 알려진 대로 북측 정권의 단속에도 불구하고 남측의 대중가요와 드라마가 북녘땅 곳곳에 퍼져 있단다.

문화는 군사력이나 경제력보다 힘이 세단다. 로마에 의해 그리스와 이스라엘은 무너졌지만, 그리스문화와 유대문화가 로마와 이후 서양 세계를 지배하게 됐고, 미국의 대중문화 역시 20세기 이후 전 세계를 지배하는 힘을 갖게 됐지. 그리고 영향력 있는 문화는 자유롭게 생각하고, 표현할 수 있는 공간에서 더 높은 수준으로 발전한단다.

아빠는 지금의 BTS 열풍이나 한국드라마의 전 세계적인 인기 비결이 우리가 피 흘려 쟁취한 민주주의에 있다고 생각한단다. 군사독재 시절에는 음악, 영화, 책 등 수많은 문화 분야에서 이른바 검열이 있었어. 나라에서 국민들의 생각이나 표현을 통제하려고 했지. 하지만 박종철 열사의 희생으로 1987년 6월 항쟁을 거쳐 드디어 우리나라에 민주주의가 꽃피면서 문화적 역량도 크게 발전하기 시작했지.

우리나라가 지난 70년간 이룬 산업화와 민주화의 업적 중에 아빠는 민주화의 업적을 더 크게 평가하고 싶구나. 사실 산업화는 공산주의나 국민을 억압하고 통제하는 파시스트 국가에서도 가능하단다. 독일과 일본이 파시스트 국가 체제에서 엄청난 경제적 성장을 이루고, 중국도 공산 독재 체제 가운데서 큰 경제 발전을 했잖니? 하지만 그 이후가 문제지. 사람들을 통제하고 억압해서 일을 시키면 단기간에 경제와 군사력을 발전시킬 수 있지만, 자유와 인권이 없는 나라에서는 창의적인 문화가 나오지 못한단다. 그렇기에 동아시아에서도 수십 억의 인구를 가진 중국이나 오랜 극우 정당의 집권 하에 있는 일본에서 세계인의 감정에 호소할 수 있는 문화가 나오지 못하는 거지.

또한 문화는 앞으로 우리 민족이 먹고사는 문제를 해결할 수 있는 확실한 해결책이기도 하단다. BTS 그룹 하나가 전 세계에서 벌어들이는 돈과 다른 한류 문화 콘텐츠로 인해 한국산 제품(Made in Korea)의 이미지가 좋아져서 생기는 부수적인 경제적 효과는 엄청나단다. 중국이 우리나라의 조선과 자동차 기술은 따라올 수 있어도, 공산당 일당 독재의 비민주사회를 이루고 있는 한 우리의 문화는 따라올 수 없지.

'종철이를 살려 내라', '한열이를 살려 내라'는 외침이 30여 년 군사독재를 끝내고 민주화를 이루게 했다.

이런 면에서 전태일, 박종철 열사 등 수많은 분들의 희생을 통해 우리가 이룩한 민주주의는 '문화라는 아름다운 꽃'이 되어 피었다고 할 수 있지. 그리고 이 문화의 꽃이 앞으로 통일의 길을 예비하고, 우리의 먹고사는 문제를 해결하고, 우리 민족이 세계에 기여할 수 있는 새로운 길을 마련했다고 할 수 있지 않을까?

전에도 한 번 말했지만, 어떤 서양 사람은 "한국에서 민주주의가 꽃피기를 바라는 것은 쓰레기 더미에서 장미꽃이 피기를 바라는 것과 같다"고 했단다. 그런데 우리 조상들은 이 불가능에 가까운 일을 해내고 말았지. 이 소중한 장미꽃이 오랫동안 필 수 있도록 아빠와 너희 세대가 더욱 잘 살아야 할 것 같구나. 하지만 이 일을 너무 부담스럽게 생각하지는 말자꾸나. 즐거운 마음으로 내가 할 수 있는 일을 하고, 나와 의견이 다른 사람이 있더라도 그들의 의견을 들어주고, 진심이 담긴 소통을 하면 되니까.

심샘의 추천자료

♥ 《청년 노동자 전태일: 어린이와 어른이 함께보는 우리시대의 인물이야기 7》

위기철 저 | 사계절 | 2005년

♥ 《인권변호사 조영래: 어린이와 어른이 함께보는 우리시대의 인물이야기 6》

박상률 글 | 사계절 | 2001년

♥ 《who? special 박종철 · 이한열》

카툰박스 글/이종원 그림/경기초등사회과교육연구회 감수 | 다산어린이 | 2017년

♥ 《전태일 평전》 조영래 저 | 아름다운전태일 | 2020년

♥ 영화 〈아름다운 청년 전태일〉

전태일 기념 영화로 유튜브에서 무료로 볼 수 있다. 《전태일 평전》을 쓴 조영래 변호사가 당국의 감시를 피해 숨어 지내며 전태일의 삶의 흔적을 찾아가는 구성으로 전개된다.

♥ 영화 〈1987〉

박종철 고문치사 사건과 이한열 열사의 죽음까지 6월 항쟁의 전개 과정이 생생하게 묘사된다. 유튜브에서 유료로 볼 수 있다.

 심샘의 깨알 정보

★ **모란공원 민족민주열사 묘역**

주소 경기 남양주시 화도읍 창현리 모란공원묘지

전태일 열사 이외에 많은 노동, 인권, 민주화운동가들이 묻힌 곳이다. 박종철 가묘를 비롯해 조영래 변호사, 문익환 목사, 김근태 의장, 노회찬 의원 등이 묻혀 있다.

11 남양주 광릉

세조와 사육신의 선택을 보고
이익과 의로움에 대해 생각해 보자

시온아, 오늘은 남양주 광릉수목원에 있는 세조와 정희왕후의 능인 광릉에 가 보자꾸나. 세조(1417-1468년, 재위 1455-1468년)는 조선의 7대 임금으로 4대 세종대왕의 둘째 아들이란다. 자신이 왕이 되기 위해 조카와 친동생들, 그리고 수많은 신하들을 죽인 비극의 주인공이기도 하지. 이 모든 비극의 뿌리는 한편으로 세종대왕에게서 찾을 수 있단다. 세종대왕에게는 18명의 아들과 7명의 딸이 있었는데, 본 부인인 소헌왕후 심씨(沈氏)에게서 낳은 아들만도 문종, 세조(수양대군), 안평대군, 금성대군 등 8명이나 된단다. 대부분의 아들들이 머리가 좋고, 무예에 능하고, 예술에도 재능이 있는 인재들이었지.

세종은 왕이 되지 못한 자신의 형들과 잘 지냈던 것처럼 아들들도 그럴 줄 알고, 여러 국가 사업에 참여시켰는데 결국 이게 결정적인 실수가 됐단다. 권력은 부모나 형제와도 나눌 수 없다고 하는데, 왕이 되지 못할 동생들에게 나라 일을 경험하게 한 것은 상당히 위험한 일이었단다. 다른 어떤 형제들보다 맏아들 문종의 능력이 탁월하고, 단종이라는 아들도 있어 왕권도 튼튼할 것으로 생각되지만, 어머니와 아버지의 징례를 각각 3년씩 6년이나 치르고, 건강이 악화된 문종이 39세에 일찍 죽고 12살의 어린 단종이 왕위에 오르면서 모든 것이 어그러지기 시작했단다.

세조의 선택과 비극의 시작

왕실에 어른이 없는 가운데 세조는 어린 조카이자 왕인 단종을 도와 나라를 튼튼하게 할지, 조카를 몰아내고 본인이 왕이 될지 기로에 서게 되는데, 결국 세조는 자기가 직접 왕이 되는 길을 선택했단다. 그 과정에서 김종서, 황보인 등 아버지 세종 때부터 나라에 충성했던 대신들과 자신에게 반대할 것 같은 수많은 신하들을 죽이고, 이후 단종을 다시 왕으로 모시려는 계획을 꾸미던 사육신(死六臣) 등 수많은 사람들을 죽였지. 결국 조카인 단종도 영월로 유배 보냈다가 죽이게 되고.

　세조의 할아버지인 태종도 많은 형제들을 죽이고 왕이 됐지만, 같은 어머니의 배에서 나온 형제들에게는 자비를 베풀었지. 광해군도 왕권 강화를 위해 배 다른 동생인 영창대군을 죽이기는 했지만, 세조처럼 친형제를 살해한 것은 역사에 유례없는 일이었지.

❶ 광릉으로 가는 길. 광릉 주변에는 울창한 나무들이 많다. ❷ 광릉의 정자각, 다른 왕릉보다 단이 높다. ❸ 세조의 무덤 주변에는 군데군데 돌이 많다.

이렇게 많은 피를 흘리고 왕이 됐지만, 세조는 13년(1455~1468년)밖에 왕위에 있지 못했고, 나이가 들어서는 수많은 질병으로 고통 받고, 많은 사람들을 죽인 죄책감에 시달리며 살았다고 하지. 또 큰아들 의경세자가 일찍 죽고, 둘째 아들 예종도 왕이 된 지 13개월 만에 죽는 등 가족의 비극이 계속 이어졌단다. 그래서 사람들은 세조가 흘린 수많은 피로 인해 그의 가족에게 저주가 임했다고 이야기했지. 여기 광릉에 와서 세조의 무덤을 보니, 높게 쌓은 언덕 위에 있어 외로워 보이고, 무덤 주변에 돌들이 튀어나와 있구나. 말년에는 종기로 많이 고생했다고 하더니, 꼭 그 종기가 무덤에도 박혀 있는 것 같구나.

세조의 잘 알려지지 않은 인간적인 면모

어떻게 보면 이렇게 피도 눈물도 없을 것 같고, 권력과 왕위만 쫓았을 것 같은 세조에게도 의외의 모습이 있었단다. 우선 세조는 재위 기간 동안 후궁을 많이 두지 않고 젊었을 때 결혼한 본부인 정희왕후와 좋은 관계를 유지했다고 해. 중요한 국가 행사에서 부부 동반으로 같이 나온 적도 많았다고 하고.

세조의 능은 접근을 제한해 올라가서 볼 수 없지만, 사진으로 보면 다른 왕릉과 달리 무덤 주위에 병풍석이 없단다. "내 무덤에는 석실을 만들지 말고, 병풍석을 두르지 말고 검소하게 만들라"라고 한 세조의 유언에 따라 아들 예종이 그렇게 만든 것이지. 또 세조는 신하들과 술자리를 자주 하며, 격의 없는 소통을 하려고 노력한 왕이라고 해. 한 부인에게 충실하고, 검소하고, 신하들과는 술자리도 자주 하는, 어떻게 보면 인간적인 면이 있었던 세조. 하지만 그에게 죽은 수많은 사람들의 피가 이런 인간적인 면에 가려질 수는 없겠지.

사람이 좋다고 반드시 정의로운 것은 아니란다

이 부분은 네가 크면 좀 더 깊이 생각해 볼 만한 주제이기도 하단다. 상인들에게 자릿세를 받고, 무고한 시민들을 괴롭혀 돈을 뜯는 조폭이 집에서는 아내와 아이들에게 좋은 남편과 가장이고, 자기 친구들에게 밥을 잘 사 주고, 부하들에게 용돈을 잘 준다고 해서 훌륭한 사람이라고 할 수 있을까? 실제 역사나 개인의 삶에서도 이런 모습이 나타날 수 있기 때문에 개인적으로 사람이 좋다고 해서 그의 행동이 반드시 선하고 정의로운 것은 아닐 수 있음을 알아야 한단다. 어떤 악인도 다 100% 악한 것도 아니고, 어떤 선인도 다 100% 선할 수 없기에 한 사람을 평가할 때는 그 사람의 잘한 점, 못한 점을 균형 있게 평가해야 해. 하지만 실제 역사에서는 이런 점을 교묘하게 이용해 사람에 대한 평가나 정의의 기준을 혼동하게 하는 경우가 많단다.

이와 관련해서는 이후에 네가 대학생이 됐을 때 《예루살렘의 아이히만》이나 《도덕적 인간과 비도덕적 사회》라는 책을 읽어 보면 좋겠구나. 한 개인이 성실하고 도덕적이라고 해서 그 사람이 반드시 사회 정의를 추구하고 도덕적인 사회를 만드는 데 기여하는 건 아니라는 역사적 사실과 논리를 발견할 수 있을 거야. 책이 어렵다면 너에게는 오래된 영화이겠지만 〈범죄와의 전쟁: 나쁜 놈들 전성시대〉이란 영화를 한번 보렴. 이 영화에서 배우 최민식이 연기한 사람이 이른바 가족을 위해 조폭이 된 소시민이지. 가족을 위해 나라를 팔아먹거나, 범죄에 참여했다는 변명을 어떻게 받아들여야 하는지에 대해 너의 생각을 정리해 볼 수 있을 거야.

의로움을 가르쳐 준 사육신

그리고 나중에 시간이 되면 노량진에 있는 사육신묘를 꼭 찾아보렴. 세조와는 달리 눈앞의 이익이 아닌 의로움을 지키고자 한 분들을 만날 수 있단다. 이곳에는 단종을 복위시키고, 나라의 정의를 바로잡으려다 세조에게 죽임을 당한 박팽년, 성삼문, 이개, 하위지, 유성원, 김문기, 유응

부의 무덤과 기념관이 있지. 원래 단종을 복위시키기 위한 계획에 가담한 신하들은 6명 이상이었는데, 남효온이 《육신전》에서 대표적인 여섯 신하를 언급하면서 사육신이라는 말이 쓰이게 됐단다.

어찌 보면 이 사람들은 현실을 인정하고 적당히 살았다면 잘 먹고 잘 살 수 있었겠지만 의롭지 못한 현실을 거부하고 정의를 바로 세우려다가 무참히 죽었지. 사육신묘로 올라가는 길 담장에는 민족지도자인 함석헌 선생님의 다음과 같은 말씀이 새겨져 있단다.

"수양대군이 불러온 피바람. 그렇지만 세조의 피바람 뒤에 우리는 '의(義)'를 알았다. 사육신이 죽지 않았던들 우리가 의를 알았겠는가. 이것도 고난의 뜻이지 않을까. 고난 뒤엔 배울 것이 있다."

이 말씀대로 이들의 무모한 도전과 희생이 있었기에 이 땅에 정의가 살아 있음을 말할 수 있고, 너에게도 이런 역사의 순간을 이야기할 수 있게 됐구나. 일제강점기의 독립운동과 독재 정권하에서의 민주화운동도 크게는 힘이나 이익보다 옳음을 얻고자 한 노력이라고 볼 수 있겠지. 그렇게 해서 얼마나 성과를 얻었냐는 비아냥거림을 받을 수 있지만, 인생에서는 성과와 성공보다 과연 그것이 인간으로서 바른 삶이냐에 따라 판단해야 할 때도 있단다.

한때 우리나라에 마이클 샌델의 《정의란 무엇인가》라는 책이 큰 인기를 끌었는데 굳이 이 책을 읽지 않아도 우리는 사육신의 삶에서 정의가 무엇인지 분명히 알 수 있구나. 정의란 자신의 욕심과 이익보다 전체의 이익을 생각하는 것이지. 그리고 정의란 때로는 피를 흘려 지켜야 하는 것이고, 당시에는 어리석어 보이고 바보 같은 선택이지만 끝내 역사의

노량진 사육신공원 담장에 적힌 함석헌 선생의 글　　　사육신의 사당인 의절사와 성삼문의 묘소

올바른 평가를 받게 되지. 이렇게 복잡하게 이야기할 필요 없이 정의란 세조의 선택이 아닌 사육신의 선택을 하는 거란다. 이를 한 마디로 표현하면 공자님이 말한 "이익을 보거든 의로움을 생각하라(見利思義)"라고 할 수 있단다. 내가 왕이 될 수 있는 이익이 있을 때 과연 이것이 의로운 일인가를 생각하고, 내가 불의한 왕 밑에서 잘 먹고 잘 살 수 있는 이익이 있지만, 과연 이것이 의로운 일인가를 생각하면 무엇이 옳고 그른지 분명해지지.

이익을 보면 의로움을 생각하라

유교를 통치 이념으로 삼았던 조선에서 공자님이 그렇게 강조한 '이익을 보면 의로움을 생각하라(見利思義)'라는 가르침이 지켜지지 않았다는 게 정말 의아하지 않니? 하지만 지금도 마찬가지인 것 같아. 나에게 이득이 되는 일이라면 비록 불의한 방법이라도 할 수 있다는 게 지금의 분위기이기도 하단다. 2018년에 법률소비자연맹이라는 단체가 대학생 3,656명을 대상으로 "10억 원을 주면 일 년 정도 교도소 생활을 할 수 있는가?"라는 설문조사를 했더니, 응답자의 51.39%(1,879명)가 "동의한다"고 대답했다는구나. 조선시대뿐 아니라 일제강점기, 이후 독재시절의 왜곡된 정의관이 여전히 우리가 사는 세상에도 크게 영향을 미치고 있음을 보여 주는 거지.

하지만 많은 사람들이 의로움보다 이익을 쫓아 산다고 해도 우리 역시 꼭 그렇게 살 필요는 없단다. 이 세상이 100% 정의로워지기를 기대하기란 현실적으로 힘들단다. 30%만 정의로워도 대단한 거고, 실은 3%의 정의로운 사람들만 있어도 그 조직과 사회는 부패하지 않는단다. 지금 너와 내가 누리고 있는 이 자유와 정의는 그 3%도 안 된 수많은 우리 선배들이 피 흘려서 얻어 낸 것이기도 하지.

또, 세조가 저지른 가장 큰 죄는 아버지 세종과 형 문종이 30여 년간 만들어 놓은 제도와 시스템을 무너뜨린 거란다. 한두 사람에 의해 지배되는 나라가 아니라, 제도와 시스템으로 운영되는 나라를 만들려고 했던 선왕들의 노력을 자기 욕심에 전부 무너뜨리고, 결국 그 피해는 자식들과 후손들, 그리고 수많은 선비들과 백성에게 돌아가게 했지. 세조가 '이익을 보면 의로움을 생각하라'라는 공자의 가르침을 기억하고 실천했다면 또 다른 조선의 모습을 볼 수 있었을 텐데, 우리나라 역사는 보면 볼수록 안타까운 순간이 너무 많구나. 하지만 우리는 오늘 세조의 잘못을 보고, 사육신의 또 다른 선택을 보았으니 좀 더 명확하게 무엇이 옳은지를 분별하고 우리의 길을 현명하게 선택할 수 있을 것 같구나.

심쌤의 추천자료

♥ **《예루살렘의 아이히만》** 한나 아렌트 저/김선욱 역 | 한길사 | 2006년

→ 악의 평범성에 대한 보고서(A Report on the Banality of Evil)라는 부제가 붙은 고전이다. 인류사에 엄청난 범죄를 저지른 사람들이 특별히 악한 사람이 아니라, 우리와 같은 평범한 사람일 수 있음을 지적한다.

♥ **《도덕적 인간과 비도덕적 사회》** 라인홀드 니버 저/이한우 역 | 문예출판사 | 2000년

→ 도덕적이고 이타적인 개인이 집단 속에서는 비도덕적이고 이기적일 수 있음을 논증하고, 선의지의 통제를 받는 강제력을 통해 힘의 균형을 이룰 때 좀 더 정의로운 사회를 만들 수 있다고 주장하는 현대 사회윤리학의 고전이다. 내용은 좀 어려우나 윤리 교과서나 논술 주제에서 중요하게 다뤄진다.

♥ **《뜻으로 본 한국역사》** 함석헌 저 | 한길사 | 2003년

→ 한국의 간디로 불리며 독립운동, 민주화운동에 헌신한 함석헌 선생의 한국 통사다. 성경적 관점에서 한국사를 해석한 것으로 유명하다.

 **심쌤의 깨알정보**

★ **광릉** (royaltombs.cha.go.kr)

주소 경기 남양주시 진접읍 광릉수목원로 354 (031-527-7105)

운영 매일 09:00~18:00(계절에 따라 상이함) / 월요일 휴무

남양주 죽엽산에 위치한 조선 7대 세조와 정희왕후의 능이다. 광릉은 같은 산줄기에 좌우 언덕을 달리해 왕과 왕비를 각각 따로 모시고, 능 중간 지점에 하나의 정자각(丁字閣)을 세운 독특한 양식이다. 이를 동원이강릉(同原異岡陵)이라고 부른다. 또 세조는 "내가 죽으면 속히 썩어야 하니 석실과 석곽을 사용하지 말 것이며, 병풍석을 세우지

말라."는 유언을 남겼다. 그래서 실제 유언에 따라 석실을 만들지 않고, 석회로 흑벽을 만들어 비용과 인력을 크게 줄였다.

★ 국립수목원 (www.forest.go.kr)

주소 경기 포천시 소흘읍 광릉수목원로 415 (031-540-2000)

운영 매일 09:00~17:00 / 1월 1일, 설 · 추석 연휴 휴무

광릉 부근에 광릉수목원으로 알려진 국립수목원이 있다. 행정구역상으로는 포천시로 들어간다. 하루 관람 인원을 제한하기 때문에 방문하려면 미리 온라인으로 예약해야 한다.

★ 사육신공원 (korean.visitseoul.net)

주소 서울 동작구 노량진로 191 사육신묘지공원

운영 평일 09:00~18:00

1호선과 9호선 노량진역에서 5분 거리에 성삼문 등을 기리는 사육신묘와 역사관이 있다.

★ 노량진 학원가, 고시원 일대

노량진에는 입시, 공무원 등 각종 학원가와 지방에서 올라온 학생들이 머물 수 있는 고시원과 하숙집이 몰려 있다. 경제적으로 여유롭지 않은 수험생들을 위한 저렴한 식당가도 많이 있다. 노량진 컵밥거리도 유명한데, 저렴하게 한 끼를 먹을 수 있는 컵밥, 김밥, 팬케익, 수제버거, 떡볶이 등을 맛볼 수 있다.

12 양평

두물머리에서 몽양 선생의 꿈을
다시 한 번 생각해 보자

시온아, 너는 어른이 돼서 투표권을 갖게 되면 어떤 사람을 우리나라의 지도자로 뽑고 싶니? 만약에 영어, 중국어, 일본어에 능통하고, 우리말 연설도 잘해서 사람들의 마음을 움직이고, 갈등 상황에서도 어떻게든 중재하려 노력하고, 심지어 근육질 몸에 운동도 잘하고, 성격도 호탕한 후보가 있다면? 여기에 더해 정치적인 감각과 국제정세에 대한 안목도 높고, 중국, 러시아, 일본, 미국에 친구가 많은 사람이라면 어떨까?

'과연 이렇게 완벽한 리더가 있을까?'라는 생각이 들지 않니? 그런데 이런 이상적인 리더가 우리나라 20세기 역사 가운데 있었단다. 실제 1945년 해방 이후 가장 양심적인 민족지도자를 묻는 설문조사에서 1등을 하기도 했지. 이분은 바로 오늘 만나 볼 몽양 여운형 선생이란다.

몽양의 일제강점기 독립운동

·······························

몽양 선생은 1886년 양평에서 태어나, 1900년 배재학당에 입학해 근대식 교육을 받았단다. 1907년 도산 안창호 선생의 연설을 듣고 감명받아 우리나라의 자주독립운동에 뛰어들게 됐지. 도산이나 몽양은 대내외 정치적인 문제에서 군사력이나 폭력보다 연설과 토론을 통한 설득이라는 평화적이고 민주적인 방법을 선호했고, 몽양은 독립운동과 해방 이후 정치를 평화적으로 실천하고자 한 현대적 민주정치가라고 할 수 있지.

1910년 일제에 나라를 완전히 빼앗긴 후 몽양은 1914년 모든 재산을 정리하고 중국으로 건너가 유학하며 독립운동에 참여했단다. 그러다 1차 세계대전 종전 이후 미국 대통령 윌슨이 말한 '민족자결주의'에 의해 우리나라가 독립할 수 있다는 희망을 보고, 종전 문제를 협의할 파리강화회의에 우리 민족 대표를 파견하기 위해 신한청년당을 조직하고 김규식을 파리에 파견했단다. 그리고 김규식의 대표성을 확보하기 위해 도쿄에서 2.8 독립선언과 국내에서 3.1운동을 기획했단다.

몇몇 연구에서는 3.1운동을 김규식이 파리강화회의에서 우리 독립 문제를 제기할 수 있는 명분을 얻기 위한 시위 정도로 기획했는데, 일본 제국주의 지배 10여 년 동안 억눌려 있던 민중적인 불만이 폭발하면서 전국적인 만세운동으로 퍼진 것으로 보기도 한단다.

일본의 심장에서 조선의 독립을 외치다

김규식의 파리강화회의 활동은 결국 실패했지만, 3.1운동 이후 상해에 임시정부가 생기고, 몽양은 임시정부 초대 외무부 차장으로 활동하게 됐단다. 또, 상해임시정부가 조직된 1911년 11월 몽양의 이름을 우리나라와 일본 전역에 알린 기적 같은 일이 일어났어. 자신들이 무능한 조선을 대신해 우리나라를 잘 다스렸다고 생각한 일본은 전국적으로 일어난 3.1운동에 상당히 당황했다고 해. 그래서 상해임시정부의 주요 인물인 여운형을 불러 임시정부의 주장을 들어보고, 이번 기회에 여운형을 협박, 회유해 상해임시정부 주요 인사들을 분열시킬 의도를 가지고 있었지. 그리고 일본의 주요 장관들을 만나게 하고 일본인에게 상해임시정부의 주장을 알릴 수 있는 기회를 주었단다. 이때 도쿄의 제국호텔에서 일본의 고위 관료들과 언론을 앞에 두고 몽양은 유명한 연설을 했어. 시간이 되면 전문을 구해서 꼭 읽어 보렴. 우선 오늘은 가장 핵심적인 내용만 같이 읽어 보자.

"주린 자는 먹을 것을 찾고 목마른 자는 마실 것을 찾는 것은 자기의 생존권을 위한 인간 자연의 원리이다. 이것을 막을 자가 있겠는가! 일본인이 생존권이 있는데 우리 한민족만이 홀로 생존권이 없을 수 있는가? 일본인이 생존권이 있다는 것을 한국인이 긍정하는 바이요, 한국인이 민족적 자각으로 자유와 평등을 요구하는 것은 신이 허락하는 바이다. 일본 정부는 이것을 방해할 무슨 권리가 있는가! 세계는 약소민족해방, 부인해방, 노동자해방 등 세계 개조를 부르짖고 있다. 이것은 일본을 포함한 세계적 운동이다. 한국의 독립운동은 세계의 대세요, 신의 뜻이요, 한민족의 각성이다."

논리적인 여운형의 연설에 많은 일본의 지식인들은 감탄하고 조선 독립의 필요성에 공감했다고 해. 요시노 도쿄제국대학교 법학 교수는 "중국, 조선, 대만 등의 많은 사람들과 회담해 봤지만, 교양 있고 존경할 만한 인격으로서 여운형 같은 사람은 드물다."라고 극찬했고. 이 사건으로 인해 당시 여운형을 초청한 하라 내각은 총사퇴하고, 새로운 내각이 구성되는 등 일본 정치계는 큰 충격을 받았단다.

조선의 독립을 위해서라면 어디든 간다

이후 몽양은 1921년에 모스크바에서 열린 극동피압박 민족대회에 참가해 러시아 혁명을 일으킨 레닌과 트로츠키를 만났단다. 이후 중국, 동남아 일대에서 독립운동을 하다가 1929년 상해에서 일본경찰에 체포돼 국내로 압송 후 감옥에 갇혀 1932년에 풀려났지.

몽양은 1933년에 조선중앙일보라는 언론사를 운영하고 조선체육회 회장을 지내며 우리나라 스포츠 발전에도 기여했단다. 1936년 손기정, 남승룡 선수가 일본 마라톤 국가대표로 선발돼 올림픽에 나가야 하는지 고민할 때, "군(君)의 뒤에는 이천만 동포가 있다"며 참가를 권유했어. 이후 손기정 선수의 금메달 시상식 사진에서 일장기를 지우고 보도해 큰 파문을 일으키고, 이 일로 조선중앙일보는 폐간됐단다.

양평 신원역 부근에 있는 몽양 기념관

몽양은 손기정, 남승룡 선수를 후원하고 이후 일장기 말살 사건을 주도했다.

　그후 일본이 만주를 침략하고, 중국, 미국과 전쟁을 벌이며 점점 우리 나라의 독립에 희망이 사라져 가는 듯한 암울한 시기에도 국제 정세를 면밀히 파악해 일본의 패망을 예견하고, 1944년 비밀 조직인 건국 동맹을 만들었단다. 그리고 1945년 8월 15일 일본의 항복 선언 이후 건국 준비 위원회를 조직해 치안 유지를 하며 자주적인 독립국가 건설을 준비했지. 하지만 해방 이후 혼란스런 정치 상황으로 결국 뜻을 이루지 못하고, 우익 청년의 총탄을 맞고 돌아가셨단다.

우리 민족의 운명을 가른 3년

1945년 8월 15일 일제 식민지배로부터의 해방은 우리 민족의 힘으로 벗어난 자주적인 독립이 아니었기에 결국 외국 세력의 개입과 분단, 전쟁으로 이어지는 비극적 역사로 이어지게 됐지.

　가장 결정적인 변수는 1945년 8월 6일과 9일에 히로시마와 나가사

키에 떨어진 원자폭탄이었단다. 원자탄을 맞고 일본은 무조건 항복을 하게 되고, 일본과의 전쟁과 국내 진격을 준비하던 광복군과 다른 독립 군들은 해방 공간에서 설 자리를 잃게 됐지. 대신 북에는 소련군이, 남에는 미군이 해방군으로 들어와 군정을 시작하면서 우리 민족의 이익 보다는 자신의 이익과 권력을 추구하던 자들이 남과 북에서 권력을 잡게 됐단다.

1945년 8월 15일 해방에서 1948년 8월 15일 대한민국정부 수립까지 3년은 우리 민족의 운명을 가른 결정적인 시간이었단다. 우리 힘으로 독립을 이루지 못한 상황에서 민족 간 이념의 차이를 극복하고, 미국과 소련의 승인을 받는 새로운 국가를 건설하는 게 유일한 길이었지. 그리고 이런 길을 갈 수 있는 최선의 방법이 1945년 12월에 있었던 모스크바 3국 외상회의 결정에 따라 임시정부를 수립하는 것이었고. 몽양 선생과 많은 중도파 인사들은 이 결정을 따르며 좌익과 우익을 아우르는 통일된 정부를 구성하려고 노력했단다. 하지만 1947년 7월 19일 몽양 선생이 암살되면서 좌우 합작을 통한 통일정부 수립의 꿈은 무너지고, 남과 북이라는 두 개의 정부가 한반도에 세워지게 됐단다. 그 결과는 동족끼리 서로 죽이는 비참한 전쟁과 이후 70여 년의 분단이지.

통일은 우리 민족의 근본적인 문제

어떤 사람들은 통일은 비용이 많이 들기 때문에 지금처럼 남과 북이 나눠진 채로 사는 게 낫다고 하지만, 통일은 우리 민족이 겪고 있는 문제의 근본적인 해결책이라고 할 수 있단다. 분단 상황에서 남북의 많은 정치, 경제, 사회 문제들은 이른바 이념 문제로 왜곡되는 경우가 많았단다. 독재정권 치하에서는 노동자의 권리, 언론의 자유, 정당한 생존의 요구를 해도 빨갱이 사상으로 몰아붙이고, 이런 이야기를 하는 사람들을 고문하고, 가두고 죽였지. 북쪽은 더 말할 필요도 없고. 10만 명이 넘는 주민들이 정치범 수용소라는 곳에 갇혀 비인간적인 삶을 살고 있지.

서울의 독립문 옆에 서대문형무소가 있는데, 원래 이곳은 일제강점기에 독립운동을 했던 우리 조상들을 가두고 고문하던 곳이었단다. 그런데 해방 이후에는 민주화운동을 하던 사람들을 고문하고 가두었단다. 친일파를 제대로 청산하지 못하고 외세로부터 완전한 자주독립국가를 이루지 못한 대가가 무엇인지를 보여 주는 역사적 상징물이라고 볼 수 있지.

그리고 그 대가는 여전히 남과 북에서 치러지고 있단다. 1991년 소련이 망하면서 공산주의 실험은 실패로 끝나고, 전 세계가 이른바 탈이념과 탈냉전으로 가는데, 여전히 우리나라는 남과 북으로 갈라져 대립하

일제시대 독립운동가를 가두고 고문하던 서대문 형무소, 유관순 열사와 여성 수감자들이 갇혀 있던 8호 감방
해방 이후 민주화운동가들이 여기서 옥고를 치렀다.

고, 남에서는 또 보수와 진보라는 이념적인 대결을 하며 국가적인 에너지를 낭비하고, 많은 사람들의 인생을 망치는 일이 벌어지고 있지. 우리가 지금의 경제 성장이나 민주화에 만족하지 말고, 평화로운 통일 조국으로 나아가야 하는 이유가 바로 여기에 있단다. 분단으로 인한 우리 민족의 피해와 치러야 할 대가가 너무 크기 때문이지.

좌로나 우로나 치우치지 말라

몽양기념관을 돌아보며 떠오른 성경 구절이 하나 있단다. "좌로나 우로나 치우치지 말라, 그리하면 어디로 가든지 형통하리니"라는 말씀이란다. 그런데 좌로나 우로나 치우치지 않고 민족의 자주 독립의 길을 가고자 했던 몽양은 좌익과 우익 양쪽에서 공격을 받고, 결국 남과 북 모두에게 잊힌 민족의 지도자가 되고 말았단다. 오히려 좌와 우의 극단에 서 있던 김일성과 이승만이 해방 공간의 승리자가 돼 민족을 분열시키고 동족상잔의 비극을 저질렀지. 그러면 과연 좌로나 우로나 치우치지 않는 중도의 길을 갔을 때 형통한다는 성경 말씀이 맞는 걸까?

평생을 기독교인으로 사셨고, 일제강점기 끝까지 신사참배를 거부했던 몽양 선생도 스스로에게 이런 질문을 던지지 않았을까 생각되는구나. 이론적으로는 좌우에 치우치지 않는 삶이 바람직하지만 현실에서는 기회주의자라는 비난과 극단주의자들의 희생양이 되는 경우가 많지. 하지만 좌로나 우로나 치우치지 않는 삶은 당대의 성공과 실패를 넘어 우리가 끊임없이 시도해야 할 삶의 원칙이란다.

위의 성경에서 형통이라는 말의 원 히브리어 단어는 '짤라흐'란다. 짤라흐는 '돌파하다', '통과하여 앞으로 나간다'라는 의미가 있지. 영어로는 보통 success로 번역되는데, 제대로 된 해석은 '어려움과 역경을 뚫고 나아간다'로 봐야 할 것 같아. 좌로나 우로나 치우치지 않을 때 당장의 정치, 경제적인 성공을 얻지 못할 수도 있어. 하지만 이것은 마땅히 우리가 뚫고 나가야 할 길이라고 할 수 있지.

몽양이 이루고자 했던 이념을 넘어서는 자주 국가의 건설은 아직도 이뤄지지 않은 숙제란다. 여전히 남과 북에는 민족을 분열시켜 자기 이익을 지키고자 하는 사람들이 남아 있지. 그 남은 과제를 마무리해야 할 책임이 지금 우리에게 있단다. 지금처럼 몽양기념관을 다시 찾고, 몽양의 사상과 실천을 공부하며 합리적인 중도 사상을 알리고, 이런 입장을 갖고 있는 정치인을 후원하는 것이 바로 자주 국가 건설의 첫걸음이라고 할 수 있단다.

무력과 폭력보다 민주적인 원리로 이루는 평화

마지막으로 몽양은 안창호 선생과 더불어 진정한 민주주의자로서 우리가 더 공부하고 그의 정신을 계승해야 할 필요가 있단다. 몽양은 무장 독립운동이나 암살과 테러를 통한 폭력 혁명을 주장하지 않았단다. 끝까지 대화와 타협으로 상대를 설득하려고 했지. 그리고 민족 독립을 위해 필요하다면 그 누구와도 만나 대화하고 타협할 의지를 가지고 있었고 실제 그렇게 했지. 내가 싫어하는 사람들을 배척하고 그들과 싸우는 것은 어찌 보면 쉬운 일이란다. 내가 싫어하는 사람이라도 더 큰일을 위해 필요하다면 만나고 대화하는 것이 어려운 일이지. 통일이라는 민족적 과제를 무력으로 해결하고자 한 북과 남의 두 지도자의 오판이 지난 70년의 비극을 만든 것을 생각할 때, 바로 몽양의 이런 평화와 민주적인 원리의 통일이 우리가 나아가야 할 길이라고 할 수 있단다.

두물머리에서 다시 품어 보는 통일의 꿈

남한강과 북한강이 만나는 두물머리와 400년 된 느티나무

몽양기념관에서 조금만 더 가면 유명한 두물머리가 있단다. 남한강과 북한강이 합쳐져 큰 바다 같은 장엄한 광경을 만들어 내는 곳이지. 한강이 이렇게 합쳐지고, 금강산과 설악산 맑은 물이 동해에서 만나서 독도로 흐르듯이 아직도 이루지 못한 통일의 꿈을 다시 한 번 한강의 장엄한 물줄기 앞에서 품어 보자꾸나.

심쌤의 추천자료

♥ 《몽양 여운형》 전상봉 글 | 산하 | 2009년

♥ 《10대와 통하는 독립운동가 이야기》 김삼웅 저 | 철수와영희 | 2014년

♥ 《몽양 여운형 평전: 진보적 민족주의자》 김삼웅 저 | 채륜 | 2015년

♥ 《나만의 연설문을 써라》 윤범기 저 | 필로소픽 | 2020년

♥ 〈역사의 재구성〉 잊혀진 지도자 몽양 여운형

♥ 〈청소년을 위한 명연설 리뷰〉 몽양 여운형

 ## 심쌤의 깨알정보

★ **몽양여운형생가기념관** (www.yp21.go.kr)

주소 경기 양평군 양서면 몽양길 66 (031-775-5600)

운영 매일 09:30~17:00 / 월요일, 1월 1일, 설 · 추석 휴무

2011년 몽양의 생가를 복원하며 생가 옆에 기념관이 지어졌다. 몽양의 독립 투쟁, 해방 정국 활동과 유품들이 전시돼 있다.

★ **두물머리**

주소 경기 양평군 양서면 양수리 두물머리 공영주차장 (031-770-1001)

남한강과 북한강이 만나는 명소이다. 주말에는 두물머리뿐 아니라 양평 쪽으로 나들이 가는 인파가 만나 엄청난 교통 체증과 주차난을 각오해야 한다. 가능하면 주중에 한가할 때 돌아보는 게 좋다. 두 곳의 공영 주차장과 한 곳의 사설 주차장이 있다.

13 광명

이래서 광명동굴,
광명동굴 하는구나

시온아, 오늘은 광명동굴에 가 보자꾸나. 광명동굴은 광산이었
던 곳을 다시 재개발해 관광지로 만든 곳인데, 좋은 구경거리
이기도 하고 여러 가지 의미 있는 공간이기도 하단다.

제주의 용암동굴

우리나라에는 여러 천연동굴이 있는데, 크게 제주도의 용암동굴과 태백산맥 일대의 석회암동굴로 나눌 수 있어. 전에 제주도 갔을 때 둘러본 만장굴 기억하니? 만장굴은 총 길이가 7.4km에 달하는 세계적인 규모의 용암동굴이지. 만장굴은 8천 년 전에 만들어진 것으로 알려져 있는데, 전 세계 용암동굴 가운데 만장굴처럼 내부 형태와 지형이 잘 보존된 굴은 없다고 해. 원래는 김녕굴과 하나의 굴이었는데, 천장이 붕괴돼 두 개로 나누어졌다는구나. 최대 높이 23m, 최대 폭 18m로 거의 덤프트럭 하나가 왔다갔다 할 정도의 크기이지.

만장굴을 포함해 뱅뒤굴, 김녕굴, 용천동굴, 당처물동굴은 거문오름에서 분출한 용암이 13km를 흘러 해안까지 가면서 만들어진 동굴이란다. 그래서 이 일대 동굴을 거문오름 용암동굴계라고 부르고, 성산일출

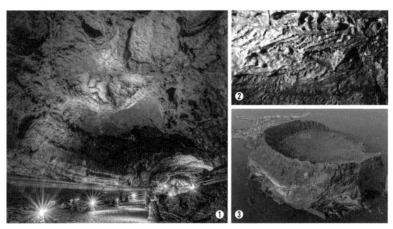

❶ 세계적인 규모의 용암동굴인 만장굴 ❷ 만장굴 내부에서 용암의 흔적을 볼 수 있다. ❸ 수중에서 폭발한 화산인 성산일출봉, 분화구 모습

봉, 한라산과 함께 2007년에 유네스코 자연유산으로 등재(Jeju Volcanic Island and Lava Tubes)됐어. 특히 용천동굴은 용암동굴이면서 석회암동굴처럼 종유관이 있고, 동굴 내에 여러 개의 호수가 있는 등 아주 독특한 특징을 많이 갖고 있단다. 2005년 전신주 작업을 하다가 우연히 발견됐는데, 안에는 통일신라시대 유물과 제사 때 쓰인 것으로 보이는 멧돼지 뼈들이 나왔단다. 용천동굴은 학술 조사 목적으로 전문가들에게만 개방됐고, 일반인들이 쉽게 접근할 수 있는 굴은 만장굴이란다.

태백산맥 석회암 지대의 동굴들

위에서 말한 석회암동굴의 대표는 단양의 고수동굴이란다. 무려 4억 5천만 년 동안 생성돼 온 석회암 자연동굴로 전체 면적은 6만m^2에 달한다고 해. 지하수가 많이 흘러들어 다양한 형태의 종유석과 석순 등이 가득해서 지하 궁전 같은 느낌이 든다고 하는구나. 지난번 단양 갈 때 들어가 보려고 했는데, 어린아이들과 다니기는 힘들다고 해서 네가 좀 더 크면 가 보려고 입구만 보고 왔단다.

석회암동굴은 석회암 지대가 물에 녹으면서 생긴 건데 우리나라에서는 태백산맥 석회암 지대에 많이 나타난단다. 단양의 고수동굴뿐 아니라 강원도 영월의 고씨동굴, 경북 울진의 성류굴이 유명하고 북한에는 평안북도 영변군의 동룡굴이 있다는구나. 이런 석회암 지대를 지리 용어로 카르스트 지형이라고 하는데, 슬로베니아의 크라스(Kras) 지역에 많다고 해서 독일어로 카르스트라는 말이 생겼다고 해. 카르스트 지

우리나라의 대표적인 석회암동굴인 단양 고수동굴 | 문경 생태공원의 돌리네 형성도

형의 대표적인 작품이 위에서 말한 석회암동굴과 일종의 싱크홀이라고 할 수 있는 돌리네인데, 문경에 유명한 돌리네가 있고, 이 일대는 습지가 발달해 대규모 생태공원이 조성되고 있단다.

폐광의 기적, 광명동굴

그런데 광명동굴은 이런 천연동굴과는 조금 성격이 다르지. 원래 광산이었다가 버려진 폐광을 다시 개발해 동굴로 활용하고 있는 거란다. 광명동굴은 1903년에 시흥광산으로 시작해 일제강점기인 1912년부터 금광으로 본격 개발됐단다. 일제는 우리 광부들과 징용 노동자들을 동원해서 일제강점기 시절 수백 kg의 금을 캐 갔고, 해방 이후에도 폐광되기까지 총 52kg의 금이 더 나왔다고 해. 이런 광산에서 일하는 것은 정말 힘든 일이지. 지금처럼 제대로 된 안전시설이나 도구 없이 작업하다가 많은 분들이 죽거나 다쳤을 거야.

'광산' 하면 생각나는 분들이 1970년대 독일로 파견된 우리 광부들이란다. 라인강의 기적을 이루며 경제가 회복된 독일에 많은 사람들이 달러를 벌기 위해 탄광으로 갔단다. 1963년부터 1977년까지 약 8,000명의 광부가 파견됐고, 비슷한 시기에 만 명의 간호사가 독일에서 일했단다. 이분들의 고단한 삶은 영화 〈국제시장〉에 잘 묘사됐는데, 전에 같이 봤던 것 기억하니? 광산 일은 정말 목숨을 걸고 해야 하는 거고, 진폐증이나 폐암 등 각종 산업재해로 고생한 사람들도 많았지.

여기 광산은 1972년 홍수 이후 환경오염과 보상 문제가 얽히면서 문을 닫고 오랫동안 방치되면서 새우젓 저장소로 쓰였어. 그러다가 2011년에 광명시에서 구입해 동굴테마파크로 만들었단다. 지금은 해마다 200만 명 이상이 찾는 관광명소가 됐고, 환경도 보호하고 새로운 일자리와 문화를 만든 좋은 사례로 전 세계에 소개되고 있다는구나.

광명동굴의 다양한 볼거리

동굴 안에는 화려한 LED 장식과 레이저 공연, 작은 수족관, 황금동굴, 와인동굴, 광산 역사 전시 등 다양한 볼거리와 체험 공간이 마련돼 있단다. 정말 재미있어서 입장료가 아깝지 않더구나. 자연동굴은 장엄하기는 한데 조금 지루한 면이 있다면, 여기는 인공동굴이어서 다양한 주제로 여러 가지 볼거리가 있어 전혀 심심하지 않더구나. 그리고 여름에 한창 더울 때 오면 정말 시원할 것 같아. 여름에도 얇은 겉옷을 입고 동굴에 들어가야 할 정도로 말이야.

주말이나 방학 때는 찾는 인파가 많아서 이렇게 평일에 한가할 때 오니 좋네. 오늘처럼 비가 오는 날에도 실내 관람이니 날씨에 관계없이 즐길 수 있고. 그런데 주차장에서 동굴 입구까지 거의 등산을 할 정도야. 하지만 운동이라고 생각하고 즐거운 마음으로 올라가면 금방 동굴 입구에 다다를 수 있단다. 동굴 안에도 경사가 그렇게 급하지 않아서 어린 아이들과도 쉽게 돌아볼 수 있어서 좋은 것 같아. 몇몇 자연동굴은 가파른 계단이 많아서 아이가 어리면 함께 가기 쉽지 않은데 말이야.

이렇게 돌아보니 왜 사람들이 광명동굴, 광명동굴 하는지 알겠더라. 그리고 최근에 형성된 도시로 딱히 내세울 만한 관광명소가 없는 광명에서 이렇게 창의적인 관광 상품을 개발한 게 정말 대단하다는 생각이 드는구나. 새우젓 대신 와인이라는 조금 더 고급지고, 지역 이미지를 높일 수 있는 부가가치 산업과 연계시킨 것도 인상적이고. 물려받은 좋은 환경이 없으면 창의력으로 만들어 낼 수 있다는 것을 보여 주는 좋은 사례 같아서 아주 흐뭇하게 돌아봤단다.

❶ 광명동굴 입구 ❷ 동굴 안 LED 조명 터널 ❸ 황금을 모티브로 한 전시물 ❹ 와인도 구경하고 시음도 할 수 있는 광명와인동굴

 **심쌤의 깨알 정보**

★ **광명동굴** (www.gm.go.kr)

주소 경기도 광명시 가학로85번길 142 (070-4277-8902)

운영 매일 09:00~18:00 / 월요일 휴무

폐광을 동굴테마파크로 만든 광명시의 대표적인 관광 상품이다. 다양한 볼거리가 마련돼 있다. 주말에는 주차가 힘들 정도로 많은 인파가 몰린다.

★ **만장굴** (www.visitjeju.net/kr)

주소 제주특별자치도 제주시 구좌읍 만장굴길 182 (064-710-7903)

운영 매일 09:00~18:00 / 매달 첫 번째 수요일 휴무

제주도의 대표적인 용암동굴이다. 부근에 김녕미로공원 등 다른 볼거리도 있다.

★ **고수동굴** (www.gosucave.co.kr)

주소 충청북도 단양군 단양읍 고수동굴길 8 (043-422-3072)

운영 매일 09:00~17:30(하절기), 09:00~17:00(동절기)

우리나라의 대표적인 석회암동굴이다. 동굴 입구에는 마늘갈비정식을 파는 식당과 기념품 가게도 있다.

14 강화도

왜 몽골군은 이 작은 바다를
건너지 못했을까?

시온아, 오늘은 우리 역사의 중요한 순간마다 등장했던 강화도에 한번 가 보자꾸나. 우리나라의 유명한 섬으로는 제주도, 거제도, 진도 등이 있는데 강화도는 서울에서 제일 가까운 섬이기도 하지. 옛날에 외적이 침입했을 때 왕실이 피난을 갔던 단골 장소이기도 한데, 고려시대 때 그 진가를 발휘했지.

몽골과 싸워 39년을 버틴 나라

1231년 몽골의 1차 침입에 수도인 개경이 포위당하자, 우선 몽골과 화친을 맺은 고려 조정에서는 몽골의 과도한 물자 요구와 재침입의 위협에 대비하고자 1232년에 강화도로 천도(도읍을 옮김)를 하게 된단다. 몽골이 육전에는 강하지만 수전에는 경험이 없다는 점을 착안한 전략이었는데, 나름 효과를 발휘해 39년 동안 몽골과의 전쟁을 버틸 수 있었단다. 하지만 왕실과 최씨 무신정권만 보존됐을 뿐, 전 국토가 몽골군에 유린되고 수십만 명의 백성들이 죽고 포로로 끌려가자, 마침내 고려 조정에서는 1270년에 몽골에 항복하고, 개경으로 돌아오게 되지.

그런데 정말 재미있는 사실이 뭔지 아니? 실제 강화도에서 보면 섬에서 육지까지 그리 멀리 떨어져 있지 않고, 어찌 보면 한강 정도 크기의 바다란다. 그런데 왜 세계 최강이라고 하는 몽골 군대가 이 바다를 건너지 못해 39년간 고려 조정을 무너뜨리지 못했을까? 여기에 대해 다양한 의견이 있는데, 우선 '몽골이 못한 것이 아니라 안 한 것'이라는 견해가 있단다. 중국이나 다른 나라 침공 때에도 수많은 큰 강을 건너 정복 활동을 했던 몽골 군대가 이 정도 바다 때문에 공격을 못했을 리 없다고

초지진에서 바라본 강화초지대교. 1.2km로 1.3km인 한강 마포대교보다 짧다.

정족산 전등사에서 훤히 보이는 강화해협과 김포 땅

보는 거지. 다른 나라와의 선생, 득히 가장 강직이딘 님송과의 진쟁에 집중하느라 고려에는 많이 신경을 못 썼다고도 보고.

한편으로는 물을 무서워했던 몽골의 약점, 갯벌이 많은 강화도 해안 지형, 고려군의 효과적인 방어 전략, 오랜 외침에 단련된 외교술 등이 결합해 고려가 몽골의 직접 침략을 받고도 40여 년간을 버틸 수 있었다는 견해도 있어. 이 주제로는 강화도에서 나고 자란 이경수 선생님의 《왜 몽골 제국은 강화도를 치지 못했는가》를 참조하면 좀 더 자세히 알 수 있을 거야.

당시 몽골과의 전쟁은 정권을 잡고 있었던 최씨 무신정권의 항전 의지가 있어 가능했고, 이후 개경으로 조정이 돌아간 이후에도 무신정권의 사병들이었던 삼별초가 진도와 제주도까지 가서 끝까지 항전하기도 했지. 그런데 과연 그렇게 오래 전쟁을 하며 국토를 황폐화시키고 백성들을 힘들게 하는 게 바람직한지, 아니면 병자호란 때 조선처럼 빨리 청에 항복하고 청의 지배를 받아들이는 것이 나았는지는 여러 면에서 생각해 볼 필요가 있구나. 결론적으로 고려는 오랜 저항을 하고도 이후 반식민지 상태에서 몽골의 지배를 받아야 했고, 조선은 빨리 항복하고 겉으로는 청의 지배를 받아들이는 척 하면서 속으로는 끝까지 반청 의식을 갖고 나름대로 왕조를 유지했지.

고려 궁성터와 외규장각

천도 시절 고려 궁성이 있던 자리는 조선시대 때 강화 유수부(留守府)

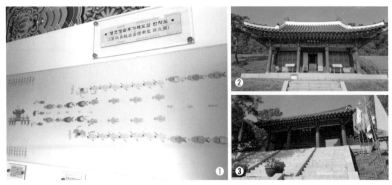

❶ 외규장각에 보관된 의궤, 병인양요 때 프랑스군이 약탈했다. ❷ 왕실 문서와 보물을 보관했던 외규장각 ❸ 고려시절 왕궁터였던 고려 궁지

라는 관청이 있었고, 정조 때는 왕실 문서를 보관한 외규장각이 들어서기도 했단다. 이 외규장각 문서가 아주 흥미로운 역사를 만들어 내지. 1866년 병인양요 때 프랑스 군이 강화도를 습격하면서 외규장각 안에 보관 중이던 보물과 서적을 약탈해 가고, 외규장각을 포함한 여러 건물에 불을 질렀단다. 프랑스가 훔쳐 간 도서는 왕실의 의례를 그림으로 기록한 의궤 등을 비롯한 왕실 문서 275권인데, 1993년 프랑스의 미테랑 대통령이 우리나라 고속철도 공사의 프랑스 수주를 부탁하며 반환 의사를 밝혔단다. 이후 수십 년 동안 반환 협상과 민간단체의 노력을 통해 5년마다 갱신하는 임대 조건으로 일부만 우리나라에 돌아오게 됐지.

제국주의 국가들의 뻔뻔스러움과 위선

다른 나라의 문화재를 훔쳐 가고도 돌려주지 않는 뻔뻔함은 영국이나 프랑스, 일본과 같은 제국주의 국가들의 일관된 태도이기도 하지. 한번 빼앗은 유물은 돌려주지 않는다는 게 그들의 원칙이라고 해. 이런 식으로 전 세계에서 훔쳐 온 유물로 자국의 박물관을 채우며 여전히 자기들이 선진국이고 문명국인 체하는 그들의 위선이 정말 불편하구나. 과거 식민지배에 대한 사과나 역사의 잘못을 바로잡는 시도를 안 하는 것은 일본뿐만이 아니란다. 영국이나 프랑스 등 주요 제국주의 국가들도 마찬가지이지. 중동이나 아프리카에서의 끊임없는 분쟁, 유럽의 무슬림 문제 등은 대부분 제국주의 국가들이 만들어 낸 비극이지.

최근 프랑스에서 일어난 무슬림 극단주의자들의 테러도 이런 관점에서 볼 수 있단다. 무슬림들이 신성시하고 그림으로도 그리지 못하게 하는 선지자 무함마드를 누드 만화로 풍자한 작은 언론사에 테러를 하자, 프랑스 사람들은 해당 언론사의 표현의 자유를 지지한다며 테러를 비난했지. 물론 테러는 비난받아야 하지만 그들이 말하는 표현의 자유는 한편으로 위선적이란다. '극단주의 무슬림들이 테러를 하는 게 이해가 된다'고 말한 자국의 코미디언은 테러 옹호 혐의로 체포했단다. 결국 그들이 말하는 표현의 자유란 자기들이 말하고 싶은 것만 말하고, 자기들이 듣기 싫고 인정할 수 없는 것은 말하지 못하게 하는 선택적 자유라는 것을 알 수 있지.

강자의 시각에서 벗어나 주관적인 관점을 갖자

아빠는 과거 제국주의 국가들이 자신들의 문화와 제도를 자랑하고 다른 가난한 나라들을 무시하는 모습을 볼 때마다 마음이 불편하고, 그들이 그다지 부럽지 않더구나. 자기들이 노력해서 이룬 부분도 있지만, 지금의 번영과 세련된 문화 속에는 수많은 식민지 국가 사람들의 희생과 피땀이 서려 있기 때문이지. 우리는 프랑스에 의궤를 수탈당한 정도이지만, 프랑스가 식민지배한 아프리카 국가들이나 인도차이나에서는 일본 못지않은 잔혹한 통치가 있었고, 수백만의 사람들이 목숨을 잃었지. 프랑스는 2차 세계대전 이후에도 알제리 독립운동을 탄압하며 200만 명에 가까운 민간인을 학살하기까지 했단다. 우리는 이런 서방 국가들의 두 얼굴을 잘 보고, 이들의 일방적인 시야로 세상과 다른 문화를 보지 않는 신중함이 필요하단다.

서양의 시각으로 중동이나 아시아 문화를 깔보고 무시하는 생각이나 문학적 표현들을 '오리엔탈리즘'이라고 하는데, 알게 모르게 우리도 그들의 관점에 오염된 경우가 많단다. 대표적인 것이 아시아의 문화를 비합리적이라고 비하하고, 이슬람교나 무슬림에 대한 편견과 혐오를 조장하는 일이지. 가만히 보면 중동 문제나 무슬림 극단주의자들의 테러에 대한 뉴스나 정보는 대부분 서양의 관점에서 나오는 이야기란다. 시간이 되면 무슬림들의 목소리를 직접 듣거나, 우리나라 중동 전문가들의 책이나 강연을 통해 좀 더 균형 잡힌 시각을 가질 필요가 있단다. 아빠도 〈아라비아 로렌스〉라는 영화를 보고 중동의 문화나 전통에 내가 너무 무지했다는 것을 크게 깨달았단다.

병인양요와 신미양요

1866년 병인양요는 같은 해 8천여 명의 천주교도들이 희생된 병인박해 때 조선에 있던 프랑스 선교사 12명 중 9명이 죽자, 이를 트집 삼아 로즈 제독이 7척의 프랑스 함대를 이끌고 강화도 일대에서 일으킨 전쟁이란다. 초기에는 외규장각이 있던 강화도성 일대를 점령하고 기세가 좋았는데, 정족산성 전투에서 양헌수가 이끄는 조선군에게 일격을 당하고, 결국 퇴각하며 외규장각의 문서와 보물을 훔쳐 갔지. 사실 프랑스 입장에서는 전면적인 전쟁이 아니라 우리나라 문호를 열기 위해 한 번 건드려 본 것인데, 이 작은 전쟁에서 승리했다고 생각한 대원군은 이후 쇄국정책을 더욱 강화했단다.

이후 1871년에는 미국에서 5척의 배를 이끌고 와서 초지진과 광성보를 포격하고 점령해, 부대장 어재연을 비롯한 우리 병사 300여 명 이상이 전멸하는 사건이 있었는데 이를 신미양요(辛未洋擾)라고 한단다. 초지진에 가 보면 당시 미군이 전쟁을 기록한 내용이 있는데, 변변치 못한 무기로 끝까지 싸우다 죽은 우리 할아버지들의 모습이 그려져 있단다.

강화도 남쪽의 방어 포대인 초지진

초지진 앞에 400년 된 소나무가 있는데, 신미양요 때 미군의 포격 흔적이 남아 있다.

1875년에도 초지진에 일본 군함 운요호가 나타나 포격해 우리 부대가 반격하는 군사 충돌이 일어나자 이를 구실로 개항을 요구하며 결국 '강화도 조약'이라는 최초의 불평등 통상 조약을 체결했단다. 이는 쇄국 정책을 주장하던 대원군이 1873년에 물러난 후 새로운 조정에서 더 이상 국제 관계에서의 고립을 피할 수 없다는 고민 끝에 내린 결정이었단다. 그리고 이후 35년 동안 조선은 나라를 근대화시킬 수 있는 마지막 기회를 제대로 활용하지 못하고 결국 일본의 식민지로 전락했지.

삼랑성과 전등사

양헌수 장군이 프랑스군을 물리친 정족산성에는 전등사라는 유명한 절

❶ 지금은 삼랑성이라 불리는 정족산성 ❷ 병인양요 때 프랑스군을 물리친 양헌수 장군의 업적을 기리는 승전비 ❸ 고려시대에 세워진 전등사 ❹ 조선후기 실록을 보관하던 장사각

이 있단다. 진등사에는 『조선왕조실록』이 보관된 정족산사고가 있었는데, 정족산성을 지켜서 실록도 보존할 수 있었단다. 여기도 함락됐으면 우리 실록 한 부가 또 프랑스에 있을 뻔 했구나.

실록은 임진왜란 전에는 춘추관, 충주, 성주, 전주사고 4곳에 보관하다가 전쟁 중에 전주 사고만 살아남자, 이후 춘추관, 태백산, 묘향산, 마니산, 오대산 5곳에 나누어 보관했지. 그리고 조선 현종 1년(1660년) 마니산 실록을 성 안에 있는 정족산사고로 옮기고, 왕실의 족보를 보관하는 선원보각((璿源譜閣)을 함께 지었다고 해. 그리고 이 정족산사고에 있던 실록이 지금은 서울대 규장각에 보관돼 있고.

정족산성의 원래 이름은 삼랑성(三郞城)인데, 단군의 세 아들이 쌓은 성이라 해서 지어진 이름이란다. 옛날에는 보통 정족산성이라고 불렸는데, 지금 정식 명칭은 삼랑성이 됐지. 정족산과 가까운 마니산은 단군이 하늘에 제사를 지냈다고 하는 참성단(塹城臺)이 있는데, 하늘을 상징하는 원형기단에 땅을 상징하는 네모꼴의 상단으로 돼 있단다. 4천 년이 넘은 유적지로 지금은 개천절에 해마다 여기서 제사를 드리고, 1953년부터는 전국체전의 성화 채화를 여기서 하고 있단다. 마니산은 위치적으로도 백두산과 한라산의 중간에 있어 한반도의 중앙을 나타내는 상징적인 의미를 갖고 있기도 하고.

고인돌에서 확인할 수 있는 고조선 문화권의 범위

강화도 북서부인 하점면 일대에는 유네스코 세계문화유산인 고인돌 유적지가 있단다. 탁자 모양으로 생긴 북방식 고인돌이 40여 기가 있는 데, 이중 대표적인 '부근리 고인돌'은 높이 2.6m, 덮개돌 길이 6.5m, 너비 5.2m, 두께 1.2m의 화강암으로 돼 있고, 무게는 50t에 이른단다. 고인돌은 우리나라 청동기시대의 대표적인 유물인데, 비파형 청동검과 함께 고조선 문화권의 범위를 보여 주지. 보통 고인돌 안에서 비파형 청동검이 출토되는데, 그 영역은 요서, 요동, 만주, 한반도 전역에 이른단다. 만들어진 시기는 기원 전 4천 년에서 기원 전 200-300년까지로 보고 있어. 전 세계에 이런 고인돌이 6만 기 가량이 있는데, 그중 4만 기가 한반도에 있고, 강화도뿐 아니라 전남 화순, 전북 고창 고인돌 유적지가 유네스코 세계문화유산으로 등재돼 있단다. 종이에 써진 우리 민족의 고대사는 이리저리 왜곡되고 축소됐지만 고인돌은 생생하게 우리 민족의 뿌리와 흔적을 증언하고 있는 것 같아.

강화도의 화문석과 강화풍물시장

강화도는 화문석(花紋席)이라고 하는 왕골 돗자리로도 유명한데, 고려

강화도 특산품과 별미를 맛볼 수 있는 강화풍물시장

시대 강화도 천도 때부터 왕실이나 귀족들의 생활용품으로 제작됐고, 조선시대에도 왕실에 특산품으로 납품됐다고 해. 화문석과 다양한 강화도 특산품을 보려면 강화풍물시장에 가면 되는데, 여

기 와서 보니 정말 다양한 무늬의 화문석이 있구나. 풍물시장 2층에는 큰 먹거리 시장이 있는데, 밴댕이 회무침정식, 순무 김치, 쑥 찐빵 등 강화도 별미가 가득하고. 순무는 고구마처럼 생겼는데 밴댕이젓이나 새우젓에 담은 순무 김치가 유명하지.

밴댕이는 길이 15-20cm 정도의 청어과 물고기인데 조금 큰 멸치라고도 할 수 있지. 성질이 급해서 잡히면 금방 죽는다고 해. 그래서 속 좁고 잘 삐치는 사람을 '밴댕이 소갈머리(소갈딱지)'라고 부르지. 5, 6월이 밴댕이 제철이라고 하는데 구이, 회, 젓갈로 많은 사랑을 받는 물고기고, 강화도와 인천, 통영 등에서 밴댕이 요리가 발달했대는구나. 다음에는 점심이나 저녁 때 풍물시장에 와서 밴댕이정식을 한번 먹어 보자꾸나.

동막해변의 저녁노을

마지막으로 동막해변에 가서 해넘이를 보자꾸나. 동해는 일출, 서해는 일몰 아니겠니? 붉게 물든 저녁노을은 멋진 해돋이 못지않게 정말 아름답지. 강화도는 다른 서해안 해안과 마찬가지로 조수 간만의 차가 크고, 갯벌이 넓어서 좋은 해수욕장이 많지 않은데, 동막해변은 그나마 모래가 많아서 해수욕장 분위기가 나는구나. 여름 성수기나 주말에는 사람들이 정말 많이 찾는다고 해. 그런데 흥미로운 건 여

해질 무렵 동막해변의 모래사장

기 야영장에서는 요리도 만들어 먹더라고. 될 수 있으면 이런 자연 명승지에서는 음식을 해 먹지 않는 게 쓰레기도 줄이고, 자연을 보존하는 데 더 좋은데 말이지.

자, 강화도 어땠니? 강화도는 외적이 육지에서 쳐들어 왔을 때는 왕실과 정부를 지키는 좋은 방어기지였는데, 외적이 바다를 건너왔을 때는 속수무책이던 곳인 것 같아. 강화도는 청동기시대부터 지금까지 우리 민족의 중요한 삶의 터전이었는데, 오늘 느낌은 왠지 쓸쓸하네. 오늘 날이 좀 쌀쌀해서 그런가? 언젠가 따뜻한 초여름쯤에 다시 한 번 와 보자꾸나.

심쌤의 추천자료

♥ 《왜 몽골 제국은 강화도를 치지 못했는가》 이경수 저 | 푸른역사 | 2014년

 심쌤의 깨알 정보

★ **고인돌 유적지** (www.koreatriptips.com)
주소 인천 강화군 하점면 부근리 317번지

★ **강화역사박물관** (www.ganghwa.go.kr)
주소 인천광역시 강화군 하점면 강화대로 994-19
고인돌 유적지 부근에 위치했다. 선사시대 유물부터, 고려, 조선시대 강화도의 역사가
잘 정리돼 있다. 강화도에는 자연사박물관, 전쟁박물관, 강화문학관 등의 박물관이 있
는데, 강화도 지역 사이트에서 위치와 정보를 얻을 수 있다.

★ **강화도 고려궁지와 외규장각**
주소 인천광역시 강화군 강화읍 북문길 42
강화 천도 시절의 궁궐터, 외규장각 복원 건물과 내부를 돌아볼 수 있다.

★ **삼랑성과 전등사**
주소 인천광역시 강화군 길상면 온수리 산42번지
병인양요 당시 양헌수 장군이 프랑스군을 물리친 정족산성과 고려시대 지어진 고찰
인 전등사가 있다.

★ 강화풍물시장

주소 인천광역시 강화군 강화읍 중앙로 17-9

강화도 전통 공예품인 화문석과 각종 특산품, 밴댕이정식, 순무 김치 등 다양한 먹거리가 있는 전통시장이다. 현대식 건물이고, 건물 앞에 275대 주차가 가능한 주차장이 있다.

★ 강화도령 화문석 체험 (shop2.seastarbucks.cafe24.com/index.html)

강화도 특산품인 화문석 제작을 체험해 볼 수 있는 프로그램이다.

★ 동막해변

주소 인천광역시 강화군 화도면 해안남로 1481

강화도 동남부에 위치한 해변으로 모래가 많아 해수욕장으로 인기가 있다. 예약제로 사용 가능한 야영장이 있고, 주변에 식당, 펜션 등이 많다. 주차는 도로변 공영주차장에 할 수 있다. 주말에는 많은 관광객들이 찾는다.

Part 3

충청도와
전라도

15 공주

공산성에 올라 의자왕의
억울함을 풀어 주자

시온아, 오늘은 공주 공산성에 올라 보자. 공산성은 웅진 백제 시절 왕궁이 있던 곳이란다. 금강이 내려다보이는 경치가 아주 멋진 곳이지. 앞에는 강, 뒤에는 자연스러운 언덕으로 군사적으로 방어하기 좋은 지형이네. 철통같이 방어하면 강한 적과 싸워도 오랫동안 버틸 수 있을 것 같구나.

백제의 고난과 멸망

475년 백제는 고구려에 의해 지금의 풍납토성 일대의 한성이 함락되고, 개로왕이 전사하는 비극을 겪게 돼. 이후 지금의 공주인 곰나루 웅진(熊津)으로 수도를 옮기고 나라를 정비했단다. 그리고 마침내 무령왕(재위 501-523년) 때 '다시 강국이 됐다'고 말할 정도로 국력이 회복되고, 성왕 때 지금의 부여인 사비(泗沘)로 수도를 옮기게 됐지. 성왕은 백제의 진흥왕과 연합해 고구려로부터 한강 유역을 되찾지만, 신라의 동맹 파기와 뒤이은 신라와의 전투(554년)로 관산성(지금의 옥천)에서 전사하는 비극적인 최후를 맞게 된단다. 신라는 이때 죽은 성왕의 머리를 관청 계단 아래에 묻고, 신하들로 하여금 밟고 지나가게 하는 굴욕을 주었다고 해. 이후 백제는 이 원수를 갚기 위해 절치부심(切齒腐心-몹시 분하여 이를 갈고 속을 썩인다는 뜻)해 성왕의 증손자인 의자왕 때 대야성을 쳐서(642년) 김춘추의 딸과 사위를 죽였단다. 이에 분개한 김춘추가 목숨을 걸고 당나라로 찾아가 백제를 쳐달라고 끈질기게 요청했어. 이후 나당연합군을 이뤄 백제를 무너뜨리고(660년) 의자왕은 당나라로

❶ 지금의 풍납토성, 토성 안에 아파트 단지가 들어섰다. ❷ 웅진 백제시절 왕궁이 있던 공산성 ❸ 공산성 앞에 있는 금강은 몽촌토성 앞의 한강을 연상시킨다.

끌려가게 되지.

의자왕은 백제 700년 역사를 지키지 못한 패망 군주로 나중에는 야박한 평가를 받았단다. 삼국사기를 쓴 김부식은 "임금이 궁녀들을 데리고 음란과 향락에 빠져서 술 마시기를 그치지 않았다"고 의자왕의 말년을 묘사했어. 여기에 의자왕이 삼천 궁녀를 거느렸고, 사비성이 함락할 때 낙화암에서 삼천 궁녀들이 백마강에 몸을 던져 죽었다는 가공의 이야기가 더해지면서, 의자왕은 우리나라의 대표적인 방탕한 왕의 이미지를 갖게 됐지.

하지만 같은 삼국사기나 의자왕의 재위 기간을 기록한 구당서((舊唐書), 자치통감(資治通鑑) 같은 중국 측 자료를 보면 의자왕은 "용맹스럽고 담이 크며 결단력이 있었고, 어버이를 효도로 섬기고 형제와 우애롭게 지내 당시에 해동증자(海東曾子)라 불리었다"고 한다. 초기에 신라와의 싸움에서 승승장구하며 교만해졌을 수 있지만, 김부식이 말한 것처럼 방탕한 왕은 아니었을 거라는 게 많은 학자들의 추측이란다. 하지만 고대의 역사는 결국 승자의 기록이기에 패자인 의자왕은 조롱당하고, 무능하고 방탕한 왕이었다는 불명예를 안게 될 수밖에 없지.

큰 그림을 보지 못한 의자왕의 잘못

의자왕의 가장 큰 실수는 당시 국제 정세를 제대로 읽지 못한 것이라고 할 수 있지. 당시 신라는 자주국의 상징인 독자 연호를 포기하고, 당나라 관복을 입고 강대국인 당나라와의 외교에 모든 것을 걸고 있었어.

그런 가운데 백제는 당나라와의 관계를 회복하지 못하고, 고구려와의 동맹도 강화하지 못한 게 결국 국가의 멸망으로 이어졌다고 볼 수 있고.

흔히 이런 모습을 전투에서 이기고 전쟁에서 졌다고 하거나, 전술은 좋은데 전략이 약했다는 말을 한단다. 의자왕은 신라와의 사소한 전투에서는 많이 이겼지만, 가장 중요한 전쟁에서 져서 나라를 잃었지. 결국 국가 간의 전쟁이나 개인 간의 싸움도 마지막에 누가 살아남느냐가 중요한 거지.

이런 전쟁의 원리를 잘 설명한 고전이 바로 《손자병법》이란다. 군인이 아니더라도 이 세상에서 현명하게 살기 위해서 어떻게 해야 하는지를 배울 수 있는 중요한 고전이지. 손자는 싸우지 않고 이기는 것이 최상이고, 싸워야 한다면 확실히 이길 수 있는 곳에서 싸우라고 했단다. 좀 더 개념화해서 말하면 "최소한의 피해로 최대한의 전략적 목적을 달성하는 것"이라고 할 수 있단다. 이런 원리는 개인적으로도 적용해 볼 수 있지. 최대한 다른 사람과 싸우지 않는 것이 가장 좋고, 어쩔 수 없이 싸워야 한다면 반드시 이길 수 있는 싸움만 하라는 거지.

예식 장군의 배반과 공산성에서의 항복

이런 외교와 전략의 실패뿐 아니라, 의자왕에게는 운도 따라 주지 않았단다. 당시 나당연합군은 오로지 사비성 함락만을 목표로 빠르게 진격해 왔기 때문에, 의자왕은 남아 있는 지방 병력을 이용해 전쟁을 장기전으로 끌고 가면서 충분히 전세를 뒤집을 기회가 있었지. 그리고 고구려와 왜의 원병이 제때 도착하면 보급선이 늦어진 당나라 군대와 한번 싸워 볼만도 했단다. 그래서 사비성을 빠져나와 방어가 더 용이한 여기 공산성으로 들어왔는데, 공산성에서 예상치 못한 일이 벌어졌단다. 웅진 일대를 관할하던 귀족 예식(禰植)이 의자왕과 태자를 체포해서 당나라에 항복해 버리고 말았단다. 그리고 예식은 이 배신의 대가로 당나라에서 대장군 직위를 받고 잘 살다가 그곳에 묻히게 되지. 다른 역사서에는 이 기록이 자세히 나오지 않는데, 예식의 묘비명이 중국에서 발견되며 세상에 알려지게 됐단다. 그리고 이 덕분에 의자왕의 불명예도 어느 정도 씻기게 됐단다.

한 나라의 역사도 그렇고, 개인의 삶도 그렇고, 일이 안 되려면 어이없는 사건으로 그동안의 공든 탑이 한순간에 무너지는 경우가 많단다. 또 반대로 일이 되려면 정말 불가능할 것 같은 일이 기적같이 일어나기도 하고, 생각지도 않은 사람이 나타나 도움을 주기도 하지. 그래서 동양의 현자들은 평소에 덕을 쌓아 인생의 어려운 시절을 대비하라고 했단다. 어차피 인생은 좋고, 나쁠 때가 있는데 좋을 때 다른 사람을 돕고 세상에 이로운 일을 하면, 어려운 일을 당할 때 하늘이 도와줘서 위험에서 벗어나거나 어려움을 최소화할 수 있다고 생각했지.

백제를 다시 일으켜 세운 무령왕

공산성 부근에는 이곳 공주에서 백제를 다시 일으켜 세운 무령왕릉이 있단다. 1971년 우연히 발견된 무령왕릉은 무령왕과 왕비의 합장묘로

부넘의 주인을 알려 주는 묘지석(墓誌石)과 함께 도굴되지 않은 채로 발견된 귀중한 문화유산이란다. 무령왕릉은 이전의 왕릉 건축 양식인 돌방무덤이 아닌 벽돌무덤 양식이어서 중국 남조 문화의 영향을 많이 받은 것으로 본단다. 남조는 중국에서 진(晉)나라가 망하고 수(隋)나라가 다시 중국을 통일하기까지의 시기(南北朝時代: 386~589년)에 중국 남쪽에 있던 송(宋), 제(齊), 양(梁), 진(陳) 네 나라를 말한단다. 백제는 특히 남제(南齊)라고 불리는 제나라(479-502년), 이후 양나라(502-557년)와 많은 교역을 하고 문화를 받아들였던 것 같아.

　백제 왕릉은 서울의 석촌동, 방이동, 여기 공주 송산리, 부여 능산리 등에 위치했는데, 주인을 알 수 있는 무덤은 무령왕릉 하나 밖에 없단다. 대부분의 무덤이 도굴됐는데, 특히 일제강점기 때 일본인들이 부장품을 도굴해 일본으로 밀반출한 것도 상당하단다. 도굴의 경우 묘지석이 나와도 그것을 밝히면 자기의 도둑질이 드러나기 때문에 공개하지 않지. 그렇기 때문에 도굴되지 않은 온전한 왕릉인 무령왕릉이 더욱 가치 있는 것이란다. 무령왕은 다른 많은 백제왕들과 달리 전쟁터에서 죽거나

무령왕릉이 발견된 송산리 고분군

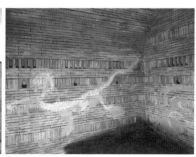
무덤 안은 벽돌로 쌓여져 있고 벽화도 있다.

암살당하지 않고, 62세까지 장수하다가 돌아가셨단다. 그리고 무덤도 도굴당하지 않았고. 살아서도 죽어서도 복이 많은 분 같구나.

공산성에 올라 금강을 내려다보면, 휘몰아치는 큰 물줄기가 마치 한강과 비슷하구나. 한성에서 피난을 와 이곳에 자리를 잡은 백제 왕족들은 금강을 보며 한강과 비슷한 느낌을 받았을 것 같아. 한강변에 왕궁을 지었던 한성처럼, 금강변인 이곳 공산성에 왕궁을 짓고, 다시 한성으로 돌아갈 날을 꿈꾸었는지도 모르지.

신동엽 시인은 장편 서사시 〈금강(錦江)〉에서 이런 글귀를 남겼단다.

백제,

천오백년,

별로 오랜 세월이 아니다.

우리 할아버지가

그 할아버지를 생각하듯

몇 번 안 가서

백제는

우리 엊그제, 그끄제에 있다.

공산성에 올라 보니 시인의 이 말이 무슨 뜻인지 조금은 알겠구나.

심샘의 추천자료

♥ 《손자병법》 손무 저 / 김원중 역 | 휴머니스트 | 2020년

♥ 《꼬마 손자병법》 문경민 글 / 민은정 그림 | 비룡소 | 2015년

♥ 《금강 −창비전작시01》 신동엽 저 | 창비 | 1999년

　→ '껍데기는 가라'로 유명한 부여 출신 신동엽 시인이 쓴 금강과 동학농민혁명을

　배경으로 한 장편 서사시다.

♥ 〈KBS 역사추적〉 의자왕 항복의 충격 보고서

♥ 〈KBS 한국사전〉 백제! 다시 강국이 되다 − 중흥군주 무령왕

♥ 〈YTN 사이언스〉 백제 역사를 새로 쓴 무령왕릉

심샘의 꿰알 정보

★ **공산성** (www.gongju.go.kr)

주소 충청남도 공주시 웅진동 웅진로 280 (041−856−7700)

운영 매일 09:00~18:00 / 설 · 추석 당일 휴무

유네스코 세계문화유산으로 지정된 백제 역사 유적 지구의 하나로 금강을 바라보는 왕성의 모습을 돌아볼 수 있다. 경치가 좋아 가슴이 탁 트이는 곳이다. 어른 기준 1,200원의 입장료가 있다.

★ **무령왕릉**

주소 충청남도 공주시 웅진동 왕릉로 35 (041−856−3151)

공주 송산리 고분군 안에 위치했고, 내부의 모습과 유품은 고분군 안 박물관에 잘 전시돼 있다. 무령왕릉 부근에 공주 한옥마을이 있어, 한옥 체험도 하고 인근의 유적지를 돌아볼 수 있다.

★ **국립공주박물관** (gongju.museum.go.kr/gongju)

주소 충청남도 공주시 웅진동 관광단지길 34 (041-850-6300)

운영 매일 09:00~18:00 / 1월 1일, 설 · 추석 당일 휴무

송산리 고분군 부근에 위치했다. 무령왕릉 부장품, 지방 귀족들에게 선물로 주었던 금동 신발 등 웅진 백제시대의 유물이 잘 전시돼 있다.

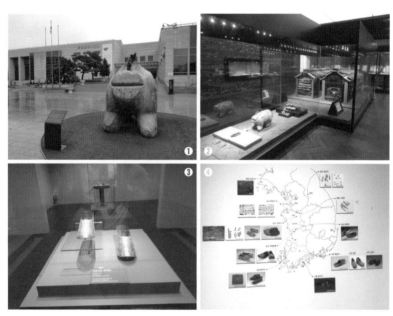

❶ 국립공주박물관 ❷ 무령왕릉의 내부 모습이 생생하게 재현돼 있다. ❸ 백제 왕실에서 지방 권력자들에게 내려 주던 금동 신발 ❹ 금동 신발은 백제의 영향력이 미치던 지역 곳곳에서 발견된다.

16 증평

간장게장을 먹으며
증조할머니와의 추억을 떠올려 보자

시온아, 오늘은 점심으로 간장게장을 먹어 보자. 게가 뭔지는 알지? 집게발이 있고, 다리가 여러 개 있는 갑각류 동물이지. 게도 여러 가지 종류가 있는데, 연평도 꽃게와 영덕대게가 유명해. 보통 참게나 꽃게를 가지고 양념게장이나 간장게장을 만들어 먹기도 하고, 다른 해산물과 함께 넣고 끓여 탕으로 먹기도 하지. 간장게장은 여러 가지 재료를 넣은 간장을 끓이고 식힌 다음 게를 산 채로 푹 담가 절이기를 반복해서 만든단다. 갓 지은 쌀밥에 간장게장을 함께 먹으면 어느새 밥 한 그릇이 뚝딱 없어진다고 해서 '밥도둑'이라는 별명이 붙었지.

사실 간장게장은 너에게는 증조할머니이고, 아빠한테는 할머니가 좋아하셨던 음식이란다. 1920년대 태어나셔서 아흔 살까지 사시다 돌아가셨지. 증조할머니는 아빠를 많이 사랑해 주셨고, 아빠도 할머니를 많이 좋아하고 따랐단다. 할아버지께서 서울에서 사업에 실패하시고 시골에 내려가 농사를 지으실 때, 가끔 와서 농사일도 도와주시고 아빠와 작은 아빠를 돌봐주시기도 했지. 여름방학 때면 할머니를 뵈러 여주에 있는 큰아버지댁에 자주 갔고, 할머니는 그때마다 옥수수도 쪄 주시고, 맛있는 음식도 해 주시며 아빠를 잘 보살펴 주셨어.

증조할머니는 할아버지를 포함해 5남 2녀의 7남매를 낳고 기르셨단다. 원래 할아버지 위로 고모할머니 한 분이 더 계셨는데, 어려서 일찍 돌아가셨다고 하더구나. 농사짓고 살림하면서 어떻게 7남매를 낳고 기르셨는지 지금은 상상이 안 되는 삶을 사셨지.

증조할머니 세대의 힘든 여인의 삶

아래는 릴리어스 호튼 언더우드 선교사가 쓴 《상투의 나라》라는 책에 나오는 개화기 시절 우리나라 여인들의 모습을 묘사한 내용이란다. 증조할머니가 어떤 삶을 사셨는지 볼 수 있는 내용이라 아빠가 책의 일부를 발췌해서 옮겨 봤어.

"김씨 부인의 생활은 힘들었다. 쌀은 완전히 정미되지 않은 채 반만 껍질이 벗겨 나오기 때문에 커다란 절구에 넣고 무거운 공이로 오랜 시간 빻

어린 시절을 함께해 주신 할머니, 할머니가 좋아하시던 간장게장을 먹으며 할머니와의 추억을 나눠 보자.

아야 한다. 물은 멀리 머리에 이고 날아 왔으며, 놋쇠 그릇의 수저의 윤기를 내야 하고 의복을 빨고 다려야 한다. 게다가 가축을 돌보고 불도 피운다. 시골 아낙네들은 들에 나가 목화씨를 뿌리고 담배와 쌀과 보리 가꾸기를 돕는다. 그들은 기거하고 일하는 작고 어두운 방에서 자신들의 옷감을 짜고 의복을 만들어 입는다. 그들은 겨울에 사용할 채소를 준비하여 말리며, 많은 힘을 들여 그들의 작은 등잔에 사용할 아주까리기름을 짜낸다. 또, 가을에는 그해 먹을 김치를 담근다."

아빠가 네 할아버지나 고모할머니께 들은 증조할머니의 젊은 시절 모습은 위와 같았다고 해. 전기밥솥이 있는 것도 아니고 밥 한 끼 지어 먹을 때도 바가지에 벼를 박박 문질러 쌀을 구해야 했고, 쌀밥은 명절 때나 먹을 수 있어 평소에는 수수와 보리를 먹었는데 이마저도 배불리 먹지 못했단다. 또, 세탁기도 없이 산더미 같은 빨래를 해야 했고, 겨울이면 언 손을 불어 가며 개울가에서 식구들 빨래를 하셨단다. 틈이 나면 집안일뿐 아니라 밖에 나가서 남편의 농사일도 도와야 했고. 이렇게 힘들게 살림하며 아이들을 돌보고 농사도 도왔지만, 증조할아버지에게 사랑과 대접을 제대로 받으셨던 것도 아니고, 평생 고생만 하셨지.

증조할아버지가 암으로 일찍 돌아가시고, 증조할머니는 큰할아버지와 함께 오래 사셨는데, 말년에는 큰할머니와의 고부 갈등으로 힘들어하셨단다. 결국 큰 다툼이 몇 차례 있은 후 집을 나오셔서, 둘째인 우리 집이 모시게 됐지. 그렇게 증조할머니는 마지막 10년을 우리 집에서 같이 사셨단다.

증조할머니가 덮어 주신 쭈쭈바 사건

아빠에게는 증조할머니 하면 생각나는 큰 사건이 하나 있단다. 아빠가 5살인가 6살 때쯤의 일이야. 그때 우리 집 형편이 어려워서 쭈쭈바라고 하는 얼음과자 하나도 제대로 먹기 힘든 때였다. 할머니는 여름에 50원짜리 쭈쭈바를 하나 사서 반을 잘라 아빠와 작은 아빠에게 나눠 주시곤 했지. 쭈쭈바 맛을 본 아빠는 더 먹고 싶었지만 방법이 없었단다. 그러던 어느 날 아빠는 증조할머니가 동전 몇 개를 장롱 속 지갑에 넣는 모습을 봤어. 어려서 돈에 대한 정확한 개념은 없었지만, 가게에서 저것을 주면 쭈쭈바를 받았던 기억이 났지. 그래서 증조할머니 몰래 몇 백원을 훔쳐서 동네 구멍가게에서 쭈쭈바를 3개 샀지. 하나는 먹고, 두 개는 손에 쥐고 구멍가게를 나오는데, 저 멀리 증조할머니가 가게 쪽으로 오시는 거야! 아빠는 깜짝 놀라서 쭈쭈바를 뒤에 숨기고 냅다 도망쳤단다. 증조할머니가 아빠를 불렀지만 못 들은 척하고 멀리 도망갔지. 그때 남은 쭈쭈바는 몰래 먹었는지, 어디 버렸는지 기억도 나지 않는구나. 그러고는 저녁에 집에 와서 자려고 누웠는데, 증조할머니가 고모할머니에게 이런 말을 하는 것을 들었단다.

"혹시 내 지갑에서 돈을 가져갔니? 몇 백 원이 비는데."

"아이, 엄마가 어디 다른 데 뒀겠지. 잘 찾아보세요."

"낮에 정섭이를 구멍가게 앞에서 마주쳤는데 날 보고 막 도망가던데, 혹시 정섭이가 가져간 건 아니겠지?"

이 이야기를 듣고 아빠는 화들짝 놀랐단다. 마음속으로 증조할머니가 할머니에게 내가 도둑질한 이야기를 하면 이제 할머니에게 맞아 죽겠다는 생각이 들었지. 그때 할머니는 아빠가 잘못하면 모질게 매를 때리셨거든.

그런데 아침이 오고, 또 다음 며칠이 지나도 할머니는 아빠를 혼내지 않았고, 증조할머니도 더 이상 별 이야기를 하지 않으셨어. 지금 생각해 보니 증조할머니는 손자가 돈을 훔친 것을 며느리에게 이야기하거나, 따지고 벌주기보다 그냥 넘어가 주신 것 같아. 그리고 이런 게 바로 엄마, 아빠가 주지 못하는 할머니, 할아버지의 사랑과 자비라는 것을 나중에 알게 됐단다.

보통 젊은 엄마, 아빠들은 이런 일을 겪으면, 어린 애가 어려서부터 도둑질한다고 난리가 나지. 이런 잘못된 습관 하나가 아이의 인생을 망칠 거라는 두려움에 잘못을 용서하고 사랑으로 덮어 줄 용기가 나지 않는단다. 하지만 여러 아이를 키워 보고, 자식들이 사는 모습을 보고 50,

60년의 삶을 경험한 할아버지, 할머니들은 좀 더 인생을 여유 있게 볼수 있는 것 같아. 어려서 부모 말을 잘 듣는다고 해서 아이들이 커서 다잘 되는 것도 아니고, 어려서 부모 속을 썩인다고 해서 아이들의 인생이망가지는 건 아니라는 인생의 진리를 아신 것 같아.

하여간 아빠는 그때 이후로 증조할머니에게 더욱 빚진 마음이 들었단다. 그리고 언젠가 크면 그때 훔쳤던 돈을 돌려드려야겠다고 생각했지. 이후 아빠가 대학에 가고 아르바이트를 해서 용돈을 벌었을 때, 아빠는 증조할머니께 소고기 구이를 사드리며 작은 용돈을 드렸단다. 증조할머니는 "아유, 우리 손주 돈도 없을 텐데, 이 비싼 걸 왜 사 줘? 할미는 그냥 밥만 먹어도 돼."라고 말씀하시며 아주 고마워 하셨단다.

나중에 증조할머니께서 간장게장을 좋아하신다는 이야기를 할머니께 듣고, 서울의 유명한 간장게장 집에서 포장해 자주 사다 드렸단다. 그때마다 증조할머니께서는 "아유, 이 비싼 걸 왜 이리 자주 사다 줘. 할미는 그냥 매끼 해 주는 밥 먹는 것도 황송한데."라고 말씀하셨단다.

증조할머니를 좀 더 잘 모시지 못한 안타까움

증조할머니를 우리 집에서 모시며 시간 나는 대로 관광지에 가서 구경도 시켜드리고 맛있는 것도 많이 사드리며, 증조할머니께서 아빠와 우리 집에 주신 사랑과 은혜를 갚고 싶었는데 그 시간이 그리 길지는 못했단다. 손목과 다리를 다치시고, 자주 밖에 나가지 못하시면서 치매가 왔고, 마지막 몇 년은 집에서 거의 앉아만 계셔야 했지. 이후 증조할머니 상태가 더 안 좋아져서 할머니가 대소변을 받아 내며 고생을 많이 하셨고. 좀 더 일찍 할머니가 건강하실 때 우리가 모셨어야 했는데 그러지 못한 게 후회된단다.

증조할머니는 마지막 한 달 간은 거의 물 이외에 아무것도 드시지 못하다가, 시골 할아버지 댁에서 평안하게 돌아가셨단다. 아빠도 증조할머니의 마지막 가시는 길을 지켜보았지. 이후 꿈에서 증조할머니를 보았는데, 옥빛 한복을 곱게 차려 입으시고, 얼굴에 큰 미소를 띠시고 하늘로 올라가고 계셨단다. 아빠는 증조할머니가 고생 많았던 이 세상의 삶을 잘 마무리하시고, 더 좋은 곳으로 가셨음을 확신할 수 있었단다.

아빠가 늦은 나이에 너를 얻고 네 돌잔치를 할 때, 함께해 주신 일가 친척들에게 감사 인사하며 이런 이야기를 했지.
"오늘 이 뜻깊은 자리에 와 주셔서 감사합니다. 한 가지 아쉬운 점은 제가 좀 더 일찍 아이를 봐서 할머니께 증손자를 안겨드렸어야 했는데, 그러지 못한 게 아쉽네요. 할머니가 보셨다면 얼마나 기뻐하실지…."

이 이야기를 하며 왈칵 눈물이 쏟아져서 말을 제대로 잊지 못했단다. 이 글을 쓰면서도 계속 눈물이 흐르며 증조할머니 생각이 나는구나.

증조할머니를 기억해 주렴

오늘은 이렇게 증조할머니가 좋아하시던 간장게장을 너와 같이 먹으며 증조할머니 이야기를 나누니 너무 좋구나. 그리고 해마다 명절 때 가는 남한강공원묘지 기억나니? 네가 태어난 이후 한 해도 빠지지 않고 같이 갔었지. 바로 그곳이 증조할머니가 묻혀 계신 곳이란다. 앞으로 아빠가 네 곁에 없을 때라도 시간 날 때면 잊지 말고 증조할머니 묘도 찾아가 관리해 주면 고맙겠구나. 누구보다도 아빠를 사랑해 주고, 아빠의 어린 시절 든든한 버팀목이 되어 주신 증조할머니를 기억해 주렴. 아빠가 어렸을 적 받은 많은 정서적인 상처에도 불구하고, 평안한 마음을 유지할 수 있던 힘은 바로 증조할머니의 사랑이었단다. 아빠가 너를 키우며 많이 인내하고 사랑으로 대할 수 있는 것도 바로 증조할머니 덕분이니 증조할머니를 잊지 말고 꼭 기억해 주렴. 또 이후에 간장게장 잘하는 집을 알게 되거든 가족들과 같이 가서 먹으면서 증조할머니와 아빠 이야기도 너의 자녀들에게 해 주렴.

아이들 증조할머니를 모시고 민속촌에 갔을 때

심샘의 추천자료

♥ 《조선의 모습 / 한국의 아동생활 / 상투의 나라》

E.G. 켐프, L. H. 언더우드, E. 와그너 저 / 신복룡 역 | 집문당 | 2019년

 심샘의 깨알정보

★ **꿀밥**

주소 충청북도 증평군 증평읍 초중5길 43 (043-838-0802)

운영 매일: 11:00~15:00 / 일요일 휴무

조그만 한식당인데 찾는 손님이 많다. 산채, 꼬막, 오징어비빔밥, 차돌박이 백반, 간장게장 백반 등의 한식 메뉴가 있다. 음식이 정갈하고 담백하다. 점심에만 영업을 하며, 찾는 손님이 많아 미리 예약을 하고 가야 한다.

★ **커피안뜰**

주소 충북 증평군 증평읍 충청대로 1603 (010-3710-8531)

운영 매일 10:00~22:00 / 설 · 추석 당일 휴무

초중리에 있는 유명한 커피숍이다. 실외에는 멋진 석조 조형물이 많고, 작은 정원도 잘 가꿔져 있다. 커피숍 안에도 넓은 의자와 편안한 인테리어로, 조용히 이야기하거나 책을 보기 좋은 장소이다.

작은 조각 공원이 있는 커피안뜰

★ **독서왕 김득신문학관**

주소 충북 증평군 증평읍 인삼로 93 (043-835-4691)

증평 시내에 있는 김득신문학관

운영 매일 09:00~18:00 / 매주 월요일, 1월 1일, 설 · 추석 당일 휴무

김득신은 어려서 천연두를 앓아 부족해진 지적 능력을 같은 책을 수백 번씩 읽고 암송하는 노력으로 극복한 조선 최고의 독서왕이다. 증평군립도서관 옆 기념관에 그의 생애와 업적이 잘 전시돼 있다.

★ 의암 손병희 선생 유허지(遺虛址)

주소 충북 청주시 청원구 북이면 의암로 234 (043-201-0920)

증평 가까운 곳에 천도교(동학) 지도자이자, 민족대표 33인 중 일인으로 3.1운동을 주도했던 의암 손병희 선생의 유허지가 있다. 유허란 남긴 터라는 뜻으로 역사적인 인물이 태어났거나 임시로 머물렀던 곳 또는 순절한 곳을 이른다. 손병희 선생의 생가가 복원돼 있고, 사당과 기념관이 정비돼 있다. 외진 곳에 있어 찾는 이가 그리 많지 않다.

손병희 선생 유허지 전경과 동상

★ 운보의 집

주소 충청북도 청원군 내수읍 형동2길 92-41 (043-213-0570)

만 원권의 세종대왕 초상을 그린 우리나라의 대표적인 동양화가인 운보 김기창 화백의 말년 생가와 운보미술관, 야외 조각공원이 있는 곳이다. 생가는 예술적이고 고풍스런 정원으로도 유명한데, 2019년에 〈미스터 션사인〉이라는 드라마 촬영장으로 사용

❶ 만 원권의 세종대왕 초상과 영정을 그린 운보 김기창 화백 ❷ 조선시대 모습으로 예수의 생애를 그리기도 했다. ❸ 말년에 머물던 생가 ❹ 우리나라 100대 정원으로 꼽히는 아름다운 정원과 건물 모습

되기도 했다. 생가 지하에는 예수의 생애를 조선시대 민중의 삶으로 묘사한 작품이 전시돼 있다. 운보는 어려서 앓은 질병으로 청력을 상실해 평생 듣지 못했지만, 예술혼으로 장애를 극복했다. 다만 일제 말기 일본 군국주의와 전쟁을 찬양하는 작품을 남겨 친일작가의 오점을 남겼다.

★ 증평 벨포레 목장과 에듀팜

주소 충북 증평군 도안면 벨포레길 346

증평의 원남저수지 부근 경치가 좋은 산지에 에듀팜이라는 리조트가 있다. 블랙스톤 골프장과 루지, 벨포레 목장이 문을 열었고, 이후 더 많은 휴양 시설이 들어설 예정이다. 특히 벨포레 목장에서는 양과 말을 방목하며, 양몰이 공연과 승마 체험 프로그램이 있어 아이들과 함께 오는 가족들이 많다. 또한 루지 체험도 가능한데 만 3세, 키 85cm 이상의 아이부터 어른과 동반 탑승할 수 있다. 다양한 크기의 콘도도 있고 한식당, 양식당이 있어 리조트 안에서 모든 것이 해결된다. 성수기와 주말에는 사람들이 많이 몰린다. 비성수기 주중에 방문하면 더 한적하게 돌아볼 수 있다.

목장에서 매일 13 : 30분에 양몰이 공연을 볼 수 있다.

블랙스톤벨포레 사이트 https://www.blackstonebelleforet.com/index.do

17 증평 좌구산 천문대

하늘의 우주와
내 안의 우주를 바라보자

시온아, 오늘은 증평 좌구산 천문대에 가 보자꾸나. 천문대 너무 멋지지 않니? 아빠도 어려서 천체 망원경으로 별자리를 보고, 달을 보았으면 하는 소원이 있었지. 그런데 그 꿈을 수십 년 흘러 좌구산 천문대에서 이뤄 보는구나.

천문대 투어는 미리 예약을 하고 가야 하는데, 전체를 다 둘러보는 데 한 시간 정도 걸린단다. 밤에는 가이드 해 주시는 분이 별자리에 대해 설명해 주고, 망원경을 통해 별과 목성 등 밝은 천체(天體)를 볼 수 있게 도와주신단다. 지금은 다른 프로그램으로 대체된 것 같은데 전에 왔을 때는 시청각실에서 우주 탐험이라는 영상을 봤단다.

❶ 국내 최대 356mm 굴절 망원경 ❷ 야외에 설치된 망원경 ❸ 실외의 태양계 조형물 ❹ 드넓은 우주 속에 지구는 물론 우리 태양계도 하나의 점보다 작다.

지구에서 출발해 우주로 갔다가 다시 지구로 돌아오는 영상이었는데, 우주가 얼마나 광대한지 그리고 그 안에서 지구와 태양계, 우리 은하가 얼마나 작은지를 온몸으로 느꼈지. 그리고 행성과 행성 사이, 별과 별 사이, 은하와 은하 사이가 얼마나 넓고 광대한지를 깨달았는데, 아빠는 큰 감동을 받았단다.

우주와 원자의 세계 그리고 우리

한 가지 재미있는 게 뭔지 아니? 우주에서 작용하는 물리 법칙과 가장 유사한 모습이 나타나는 곳이 가장 작은 세계라고 할 수 있는 원자 속이란다. 전에는 더 이상 나눌 수 없는 가장 작은 물질의 단위를 원자라고 알고 있었는데, 과학이 발달하며 원자 안에는 원자핵과 전자 그리고 이들을 구성하는 수많은 소립자(素粒子, elementary particle)가 있다는 것을 알게 됐지. 그리고 재미있게도 원자핵과 전자의 거리는 비율적으로 보면 서울역에서 수원역 정도의 거리라고 해. 이렇게 보면 이 세상에 존재하는 모든 물질은 텅 비어 있지만, 무언가로 채워져 있는 것이라고도 할 수 있지. 이게 무슨 말인지 알겠니?

우리 몸은 텅 비어 있는 엄청난 공간들이 모여 꽉 채워진 몸으로 나타나는 거야. 우주도 텅 비어 있는 것 같지만, 수많은 별들과 행성으로 꽉 차 있다고 할 수 있지. 태양에서 은하에 있는 다른 별까지 가는 데 수천 광년을 가야 한다고 해. 한 별과 한 별 사이가 텅 비어 있는 거나 마찬가지지. 하지만 그런 수많은 별들이 모여 우주를 꽉 채우고 있다고 할 수 있고. 정말 신비하지 않니?

또 하나 놀라운 것은 20세기 과학의 법칙을 불교의 세계에서는 이미 2500년 전부터 정확히 파악하고 있었다는 거야. 반야심경에는 이런 말이 있단다. "형태가 없는 것이 형태가 있는 것이고, 형태가 있는 것은 형태가 없는 것이다." 또, 화엄경에는 "작은 티끌 안에도 온 우주가 있다(一微塵中 含十方, 일미진중함시방)"는 말이 있지. 지구 안의 모든 물질은 본질적으로 보면 텅 비어 있는 것인데, 텅 빈 것들이 모여 꽉 찬 것을 만들고 있지. 또 꽉 차 있는 것 같지만, 결국 모든 것이 썩어지고 텅 비어진 물질의 상태로 돌아가지.

그리고 더 흥미로운 것은 별을 구성하는 물질이나 우리 몸을 구성하는 물질이 같다는 기야. 별을 구성하는 수소와 헬륨에서 출발한 물질들이 여러 화학 과정을 거치며 탄소, 산소, 질소 등의 물질로 변한다고 해. 탄소, 산소, 질소 등은 우리 몸뿐 아니라 모든 생명체를 구성하는 물질이지. 그래서 옛날부터 사람도 하나의 작은 우주라고 했고. 정말 재미있지 않니? 이 세상은 지구 밖의 거대한 우주와 사람이라고 하는 작은 우주가 같이 살아가는 거야. 그리고 별도 사람도 태어나고, 자라고, 죽고, 사라지고, 다시 작은 물질로 돌아가는 삶을 반복하지.

칼 세이건의 《코스모스》

이런 재미있는 우주의 세계를 잘 설명한 고전으로 칼 세이건의 《코스모스》라는 책이 있단다. 아빠도 언젠가는 한번 제대로 읽어야지 했지만, 지금껏 전부 읽지는 못했네. 우선 책이 너무 두꺼워서 용기 내기가 쉽지 않았단다. 혹시 이런 이야기가 재미있으면 어린이를 위한 우주 이야기 책이나 코스모스 다큐 영상을 먼저 보고, 나중에 본 책을 도전해 보렴.

《코스모스》 첫 장에는 이런 글이 있단다.

앤 드루언에게
광활한 우주와 영겁의 시간 속에서
애니와 함께 이 행성과 이 시대에 사는 것은 내게는 큰 기쁨입니다.

For Ann Druyan

In the vastness of space and the immensity of time,

it is my joy to share a planet and an epoch with Annie.

너무 멋진 말 아니니? 애니라고 불린 앤 드루언은 칼 세이건의 아내이자, 코스모스 책과 다큐 제작을 도운 동역자란다. 사실 이 말은 내가 우리 가족들에게 해 주고 싶은 말이기도 하단다. 이 광활한 우주와 시간 속에서, 같은 지구에서 너와 같은 시간을 보내는 것이 내게는 가장 큰 기쁨이란다. 그리고 '오늘 하루를 또 하나의 기쁨의 순간으로 살자'라는 마음이 너와 함께 지구별 여행을 하는 아빠의 다짐이기도 하단다.

《코스모스》의 첫 구절은 이렇게 시작한단다.

우주는 지금도 있고, 과거에도 있었고, 미래에도 있을 것이다.

The Cosmos is all that is or ever was or ever will be.

이 말도 평생 살아가면서 곰곰이 생각해 봐야 할 말이 아닐까 싶구나. 우주는 이렇게 영원한데, 사람도 그럴 수 있을까? 《탈무드》에서는 사람은 유한하지만 자식을 낳고 기르면서 자신의 가치와 생각을 후대에 전할 수 있다면, 영원히 사는 것과 마찬가지라는 이야기가 있단다. 이 역시 재미있는 생각 아니니? 우리가 이 땅에서 살아가는 동안 하늘의 우주와 우리 안의 우주에 대해 좀 더 많이 안다면 더 행복한 삶을 살 수 있지 않을까?

심샘의 추천자료

♥ 《코스모스 특별판》 칼 세이건 저/홍승수 역 | 사이언스북스 | 2006년

♥ **코스모스 다큐 영상**

♥ **지구에서 우주까지 줌 영상**

(유튜브에서 'from earth to the universe'라고 검색하면 다양한 버전의 영상을 볼 수 있다.)

 **심샘의 깨알정보**

★ **증평좌구산천문대 (jp.go.kr/star.do)**

주소 충북 증평군 증평읍 솟점말길 187 (043–835–4571)

운영 매일 10:00~21:00(동절기), 22:00(하절기) / 월요일, 1월 1일, 설 · 추석 당일, 공휴일 휴무

천문대 소개와 예약은 천문대 홈페이지에서 할 수 있다.

관람료는 어른 기준 1인당 5,000원이다. 천문대 캠프도 운영하므로, 홈페이지를 참조해서 다양한 프로그램을 활용해 본다.

★ **좌구산자연휴양림**

주소 충북 증평군 증평읍 솟점말길 107 좌구산자연휴양림 (043–835–4551)

증평 좌구산 입구인 율리 일대에는 좌구산휴양림과 더불어 김득신과 거북이를 테마로 한 휴양테마파크가 있다. 짚라인과 눈썰매장이 있고, 주말에는 좌구산 명상 구름다

리를 보기 위해서 많은 관광객들이 찾는다.

좌구산휴양림에는 별장 형태의 펜션 숙소가 있다. 주말에는 거의 예약이 꽉 차 있고, 주중에는 미리 예약하면 여유가 있다. 또, 휴양림 부근에 비슷한 시설과 가격대의 율리휴양촌이 있다. 관광 안내와 예약은 숲나들e 사이트에서 좌구산 편을 참조한다.

❶ 좌구산 명상 구름다리 ❷ 거북이와 노력을 테마로 한 거북바위정원 ❸ 여름에 운영하는 계곡 수영장과 짚라인, 눈썰매장 등의 시설도 있다. ❹ 노력의 대명사 백곡 김득신의 묘

18 단양

단양팔경을 돌고 구경시장에서
마늘만두를 먹어 보자

시온아, 오늘은 충북에서 가장 유명한 관광명소인 단양을 둘러보자꾸나. 단양은 자연과 역사, 문화가 어우러진 아주 재미있는 곳이란다. 기회가 되면 일년 정도 이곳에 살면서 천천히 단양의 구석구석을 돌아보고 싶은 생각이 든다.

농촌 유학의 모범 사례, 한드미마을

아빠가 처음 단양을 찾은 이유는 한드미마을 때문이었단다. 이 마을에서 도시 아이들을 받아 농촌유학프로그램을 잘 운영하고 있다고 해서 직접 방문해 보았지. 마을에서 운영하는 펜션에서 하루 자고 유학 온 아이들과 이장님도 만나 봤단다. 지금도 그렇지만 충북의 작은 군들은 점점 인구가 감소하고, 아이들도 줄어서 폐교되는 학교가 많아. 아름다운 자연이 있지만 점점 도시로 떠나는 젊은이들을 잡을 방법이 없었지. 한드미마을의 농촌유학센터도 2006년 폐교 위기에 몰린 대곡분교를 살리기 위해 시작됐단다. 12명의 아이가 부족해 폐교될 위기에 처하자 학생들을 찾기 위해 농촌유학센터를 시작하게 됐지. 이장님과 마을 주민들이 일본의 산촌 유학 사례를 연구해 우리 실정에 맞게 농촌 체험 캠프를 만들고, 도시 학생들을 유치해서 결국 학교를 지켜 냈단다. 이후 많은 분들이 헌신적으로 노력해 전국에서 가장 모범적인 센터형 농촌 유학 모델을 만들었단다.

최근에 한드미마을 카페에 들어가 보니 여전히 잘 운영되고 있고, 지금은 중학생 유학반까지 생겼더구나. 보통 체험 캠프를 거쳐 일 년 단위

한드미마을 농촌유학센터, 마을에서 기숙사를 마련해 도시 학생들이 시골에서 살며 학교를 다닐 수 있도록 지원한다. 소백산 자락 가곡면에 자리 잡은 마을 일대는 산과 계곡으로 둘러싸인 청정지역이다.

로 유학을 오는데, 시골에서의 단체 생활에 적응하지 못하고 돌아가는 친구들도 있지만, 대부분은 시골 생활에 만족하며 학교생활도 잘하고 있다고 해. 이곳에 있는 동안 스마트폰도 쓰지 않고, 자연 속에서 지내지만 더 재미있게 놀고 공부도 잘하고 있다고 하고.

하지만 한드미마을도 그렇고, 다른 유명한 기숙형 대안학교를 돌아보고 아빠는 교육에서 가장 중요한 부모와 가정이 빠져 있다는 게 계속 마음에 걸렸단다. 부모의 역량이 부족한 가정에서는 이런 좋은 교육 시설에 아이를 맡길 수도 있지만, 근본적인 교육의 대안은 되기 힘들다는 생각이 들었지. 그래서 아빠는 좀 더 힘든 길이지만 가정 중심의 교육을 대안으로 모색하고 뜻을 같이 하는 분들과 이를 실천하게 됐지.

단양팔경

단양은 '단양팔경'이라고 불리는 뛰어난 자연경관으로 유명한 곳이란다. 소백산맥 자락에서 내려오는 아름다운 계곡들과 남한강이 만들어내는 멋진 경치가 단양팔경을 이루지. 단양팔경은 퇴계 이황이 단양군수로 일하던 8개월 동안 단양의 명소를 돌아보고 선정했다고 해. 옥순봉, 구담봉과 같은 산봉우리, 남한강 중간에 섬처럼 솟아 있는 도담 삼봉과 부근의 석문, 선암계곡의 상선암, 중선암, 하선암, 그리고 돌병풍처럼 우뚝 솟은 사인암을 8경이라고 하지. 이중 옥순봉과 구담봉은 충주호 유람선을 타고 돌아보거나, 등산으로 오를 수도 있단다. 옥순봉과 구담봉에서 내려다보는 남한강이나 충주호도 절경이라고 하는데 너희

❶ 소백산 자락과 남한강 유역 곳곳에 위치한 단양의 절경 ❷ 넓은 바위가 많은 하선암 ❸ 상선암 일대에는 넓은 주차장이 있고 생태 공원도 조성돼 있다. ❹ 운선계곡에 우뚝 솟은 사인암

들이 좀 더 크면 한번 도전해 보자꾸나.

　이 두 곳 외의 다른 단양팔경은 비교적 접근이 쉽다. 단양팔경 중에 개인적으로 제일 마음에 들었던 곳은 선암계곡의 하선암이란다. 상선암, 중선암도 좋지만, 하선암의 넓은 바위 옆으로 깨끗하고 시원한 물줄기가 흐르는 모습이 정말 보기 좋았지. 초여름이나 초가을 볕이 따뜻할 때, 하선암의 넓은 바위 위에 누워서 맑은 하늘을 보면 신선이 된 듯한 느낌이 든단다. 단, 오늘 돌아봐서 알겠지만 하선암 부근은 제대로 된 주차장이 없어서 주말이나 성수기에 오면 차를 대기 힘들지. 사람들이 별로 없는 평일에 오면 좋겠구나.

괴산의 유명한 계곡들

사실 계곡 하면 할아버지가 계신 괴산도 유명한데, 화양구곡도 있고 쌍곡계곡도 있단다. 쌍곡계곡은 여름에는 시원한데, V자형 계곡으로 폭이 그리 넓지 않고, 경치 좋은 곳은 대부분 펜션이나 식당이 차지해서 차 대고 가볍게 내려가 보기 쉽지 않아. 이에 비해 화양구곡은 관광지로 잘 개발돼서 주차장도 크고 접근성이 좋지. 다만 전체가 너무 넓고 입구에서 금사담 등 주요 명소까지 많이 걸어야 하는 단점이 있단다. 서울에서 손님이 올 때마다 자주 화양구곡에 들러서 송시열과 화양서원, 만동묘(萬東廟)에 대한 이야기를 들려드렸단다.

명나라에 대한 의리를 지키고, 청나라는 배격한다는 논리로 시대에 뒤처진 성리학 교리를 붙잡고 양반 기득권을 지키려고 했던 송시열과

❶ 속리산 화양동계곡에 위치한 화양구곡 ❷ 주희가 푸젠성 무이구곡에 은거한 것처럼, 송시열은 화양구곡 금사담에 암서재를 짓고 말년을 보냈다. ❸ 임진왜란 때 도움을 준 명나라 황제들에게 제사 지내던 만동묘 ❹ 송시열 사후 제자들이 화양서원을 건립하고, 제사를 빌미로 온갖 비리와 착취를 일삼다 대원군 때 철폐됐다.

그의 제자들의 노력이 남아 있는 장소이기도 하지. 송시열이란 인물에 대해 할 말이 많은데 오늘의 주인공은 아니니 다음 기회에 해 줄게. 하여간 괴산의 계곡들에 비해 단양의 계곡들은 접근성이 좋은 장점이 있구나. 차를 타고 가다가 주차하고 금방 내려가 볼 수 있고, 물줄기도 훨씬 더 힘찬 것 같아.

도담삼봉과 조선의 설계자 정도전

또 다른 단양의 명소는 도담삼봉(嶋潭三峰)이란다. 도담은 이곳 지명이고, 삼봉은 남한강 푸른 물 위에 섬처럼 솟은 3개의 봉우리를 말해. 조선의 개국공신 정도전은 이곳에서 어린 시절을 보낸 것 같은데 도담삼봉을 좋아해서 자신의 호를 삼봉이라고 지었다고 해. 가운데 제일 큰 봉우리인 장군봉에는 삼도정이라는 정자가 있는데 정도전이 만든 것이고, 중앙정치에 진출한 이후에도 마음이 흔들릴 때면 이곳에 들러 생각을 정리했다고 하네.

도담삼봉 전경

정도전의 동상과 시비

정도전은 조선의 실계자라고 불리는 혁명가란다. 고려왕조를 개혁해 보자는 정몽주와는 달리 아예 새로운 나라를 만들자는 혁명가였고, 실제 이성계를 도와 조선왕조를 설계하고 만들었지. 새로운 수도인 한양 건설에도 큰 역할을 했고, 숭례문, 흥인지문과 같은 한양의 4대문과 경복궁의 전각이나 문 이름도 대부분 정도전이 지은 것이라고 해. 하지만 이후 태종 이방원과의 정치적 갈등 속에서 죽고 말았지. 그래도 태종은 그의 정책을 대부분 계승하고 후손도 완전히 멸하지 않아서, 나중에 자손들은 《삼봉집》이라는 문집도 다시 낼 수 있었지.

정도전은 이후에도 영조, 정조, 고종 등에 의해 수없이 재평가됐고, 현대에서도 자주 인용되곤 하지. 노무현 대통령은 "영웅이 시대를 만든다고 했지만 아닌 것 같다. 조선시대의 대표적 영웅으로 여겨지는 세종과 정조는 시대의 흐름을 바꾸지 못한 반면 조선의 개국공신 정도전은 불교에서 유교 성리학으로 변화를 이끌고 시대의 흐름을 크게 바꿨다."라고 평가했다고 해. 노 대통령은 좋은 뜻을 가졌지만 끝내 뜻을 이루지 못한 역사적 인물보다 실제적인 변화를 만든 역사의 주인공을 더 좋아했다고 하더라고.

정도전 연구의 대가는 한영우 교수님이란다. 독재정권 시절 논문을 쓰기 위해 조선왕조실록을 읽다가 양반 지주 계급의 이익만을 지키고자 하는 봉건 왕조인 줄 알았던 조선이 사실은 민본(民本)을 가장 큰 가치를 두고 세워진 나라이고, 그 설계를 정도전이 한 것을 발견한 후 정도전 연구에 매진하셨다고 해. 시간이 되면 아빠가 추천한 정도전 관련 책도 읽어 보렴. 이후 500여 년간 나라를 이끌어 갈 큰 틀을 만들었지만, 인생의 마지막은 정적에게 살해돼 '미완의 혁명가'라는 별명도 붙지.

도담삼봉은 단양팔경 중에서도 사람들이 가장 많이 찾는 명소이기도 하단다. 도담삼봉 유원지에는 황금색으로 된 정도전 동상과 주변에 정도전의 시와 글귀가 있단다. 최근에 정도전 스토리관도 생겨서 그의 생애를 한눈에 볼 수 있으니, 천천히 돌아보며 조선의 설계자 정도전의 삶에 대해 한번 생각해 보렴.

단양적성비

자, 이제 도담삼봉을 돌아 좀 더 오랜 역사의 흔적이 있는 곳으로 가 볼까? 바로 단양적성비가 있는 곳이란다. 적성(赤城)은 고구려 산성의 이름인데, 신라 진흥왕 때 신라군이 죽령을 넘어 진격해 적성을 함락시키고 단양 일대를 차지했단다. 진흥왕은 여기서 더 나아가 한강 유역과 지금의 함경도 지역까지 영토를 확장하며 북한산, 황초령, 마운령에 순수비를 세웠단다. 순수비(巡狩碑)는 임금이 정복한 영토를 살피며 돌아다닌 곳을 기념하기 위해 세운 비석이고, 적성비는 척경비(拓境碑)라고 해서 왕이 새로운 땅을 다스리게 된 것과 공이 있는 사람들을 기념하는

아직도 산성의 흔적이 남아 있는 단양 적성

단양적성비

내용을 남은 비석이란다.

아빠는 단양적성비에 대해 초등학교 때부터 들었는데 수십 년이 지나고 이제서야 직접 보게 됐구나. 국립박물관에서 모형을 봤지만 실제 위치에서 본 것은 처음이란다. 적성을 올라, 적성비의 위치에서 산 밑쪽을 내려 보니, 왜 여기가 군사 요충지인지 느낌이 오더구나. 지금도 이곳으로는 중앙고속도로가 지나는데, 옛날에도 경상도 땅에서 죽령을 넘어 단양을 지나 지금의 원주나 경기도 쪽으로 나가기 위해서는 이곳을 꼭 지나야 했단다. 임진왜란 때도 왜군의 1군은 조령, 2군은 죽령, 3군은 추풍령을 넘어 한양으로 가려고 했지. 지금으로 말하면 조령은 문경새재, 죽령은 중앙고속도로, 추풍령은 경부고속도로 길이라고 할 수 있지.

지금의 충북 일대는 초기에는 고구려, 백제 땅이다가 진흥왕 때부터 신라 땅으로 편입된 곳이 많단다. 충주에는 충주 고구려비가 있고, 증평의 추성산성이나 청주의 상당산성은 백제가 쌓은 것이지. 원래 신라는 백제와 연합군을 이뤄 죽령 이북의 10개 성읍을 같이 점령했는데 나중에 고구려와 동맹을 맺고 백제를 고립시키지. 이에 분노한 백제 성왕이 왜와 가야에서 병사를 모아 신라 관산성(지금의 옥천)전투를 진행하다, 적의 매복에 걸려 전사(554년)하는 비극을 겪게 되지.

단양의 다채로운 볼거리

단양은 이외에도 정말 볼거리가 많단다. 단양 고수동굴도 유명하고, 굽이쳐 흐르는 남한강과 단양 시내 일대를 한눈에 볼 수 있는 만천하스카

❶ 만천하스카이워크에서 내려다본 남한강과 단양 시내 전경 ❷ 만천하스카이워크, 엘리베이터가 없어 걸어서 올라가야 한다. ❸ 수양개선사유적지 옆에 만들어진 수양개빛터널 ❹ 수양개빛터널 안의 전시물 ❺ 마늘약선정식 ❻ 줄을 서야 살 수 있는 단양구경시장 마늘만두

이워크, 수양개빛터널과 수양개선사유물 전시관도 볼 만 하지. 또 단양의 9번째 구경거리라는 단양구경시장도 안 들러 볼 수 없지. 단양의 특산물인 마늘을 이용해 만든 다양한 먹거리가 풍부한 전통시장이란다. 마늘만두, 마늘닭강정, 마늘떡갈비 등이 유명하지. 그리고 만천하스카이워크에는 짚라인이나 패러글라이딩을 탈 수 있는 곳도 있단다.

이렇게 단양은 좋은 자연과 역사 유적지를 갖추고, 새로운 관광 상품과 먹거리까지 더해 충북 최고의 관광지로 발돋움했지. 하루 이틀로는 부족하고 최소한 일주일 정도 여유 있게 시간을 갖고 돌아볼 만한 곳이란다. 통계를 찾아보니, 2020년 10월 기준으로 단양 인구는 2만 9천 명정도 되는구나. 전에는 3만 명이 넘었던 것 같은데 단양도 계속 인구가주는 것 같아. 아이들이 살기 좋은 곳인데 좀 더 많이 알려지고, 한드미마을처럼 새로운 교육적 도전도 잘 되어 많은 아이들이 단양에서 어린시절의 좋은 추억을 만들면 좋겠구나.

그리고 단양 옆에 있는 제천도 꼭 한번 들러 볼 만한 곳이란다. 우리나라에서 제일 오래된 인공 저수지인 의림지가 있고, 청풍호반 케이블카를 타고 비봉산 정상에서 내려다보는 충주호 일대의 모습은 장엄하단다. 충주호는 1986년 충주댐이 완공되면서 생겼는데, 충주댐은 홍수조절과 수력 발전을 위한 다목적 댐이야. 단양을 휘감아 돌고 지나간 남한강 물줄기를 충주 부근에서 막아 만들어졌단다. 이 댐의 건설로 충주, 제천, 단양 일대가 물에 잠기며 생긴 거대한 호수가 충주호고, 제천 일대의 호수는 청풍호라고 부른단다. 단양팔경인 옥순봉과 구담봉은 충주호 유람선을 타고 돌아볼 수 있으니 날씨가 좋으면 유람선도 한번 꼭 타보렴.

심쌤의 추천자료

♥ 《재상 정도전》 민병덕 글 / 김창희 그림 | 살림어린이 | 2014년

♥ 《왜 정도전은 새로운 사회를 꿈꾸었을까? 정도전 vs 이방원》

　문철영 저 | 자음과모음 | 2011년

　　→ 자음과 모음의 한국사법정 시리즈는 역사상 대립되는 두 인물의 법정 다툼 형식

　　으로 구성해 역사적 사건과 인물의 주장을 흥미로운 방식으로 서술하고 있다.

♥ 《정도전: 왕조의 설계자》 한영우 저 | 지식산업사 | 1999년

　　→ 정도전 연구의 권위자로 불리는 한영우 교수의 정도전 평전이다. 정도전의 사상

　　을 집중적으로 조명했다.

♥ 《정도전과 그의 시대》 이덕일 저 | 옥당 | 2014년

♥ 〈KNN 최강1교시〉 정도전, 그는 누구인가? 최초의 조선인, 정도전

♥ 〈KBS 영상한국사〉 한양 수도 설계의 기본 원리와 설계자 정도전

♥ 〈광주MBC 애니다큐 〉선비의 길 – 정도전 편

 심쌤의 깨알정보

★ 한드미농촌유학센터 (cafe.daum.net/handemy)

주소 충북 단양군 가곡면 한드미길 31–1

단양 한드미마을에서 운영하는 모범적인 농촌유학센터이다. 여름, 겨울 체험 캠프와

정규 유학 프로그램에 대한 다양한 정보를 볼 수 있다.

★ **충주호유람선** (www.chungjuhocruise.co.kr)

주소 충북 단양군 단성면 월악로 3811-19 (043-422-1188)

장회나루에서 출발해 옥순봉과 구담봉 등 충주호 주변을 돌아보는 유람선이다. 온라인으로도 예매가 가능하다.

옥순봉

구담봉

★ **단양 관광** (www.danyang.go.kr/tour)

단양의 관광명소에 대한 자세한 정보는 단양군 사이트에서 확인할 수 있다.

① **만천하스카이워크**

주소 충북 단양군 적성면 애곡리 94 (043-421-0015)

② **수양개선사유물전시관과 수양개빛터널**

주소 충북 단양군 적성면 수양개유적로 390 (043-423-8502)

Tip 단양팔경과 주요 명소 돌아보기 계획

차를 타고 이동한다면 도담삼봉과 고수동굴의 북쪽 일대, 선암계곡과 사인암의 남쪽 일대, 옥순봉과 구담봉의 충주호 방면으로 나누어 돌아보는 것이 거리와 시간을 줄일 수 있다.

19 강진 다산초당

삶이 우리를 속일지라도
너무 슬퍼하지 말자꾸나

시온아, 오늘은 강진에서 다산 정약용 선생의 발자취를 따라가 보자꾸나. 너와 여행하며 종종 다산 선생 이야기를 했지. 수원 화성을 돌아보면서, 절두산의 천주교 박해 사건을 이야기할 때도 다산과 그의 형제들에 대해 언급한 것 같고.

정약용 선생은 별명이라고 할 수 있는 호(號)도 많단다. 잘 알려진 다산(茶山)뿐 아니라 사암(俟菴), 탁옹(籜翁), 태수(苔叟), 자하도인(紫霞道人), 철마산인(鐵馬山人), 문암일인(門巖逸人)이 있고, 집 이름이면서 별명처럼 부른 당호(堂號)는 여유당(與猶堂)이란다. 호만 많은 게 아니라 능력도 다재다능하셨지. 백과사전에서도 다산을 조선후기의 관료이자 실학자, 저술가, 시인, 철학자, 과학자, 공학자로 기재했단다.

지은 채도 500여 권이 넘고, 연구 주제도 철학, 역사, 지리, 정치, 경제, 의학, 공학 등 거의 모든 분야에 걸쳐 있단다. 한마디로 조선의 레오나르도 다빈치이자 문·이과를 넘나든 조선의 천재였다고 할 수 있지.

조선 천재의 파란만장(波瀾萬丈)한 삶

그런데 조선 천재의 삶은 결코 순탄치 않았단다. 자신이 큰 잘못을 하지 않았음에도 많은 역경과 고난을 겪어야 했지. 정치적 반대 세력의 핍박과 시기(猜忌), 그리고 시대를 잘못 타고난 대가를 본인과 가족들이 톡톡히 치러야 했단다. 사실 우리 역사에서 이런 사례가 다산이 처음은 아니지. 신라의 천재 최치원은 어떻게 죽었는지 모르게 사라졌고, 허균은 역적으로 몰려 비참한 죽음을 맞이했지. 하지만 다산은 최치원처럼 은둔을 택하지도 않았고, 허균처럼 끝까지 정치에 발을 담그다가 화를 당하지도 않아. 자신의 때가 아님을 알고 현실을 받아들이며 연구와 저술에 힘써서 시대를 뛰어넘는 삶을 살 수 있었단다.

다산의 마흔 이전의 삶은 그리 나쁘지 않았단다. 22살(1783, 정조7년)에 과거(初試)에 합격해 지금의 서울대라고 할 수 있는 국립대학 성균관에 들어가고, 이후 정조의 질문 과제를 잘 수행하며 정조의 눈에 들게 됐지. 28살(1789, 정조13년)에는 관직을 받았고, 유명한 한강 배다리 설계에 참여하게 됐단다. 이때부터 정조가 돌아가신 1800년, 다산의 나이 39살 때까지 여러 관직을 거치고, 화성(수원성) 축조에 참여하고, 암행어사로도 활동하는 등 어찌 보면 전성기를 보냈지. 특히 정조는 다산을 동생처럼 아끼고, 모함이 올라와도 다산을 믿고 지켜 주는 등 임금과 신하의 관계를 넘어서는 아름다운 우정을 보여 줬지.

하지만 정조가 갑작스럽게 승하(昇遐, 임금이 세상을 떠남)하고 다산을 눈의 가시처럼 여기던 노론벽파라는 보수 세력이 권력을 독점하면서 다산의 삶은 나락으로 떨어지고 말았단다. 결국 천주교 연루 문제로 여기 강진까지 유배를 오게 됐지.

강진에서의 낮은 삶

강진에 왔을 때도 다산을 적대시하는 고을 수령의 위협으로 아무도 다산을 돌봐 주지 않았단다. 그때 다산에게 도움의 손길을 내민 사람이 '동문매반가(東門賣飯家)'라는 주막집의 할머니였다고 해. 이 주막집 할

❶ 다산초당으로 가는 길 '뿌리의 길' ❷ 귀향지의 친구 백련사 혜장스님을 만나러 가던 오솔길 ❸ 다산초당 현판과 정약용의 초상 ❹ 안경을 쓰고 있는 정약용의 초상

머니는 시울에서 귀향 온 양반에게 "아버지는 씨앗이고, 어머니는 땅인데 왜 여자는 존중받지 못하는가?" 같은 도발적인 질문을 했다고 하네. 다산은 이 할머니와 이야기를 나누며 "나는 뜻밖의 일로 크게 깨닫고 경계하며 깨우쳐서 주인집 할머니를 공경하게 되었다. 하늘과 땅 사이의 미묘한 위치가 바로 밥을 팔면서 세상을 살아온 주인집 할머니에 의해 드러나게 될 줄 누가 알았겠는가? 신기하기가 이를 데 없다."라고 이때의 일을 기록했단다.

그리고 절망에서 벗어나 "생각(思)과 용모(容貌)와 언어(言語)와 행동(行動)의 네 가지를 바로 잡자"는 마음으로 자신의 방을 '사의재(四宜齋)'라고 부르고 다시 공부하며 아이들을 가르치는 일을 했다고 하지. 사의재는 '네 가지 마땅한 바를 공경한다'라는 뜻이란다. 이후 여기 다산초당으로 거처를 옮겨 제자도 기르고, 맹렬한 연구와 저술 활동을 하게 되지. 다산초당으로 올라가는 길은 나무뿌리가 그대로 드러난 신기한 모습이어서 '뿌리의 길'이라고도 한단다. 다산을 만나러 가는 길을 좀 더 신비하게 만드는 느낌이야.

어둠 속에 빛이 있다

다산이 이런 시골에서 많은 책을 읽고, 충분한 연구를 할 수 있었던 기반은 외가인 해남 윤씨 집안이 강진과 가까운 해남에 있었기 때문이라고 해. 다산이 9살 때 돌아가신 어머니 해남 윤씨는 윤선도, 윤두수 등으로 이어지는 해남의 명문가 출신이었단다. 윤선도는 남인(南人)을 대표하는 학자였고, 사신으로 중국까지 다녀온 사람들도 많아서 윤씨 가문의 저택인 녹우당(綠雨堂)에는 수만 권의 장서가 있었단다. 노론이나 남인은 당시 정치 세력인 당파를 부르는 이름인데, 선조 때 동인(東人)과 서인(西人)으로 나누어진 게 시초란다.

하여간 죽으라는 법은 없다고 형도 귀향 가고, 동생은 죽고, 완전히 집안이 망해 가는 가운데서도 생각지 못한 방법으로 다산에게 공부할 수 있는 기회가 주어졌단다. 어둠 속에 한 줄기 희망의 빛이 남아 있던 것이지. 지금 시점에서 보면 만약 다산이 계속 관직에 남고, 정치에 연루됐다면 500여 권의 저술을 할 수 없었겠지. 다산의 개인적인 고난이 우리나라 학문이나 역사 발전에는 큰 도움이 된 셈이야.

유배지에서 자녀들에게 보낸 편지

다산이 이곳 강진 유배지에서 아들들에게 보낸 편지를 보면 가슴 아픈 내용이 많단다. 아버지의 귀향과 가문의 몰락으로 벼슬길이 막혀 공부해도 소용없다고 좌절할 수 있는 아들들에게 다산은 결코 공부를 포기하지 말고, 먼저 인격을 수양하라고 엄히 가르쳤단다.

"내가 보아 하니 너희가 공부를 그만두려는 것 같은데, 정말로 무식한 백성이나 천한 사람이 되려느냐? 명문가(淸族)로 있을 때는 비록 글을 잘하지 못해도 혼인할 수 있고, 군역도 면할 수 있지만, 조상이 죄를 지어 벼슬을 할 수 없는 가문(廢族)으로 글까지 못한다면 어찌 되겠느냐? 배우지 않고 예절을 모른다면 새와 짐승과 무엇이 다르겠느냐? 폐족 가운네 닥월한 인재가 많은데 이는 과거(科擧) 공부에 얽매이지 않기 때문이다. 그러니 과거에 응시할 수 없다고 해서 스스로 꺾이지 말고, 경전 읽는 일에 마음을 기울여 글 읽는 가문의 씨가 끊어지지 않기를 간절히 바란다."

다산 스스로도 자신을 가다듬는 공부와 세상을 위한 연구에 몰두하며 18년의 유배 생활을 견디고 57세에 드디어 남양주 마재마을 고향으로 돌아왔단다. 그리고 남은 생을 학문에 매진하며 목민심서(牧民心書) 등의 명저를 남겼지.

어려움을 겪지 않은 위인은 없다

이런 다산의 삶을 보면, 우리 같은 평범한 사람들은 큰 위로와 용기를 얻을 수 있단다. 다산처럼 능력이 많고, 청렴하고, 바른 삶을 살았던 사람도 이렇게 험난한 인생을 살았잖아. 다산의 삶을 보며 우리도 세상이 우리를 알아주지 않는다고 해서 너무 좌절하거나 낙담하지 말고, 어려움 속에서도 희망을 찾고, 할 수 있는 일에 최선을 다해야 하지 않을까?

아빠는 어려서부터 위인전을 많이 읽었단다. 서울에 갈 때마다 작은 어머니나 친척들이 한 권씩 사 준 위인전기를 시골집에서 몇십 번씩 반복해서 읽었지. 이순신 장군, 안중근 의사, 링컨 대통령, 헬렌 켈러 이야기 등등. 그런데 이런 책의 공통점이 무엇인지 아니? 다 힘들고 어려운 시절이 있었다는 거야. 이순신 장군은 무과에도 떨어졌고, 오랫동안 알아주는 사람 없는 시골 무사의 삶을 살아야 했지. 링컨 대통령도 나가는 선거마다 떨어졌지. 하지만 포기하지 않고 때를 기다려 드디어 뜻을 이뤘어. 그리고 많은 위인들은 집안 형편이 어려운 환경에서 자랐단다. 그래서 아빠는 어려서 우리 집이 가난하고 힘들게 사는 것을 그리 이상하게 여기지 않았던 것 같아. 살면서 힘든 일이 와도 불평보다는 드디어 올 게 왔다는 마음이 들더라고. 위인전은 삶의 예방주사 같은 역할을 하는 것 같아. 우리나라 역사 가운데는 이렇게 다산처럼 평생을 바르게 살고, 실력도 탁월했던 훌륭한 인재들이 많이 있단다. 지금까지 너와 함께 만나 본 도산 안창호 선생, 몽양 여운형 선생도 있고, 유일한 박사님도 추천하고 싶구나. 너도 관심 있는 분야의 롤모델이나 위인(偉人)들의 전기를 많이 읽어 보렴. 인생을 좀 더 풍요롭게 사는 데 큰 도움을 받을 거야.

우리나라 곳곳에서 만날 수 있는 다산의 흔적

다산은 어려서부터 지방관으로 근무했던 아버지를 따라 우리나라 여러 곳을 다녔단다. 태어나고, 나중에 여생을 보낸 남양주뿐 아니라 서울 남촌, 경남 진주, 전남 화순, 경북 예천에도 살았었지. 그리고 그가 설계한 수원성에도 다산의 흔적이 있고. 이처럼 우리나라 곳곳에서 다산을 만날 수 있단다. 여기 강진과 수원성, 남양주 다산 유적지를 꼭 한 번 이상 들려 보렴. 그리고 남양주 다산 유적지를 가는 길에 유명한 두물머리가 있단다. 남한강과 북한강이 만나는 두물머리, 이 장엄한 자연환경이 다산이라는 걸출한 인재에게 좋은 기운을 준 게 아닌가 싶구나.

심샘의 추천자료

♥ 《정약용 목민심서 [개정판]》

　곽은우 글/조명원 그림/손영운 기획 | 주니어김영사 | 2019년

♥ 《만화 정약용과 그의 형제들 1–3》 탁영호 글그림 | 21세기북스 | 2012년

♥ 《정약용과 그의 형제들 1–3》 이덕일 저 | 다산초당 | 2012년

♥ 《유배지에서 보낸 편지》 정약용 저/박석무 역 | 창비 | 2019년

♥ 《다산은 아들을 이렇게 가르쳤다》 정약용 저/오세진 역 | 홍익출판미디어 | 2020년

♥ 〈목포 MBC〉 다산 탄생 250주년 특집 다큐멘터리

 심샘의 깨알 정보

★ **다산초당**

주소 　전라남도 강진군 도암면 다산초당길 68–35 (061–430–3911)

다산박물관 앞 주차장에 차를 대고, 산길을 따라 올라가면 다산초당이 나온다. 다산과 교류하던 혜장스님이 있던 백련사와 연결된 둘레길도 잘 조성돼 있다. 다산초당 올라가는 등산로 '뿌리의 길'도 유명하다.

★ **다산박물관 (dasan.gangjin.go.kr)**

주소 　전남 강진군 도암면 다산로 766–20 (061–430–3870)

다산초당 올라가는 길 아랫마을에 다산과 관련된 자료와 유물이 전시돼 있다.

★ 사의재와 한옥체험관 (www.gangjin.go.kr/sauijaehanok)

다산이 강진에서 처음 4년 동안 머문 주막을 사의재로 복원하고, 부근에 한옥체험관을 조성했다. 강진에서 숙박을 하고 일대를 천천히 돌아보는 일정이라면 한옥체험관에 들러 보는 것도 좋다. 2-10인실 등 다양한 크기의 방이 9개 있다. 주말에는 찾는 사람들이 많아 방을 예약하기 쉽지 않다.

★ 영랑 생가

주소 전남 강진군 강진읍 영랑생가길 15

강진군청 부근에 〈모란이 피기까지는〉 시로 유명한 영랑 김윤식의 생가와 세계모란공원이 있다.

★ 설성식당

주소 전남 강진군 병영면 삼인리 334-14 (061-433-1282)

운영 매일 11:00 - 19:00 (15:00~17:00 준비 시간) / 월요일 휴무

병영면은 연탄불고기로 유명하다. 저렴한 가격에 불고기 백반 한상이 푸짐하게 차려져 나온다. 찾는 손님이 많아서 주말에는 대기표를 뽑고 한참을 기다려야 한다.

★ 해태식당

주소 전남 강진군 강진읍 서성안길 6 (061-434-2486)

운영 매일 11:00 - 22:00 / 연중무휴

《나의 문화유산 답사기》를 쓴 유홍준 전 문화재 청장이 우리나라 3대 한정식 집 중 하나로 추천한 식당이다. 남도한정식의 정석을 보여 주며, 홍어삼합과 회, 돼지불고기, 잡채, 버섯탕수육 등 다양한 찬이 나온다. 1인분 30,000원이라는 다소 부담되는 가격에도 전국에서 찾는 손님이 많다.

★ 고산윤선도유적지

주소 전라남도 해남군 해남읍 녹우당길 130 (061-530-5548)

운영 매일 09:00-18:00 / 월요일, 1월 1일 휴무

윤선도 가문의 종가 녹우당 부근에 고산 윤선도 유물전시관이 있다. 녹우당은 더 이상 개방하지 않지만, 유물전시관과 근처 땅끝순례문학관 등을 돌아볼 수 있다. 땅끝순례 문학관에는 김남주 시인을 비롯한 해남 출신 문인들에 관한 자료들이 전시돼 있다.

→ 고산윤선도 유물전시관, 땅끝순례문학관 (gosan.haenam.go.kr)

★ 땅끝전망대 (tour.haenam.go.kr)

주소 전남 해남군 송지면 땅끝마을길 60-28 (061-530-5544)

해남은 우리나라 육지의 최남단이고, 이를 기념해 땅끝탑과 전망대 등이 만들어져 있다.

★ 천일식당

주소 전남 해남군 해남읍 읍내길 20-8 (061-535-1001)

운영 매일 09:30-21:30 / 명절 당일 휴무

역시 유홍준의 《나의 문화 유산 답사기》에 나오는 우리나라 3대 한정식 집 중 하나이다. (마지막 하나는 서울 인사동 영희네식당) 한우떡갈비정식(1인분 30,000원)이 주력 메뉴이다. 좀 더 저렴한 한우불고기정식(1인분 25,000원)도 있다.

20 익산

여기가 백제의 또 다른 왕도임을
알 수 있지 않니?

시온아, 오늘은 익산 미륵사지석탑과 왕궁리 유적지를 돌아보자꾸나. 백제는 기원 전 18년에 건국돼서, 660년 신라와 당나라에 망할 때까지 약 700여 년간 존속한 고대 왕국이야. 첫 수도는 우리가 서울에 살 때 자주 갔던 풍납토성 일대였지. 지금의 올림픽공원 안에 있는 몽촌토성이 별궁이고, 석촌동과 방이동에 있는 고분군이 왕이나 귀족들의 무덤이었던 것 같아. 그러다 백제는 475년 고구려 장수왕의 공격으로 풍납토성 일대 수도가 함락당하고, 개로왕이 전사하면서 큰 위기를 맞게 되지. 그리고 잔존 세력이 지금의 공주인 웅진으로 수도를 옮겨나라를 정비하고, 이후 성왕 때 부여(사비성)로 수도를 옮겼다가 의자왕 때인 660년에 멸망했단다.

보통은 이렇게 한성, 웅진, 사비 세 곳을 백제의 수도로 알고 있는데, 최근 고고학 발굴이나 연구 결과에 따르면 익산이 또 다른 백제의 수도였을 가능성이 제기되고 있단다.

백제의 수도였을 가능성이 높은 익산

특히 무왕 때 익산이 중요한 역할을 했던 것 같은데, 수도를 잠시 옮겼거나 옮길 준비를 하려고 한 역사적 증거들이 계속 나오고 있단다. 아마 부여를 제1 수도로, 익산을 제2 수도의 역할을 하게 하면서 여차하면 익산에서 재기하기 위한 기반을 마련했을 수도 있지. 이미 한 번 한성이 무너지고 천도한 역사가 있기에 항상 최악을 대비하는 준비를 했던 것 같아.

익산 왕궁리 유적지는 왕궁터와 정원, 공방(工房)터 등에서 유물들이 쏟아져 나와 이곳이 왕궁이었던 것이 확인됐다고 해. 그리고 여기 미륵사를 보면 정말 넓지 않니? 당시 삼국 최대의 사찰이었다고 하고, 비슷한 시기에 지어진 황룡사와 서로 경쟁하며 건물이나 탑을 올렸던 것 같아. 여기 미륵사지9층석탑을 보렴. 아빠가 어렸을 때 봤던 역사책에서는 무너져 내린 탑에 시멘트를 발라 보수한 사진이었는데, 이렇게 멋진 모습으로 복원됐더구나. 미륵사지석탑 복원은 20여 년이 걸린 큰 작업이었지. 일본사람들이 시멘트로 흉물스럽게 복원해 놓은 것을 해체해서 하나하나 다시 쌓아 올린 거란다.

일본사람들이 시멘트를 발라 놓은 것도 안타깝지만, 허물어져 가도록 방치한 조선시대의 관리나 지도자들이 더 원망스럽지. 아무리 유교 국가였고, 불교를 억제하는 정책을 썼어도 그렇지, 조상들이 만든 문화재를 이렇게 밖에 관리하지 못한 의식 수준이 안타깝구나. 조상들과 생각이나 종교가 달라도, 문화재는 나름의 평가를 받도록 잘 보존해서 후세에 물려주는 것이 옳지 않겠니? 하지만 조선시대에는 의지도, 지식도, 돈도 없는 참담한 상황이었던 것 같아. 이제 우리나라가 먹고사는 문제는 해결했으니, 다시는 이런 일이 없도록 해야겠구나.

현존 최고의 석탑인 미륵사지석탑

미륵사지석탑은 우리나라에 남아 있는 석탑 중에 가장 오래되고 큰 석탑으로 국보 11호란다. 백제 무왕대인 639년에 만들어졌다고 해. 초기 불교 탑은 나무로 만들어졌다가 점차 석탑으로 옮겨 갔는데, 미륵사지석탑은 목탑과 석탑의 중간 단계의 모습이란다. 여기서 좀 더 진화해 단순해진 목탑의 모습으로 만들어진 것이 정림사지오층석탑이고. 신라에서는 분황사 모전석탑 같은 중간 단계를 거쳐 석가탑과 같은 석탑 모양으로 발전했다고 해.

원래 당시의 전형적인 절의 구조는 탑 하나에 부처님을 모신 금당 하나였는데, 신라의 황룡사에서 탑 하나에 금당 3개를 만들자, 백제에서는 탑 3개에 금당 3개를 만들고, 크기도 황룡사보다 더 키워 당시 최대의 사찰을 만든 것 같아. 그래서 원래 미륵사에는 탑이 3개였는데, 좌우

❶ 엄청난 규모의 미륵사지터 ❷ 우리나라에서 가장 오래된 석탑인 미륵사지석탑 ❸ 일본인들이 시멘트로 복원했던 시절의 석탑 모습 ❹ 2009년에 발견된 금제사리봉안기 ❺ 간결한 목탑 양식의 정림사지오층석탑 ❻ 경주 분황사 모전석탑

에 석탑이 있고, 중앙에 거대한 목탑이 서 있었다고 해.

그리고 복원 작업이 진행되던 2009년에 탑 안에서 굉장히 중요한 유물이 나왔단다. 바로 사리봉안(신주나 화상을 받들어 모심)에 관한 금박 기록물이 나왔는데, 정식 명칭은 '금제사리봉안기(金製舍利奉安記)'라고 한단다. 이 기록을 보면 미륵사를 창건한 사람은 무왕의 왕후이고 좌평(佐平) 벼슬을 한 사택적덕(沙宅積德)의 따님으로 밝혀졌단다. 그런데 이게 왜 중요한지 아니? 이전까지는 삼국유사의 설화를 바탕으로 백제 무왕의 아내는 신라 선화공주였다고 생각했기 때문이지. 역사 기록과 유물 기록이 다를 수 있고, 역사 기록은 항상 어느 정도 걸러 들어야 함을 알 수 있는 중요한 발견이었단다.

글로 쓰인 역사는 걸러서 봐야 한다

보통 역사는 승자의 기록이라고 하잖아. 대표적인 것이 김부식의 《삼국사기》 같은 책이지. 삼국시대의 제대로 된 역사 기록이 거의 남아 있지 않은 상황에서 고대사를 알 수 있는 중요한 역사 기록물이기는 하지만, 이 책은 승자인 신라 중심의 기술과 사대주의적인 역사관으로 쓰여 많은 비판을 받았지. 실제 자세히 따져 보면 반드시 그렇지 않다는 반론도 많은데, 김부식과 같이 우리 역사를 작게 여기고 중국이나 큰 나라를 섬겨야 한다고 생각한 사람들이 우리나라의 주류와 지배층을 이뤘던 것은 사실인 것 같아. 지금도 그런 사람들이 우리나라에서 큰 목소리를 내고 있는 것 같고. 그래도 다행인 것은 아무리 몇몇 사람이 역사를 날조하고 왜곡하려고 해도, 유물과 유적은 거짓말을 하지 않는다는 점이야. 마치 법정에서 재판할 때 증언은 조작돼도 증거는 조작되기 힘든 것과 마찬가지이지. 역사나 재판이나 한 사람의 주장보다 그 주장을 뒷받침하는 증거에 더 초점을 두면 무엇이 진실인지 더 명확해진단다.

여기에 또 하나 주의해야 할 것이 있어. 일본제국주의는 우리나라 역사를 폄하하고, 우리가 식민 지배를 받아야 하는 무능한 민족임을 증명하기 위해 이른바 실증주의 사학이라는 명목으로 우리 역사를 깎아내리는 조직적인 작업을 수십 년 동안 했단다. 그리고 그들에게 교육을 받은 많은 우리나라 역사학자들이 이른바 '식민사관'에 젖어 우리 역사를 제대로 평가하지 않았다고 해. 그래서 우리는 제대로 된 역사관과 증거에 기초한 자료들을 중심으로, 잘못된 역사 인식을 하나하나 바로 잡아야 한단다.

그리고 역사에서는 '과거에 그러했으니까 지금 우리도 그렇다'라는 패배의식을 가져서는 안 된단다. 일제 역사가들은 조선인에게는 분열의 DNA가 있어 당쟁이 심했고, 단결이 안 되는 민족이었다거나, 한반도 국가들은 신라 이래로 중국에 사대하며 한 번도 자주적이지 못했다는 식의 평가를 했단다. 물론 어느 정도 우리 역사에 그런 면이 있는 건 사실이란다. 하지만 과거를 교훈 삼아 잘못된 것은 반성하고 앞으로 고치면 되는 거지, 잘못된 과거로 인해 지금의 우리 모습을 비하할 필요는 없단다. 민족주의적 감정에 취해 없는 사실을 지어내거나 과장해서 근거 없는 자신감을 가질 필요도 없지만, 일제나 몇몇 식민사관에 젖은 사람들이 하는 그럴 듯한 말에 흔들릴 필요도 없단다.

사실 지금 남아 있는 문화재에서 확인할 수 있는 우리 조상들의 뛰어난 자질과 업적만으로도 충분히 우리 역사에 자부심을 갖고 더 나은 미래를 만드는 원동력으로 삼을 수 있단다. 그래서 이렇게 부지런히 우리나라 곳곳의 중요 유적지를 다니며 조상의 숨결을 직접 느낄 필요가 있는 거야. 우리 조상들이 어떤 분들이었는지 제대로 알아야 비난하든지 칭찬하든지 할 것 아니겠니?

대승불교와 미륵보살 사상

마지막으로 이 절의 이름이 미륵사인데, 미륵(彌勒)이 무슨 말인지 아니? 미륵은 '자비'라는 의미를 포함한 인도말 마이트레야(Maitreya)를 한문으로 표기한 것인데 원래는 사람 이름이란다. 미륵은 원래 석가모니 부처님의 제자였다고 해. 인도 바라나시국(國)의 브라만 귀족 집안에서 태어나 부처님의 가르침을 받으며 수도하다가, 석가모니 부처님에게 다음 생에 부처가 되리라는 말씀을 들었다고 하지. 미륵신앙을 전하는 불경에 의하면 미륵이 죽은 후 도솔천(兜率天)이라는 천상 세계에 올라갔고, 하늘에 있는 사람들에게 법을 전하다가 오랜 시간이 흐른 후에 다시 이 세상에 태어나 화림원(華林園)의 용화나무(龍華樹) 아래서 부처가 된다고 하지. 그리고 3번의 설법(龍華三會)을 통해 수많은 사람들을 교화한다고 해서 미륵사 뒤편의 산을 용화산 혹은 미륵산이라고 하고, 미륵사의 탑과 금당이 3개인 것도 이런 내용과 관련이 있단다.

불교사를 보면 A.D.1세기 전후부터 출가한 수도자뿐 아니라, 평범한 사람들 모두가 깨달음을 얻으면 부처가 될 수 있다는 대승불교(大乘佛教) 사상이 생겼단다. 이 대승사상에서 중요한 존재는 깨달음을 얻고 이후에 부처가 될 사람인 보살인데, 미륵이 바로 보살의 대표적인 예이지. 그래서 지금 현생에서 대중을 구제하는 관음보살(觀音菩薩), 앞으로 미래의 대중을 구제할 미륵보살, 지옥에까지 내려가 대중을 구제하는 지장보살(地藏菩薩)에 대한 신앙이 발전하게 됐단다.

우리나라 역사 가운데서의 미륵신앙

미륵보살 혹은 미륵불 신앙은 어려운 현실을 이겨 내고, 앞으로 우리를 이끌어 깨달음을 줄 구원자를 기다리는 희망의 신앙이었단다. 유대-기독교 전통에서 말하는 메시야 개념의 불교 버전이라고 할 수 있지. 그런데 역사적으로 보면 어려운 현실을 견디고, 미래를 소망하고자 하는 신앙심을 이용해 내가 미륵이고, 내가 메시야라고 주장하며 많은 사람들을 속이는 사기꾼들이 나타났지. 가장 대표적인 사례가 통일신라 말기에 후고구려를 건국한 궁예 같은 사람인데 궁예는 자기가 미륵불이라고 주장했다고 해.

백제 무왕은 당시의 혼란스러운 정세를 안정시키고, 전쟁에 지친 백성들을 달래고, 미래에 대한 희망을 갖게 하기 위해 미륵사 창건을 적극 후원하며 당시 동아시아 최대의 사찰을 짓게 한 것 같아. 하지만 오히려 미륵사 창건 이후 몇십 년이 못 돼 백제는 신라와 당나라에 망하고 말았지.

미륵사 건립에는 수십 만의 인력과 비용이 들어갔을 텐데, 이 비용을 백성들의 삶을 좀 더 편하게 하고 군사력을 강화하는 데 썼으면 어땠을까? 물론 백제가 망한 것은 단순히 국력이 약해서라기보다, 신라가 끌어들인 당나라라는 외세의 힘이 너무 컸기 때문에 어쩔 수 없는 면도 있었지. 그래도 대형 토목공사보다 내실을 다지는 일을 했더라면 '백제가 좀 더 오래 버틸 수 있는 국력을 갖추지 않았을까?'라는 생각이 드는구나.

지금 행복해야 진짜 행복한 거야

그럼 이렇게 웅장한 석탑과 거대한 절터만 남은 이곳에서 우리는 무엇을 배울 수 있을까? 아빠는 계속 '지금 행복해야 진짜 행복한 거야!'라는 말이 생각나는구나. 사람들은 지금 어려움을 참고 앞으로 좋은 날을 소망하자고 말하잖아. 하지만 아빠는 언제부터인가 지금 행복해야 진짜 행복한 거라는 생각이 많이 들어. 미래는 어떻게 될지 아무도 모르지. 미륵신앙으로 백성들을 단결시키고, 백제의 중흥을 꿈꾸었던 무왕의 꿈은 어찌 보면 미륵사지석탑처럼 와르르 무너지고 말았지. 위에서 말한 대로 이 거대한 절과 탑을 지을 비용과 정성을 전쟁으로 지친 백성들을 쉬게 하고, 배불리 먹고살 수 있도록 썼다면 그 순간 많은 사람들이 더 행복하지 않았을까?

　개인적으로도 불확실한 미래를 위해 현재의 소중한 가치를 무시해서는 안 될 것 같아. 물론 이 말은 미래에 대한 적절한 대비 없이 지금 먹고, 마시고 흥청망청 살라는 것은 아니란다. 내일 이 세상의 종말이 온다고 해도 오늘 내가 무엇을 해야 할지를 분명히 알고, 자기가 원하는 삶을 사는 것이 더 중요하다는 말이지. 그리고 이런 판단력을 기르기 위해서는 '무엇을 해야 하는가'에 대한 고민보다, '내가 이 일을 왜 해야 하는가'에 대한 고민이 더 필요하단다. 결국 가치관이 바로 서야 삶의 우선순위도 바로 선다는 말인데, 이 점에 대해서는 나중에 좀 더 이야기를 나누자꾸나.

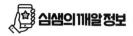 **심샘의 깨알 정보**

★ **국립익산박물관** (//iksan.museum.go.kr/)

주소 전라북도 익산시 금마면 미륵사지로 362 (기양리) 국립익산박물관

익산 미륵사지터 내에 국립박물관이 있다. 미륵사지석탑 복원 과정과 출토 유물이 상세히 잘 정리돼 있다.

★ **익산 왕궁리 유적지와 박물관** (www.iksan.go.kr/wg/index.iksan)

미륵사지석탑과 멀지 않은 곳에 백제 왕궁터로 추정되는 왕궁리 유적지와 박물관이 있다. 왕궁리오층석탑도 볼 수 있다.

★ **익산 보석박물관** (www.jewelmuseum.go.kr/)

주소 전라북도 익산시 왕궁면 호반로 8 (063–859–4641)

각종 보석의 원석과 가공 과정, 역사 유물 등이 전시돼 있다. 안팎으로 다양한 볼거리가 있다. 돌과 보석에 관심이 있는 아이들에게 아주 좋은 자연 학습 장소다.

★ **익산 공룡테마파크**

보석박물관 옆에는 대형 공룡테마파크가 있다. 실외에는 거대한 공룡 모형이 전시돼 있고, 실내에도 다양한 공룡 관련 자료들이 있다. 사진 찍기에 좋은 풍경이 많다. 공룡에 관심 있는 아이들에게 아주 좋은 놀이 장소다.

❶ 익산 왕궁리오층석탑, 정림사지석탑을 연상시킨다. ❷ 왕궁리 박물관 ❸ 익산 보석박물관 ❹ 다양한 보석 전시물이 있다. ❺ 익산 공룡테마파크의 야외 전시장 ❻ 실내에도 공룡의 역사와 생태에 관한 전시가 잘 돼 있다.

21 지리산 천왕봉

지리산은 전라남·북도와 경상남도에 걸쳐 있으나, 지역별 분량 배분상 전라도에 들어갔음을 양해 바랍니다..

이 땅에 사는 한
반드시 올라가 보렴

시온아, 오늘은 지리산 천왕봉에 올라 보자. 사실 천왕봉은 네가 엄마 뱃속에 있을 때 한 번 올랐던 곳이기도 하단다. 엄마는 마지막에 너무 힘들어 중간에 쉬고, 아빠만 천왕봉까지 올라가 보았지. 하지만 너도 이 한반도에 사는 동안 반드시 한 번 이상은 꼭 네 힘으로 천왕봉에 올라가 보면 좋을 것 같아.

아빠는 지금까지 살면서 금강산, 설악산, 북한산, 관악산, 치악산, 주왕산, 계룡산 등 유명한 산을 많이 올라갔는데 정상까지 간 것은 관악산 연주대(632m), 치악산 비로봉(1,228m) 정도 인 것 같아. 사실 1,000미터가 넘는 높은 산은 하루에 정상까지 다녀오기는 쉽지 않아서 넉넉히 일정을 잡고 준비를 많이 해야 한단다.

우리가 이 땅에 태어난 특권 중 하나는 백두대간이라고 하는 힘찬 산줄기에 솟은 명산을 오를 수 있다는 점이지. 그런데 이런 산을 정상까지 등반하는 건 20-30대 때 해 보는 게 좋은 것 같아. 체력적으로 오랜 시간과 준비가 필요해서 아이들이 어리면 같이 도전하기가 쉽지 않거든.

높은 산에 올라 큰 꿈과 목표를 가져 보렴

아빠는 마흔이 넘어 지리산 천왕봉(1,915m)에 올라 봤단다. 지리산 천왕봉은 대한민국에서 한라산(1,950m) 다음으로 높은 봉우리이고, 한반도를 가로지르는 백두대간의 남쪽 종착점이라고도 하지. 가장 단거리로 갈 수 있는 중산리 코스를 탔는데, 새벽 어두울 때 머리에 랜턴을 두르고 출발해서 오후 5시경에 내려왔단다. 거의 10시간 걸렸지.

이런 도전은 아빠의 건강 선생님이자 등산 전문가인 백용학 소장님의 도움으로 가능했어. 아빠 혼자서는 꿈도 못 꿨을 거야. 지리산 등산 전 6개월 동안 하루에 스쿼트를 300개씩 하고, 대모산을 일주일에 두세 번 오르며 지리산행을 준비했단다. 이 정도로 체력을 길러야 오르다가 포기하지 않고, 내려올 때도 다리가 풀려서 주저앉는 일이 없을 거야.

어느 책에서 '뒷동산을 오르려면 아무 준비 없이 가도 되지만, 에베레스트에 오르려면 오랜 시간을 준비해야 한다.'는 글을 읽었는데, 지리산 등반을 준비하며 이 말뜻을 제대로 알겠더구나. 사람은 때로는 자기 역량을 넘어서는 큰 도전을 해 봐야 더 크게 성장할 수 있단다. 1919년에 비행기로 대서양을 건너려고 한 린드버그나 달에 사람을 보내겠다는 케네디 대통령의 선언은 당시에는 황당하고 무모한 도전이었단다. 하지만 이런 도전은 사람들로 하여금 새로운 가능성과 창의력을 끌어내는 원동력이 되기도 하지. 네가 어리고 젊을 때는 조금 허황되더라도 큰 꿈을 가지는 게 좋단다. 그러면 눈앞에 있는 작은 어려움은 쉽게 극복할 수 있지.

그런 의미에서 힘들기는 하지만 지리산 등반은 꼭 한 번 해 보길 추천한단다. 대학 다닐 무렵 마음에 맞는 친구들과 함께 2박 3일 일정으로 지리산 종주 산행에 도전해 보는 것도 멋질 것 같아. 그러려면 옷과 식량 등 준비할 게 한둘이 아니란다. 하지만 산에서 밤을 보내고, 아침에 일출을 보는 일정은 당일 코스에서 볼 수 없는 지리산의 속살을 생생히 느낄 수 있을 거야.

지리산의 장엄한 모습

아빠는 천왕봉 꼭대기에서 맞은 칼바람이 아직도 생생히 기억나는구나. 지리산 하면 제일 먼저 생각나는 모습은 산과 산들이 첩첩이 겹쳐 있는 장관이란다. 다산 선생은 7살 때 지은 〈산〉이라는 시에서 이렇게 말했다고 해.

작은 산이 큰 산을 가렸네 (小山蔽大山)
멀고 가까움의 지세가 다른 탓이네 (遠近地不同)

지리산 일대의 첩첩이 쌓인 산과 바다　천왕봉 근처의 가파른 계단　　천왕봉 정상에 서 보다.

　다산은 어려서부터 원근법을 알 정도로 관찰력이 있었던 것 같아. 지리산에서야말로 작은 산이 큰 산을 가리고, 산들이 파도가 되어 큰 바다를 이루는 장관을 볼 수 있단다. 아빠는 개인적으로 지리산이 금강산보다 더 감동적이었어. 심지어 미국이 자랑하는 그랜드 캐니언이나 요세미티 국립공원보다 더 좋았단다.

지리산에서 기억할 조선의 참 선비

지리산과 관련해서는 청학동이나 소설 《태백산맥》, 지리산 건강 학교 등 해 줄 이야기가 많은데, 오늘 이 자리에서는 지리산을 12번이나 오른 조선의 참 선비 남명(南冥) 조식(曹植, 1501-1571년)선생님에 대해 이야기하고 싶구나.

　너는 조선의 사대부나 성리학자라고 하면 어떤 이미지가 떠오르니? 매일 논어, 맹자만 읽고, 이 세상의 이치를 이론적으로 따지고, '에헴' 하고 헛기침하며 아랫사람을 부르는 이른바 '꼰대'의 모습이 떠오르지 않니? 하지만 그런 모습이 된 것은 조선 후기 성리학이 이른바 교조화(教條化, 융통성 없이 형식과 원칙만 따지게 되는 것)돼서 그렇단다. 공자의 가르침대로 제대로 자기 인격을 수양하고, 가정을 잘 다스리고, 세상에 봉사하는 참 군자의 모습은 아니지.

남명 선생은 단순히 공부만 하고, 이론적인 논쟁만 하던 선비가 아니었단다. 스스로 공부하고 인격을 수양하고, 지리산에 12번 오를 정도의 체력도 기르고, 무예와 병법도 가르쳤지. 그래서 남명 선생의 제자들 가운데 50여 명이나 임진왜란 때 의병을 일으켜 나라를 지켰단다. 그중 유명한 분들로 홍의장군(紅衣將軍)이라고 불린 곽재우, 정인홍, 김면 등이 있단다.

남명 선생은 '내 안으로 마음을 밝히는 것은 경(敬)이요, 밖으로 행동을 결단하는 것은 의(義)다'라는 말(內明者敬 外斷者義, 내명자경 외단자의)을 작은 칼에 새기고 다녔다고 해. 그리고 실제 자신에게는 엄격하고, 다른 사람과의 관계나 공적인 일에는 정의를 추구하기를 평생 실천하셨지.

선생이 살았던 명종 때는 왕의 외가 친척들이 권력을 잡고 정치를 좌지우지하던 어지러운 시절이었단다. 명종이 남명 선생의 명성을 듣고 벼슬을 내리려고 하자, 선생은 벼슬을 사양하며 명종을 '선왕의 외로운 후사', 명종의 어머니이자 어린 명종을 대신해 친척들과 권력을 휘두르던 문정왕후를 '깊숙한 궁궐의 한 과부'라고 당시 권력자들에게 대놓고 쓴소리를 했단다. 이에 화가 난 명종에게 죽을 뻔 했지만 남명 선생은 이렇게 선비는 목에 칼이 들어와도 바른 말을 한다는 걸 보여 줬단다.

열린 공부와 대안을 만드는 실천

그렇다고 해서 남명 선생이 시골에 앉아서 중앙정치를 비판만 한 건 아니란다. 제자들을 기르고, 앞으로 다가올 왜구들의 침입에 대비해 제자들에게 병법과 무예를 가르치는 실질적인 대안도 마련하셨지. 이런 모습은 십만양병설(十萬養兵設, 조선 선조 16년에 이이가 임금에게 십만 명의 군사를 양성해야 한다는 개혁안)을 주장했지만 자신의 주장이 채택되지 않자 별다른 대안을 내놓지 못한 율곡 이이와 대비되기도 하지. 이렇게 남명 선생이야 말로 이론과 실천, 그리고 실력까지 갖춘 우리나라의 참 선비라고 할 수 있단다. 하지만 그의 제자들이 나중에 북인(北人)이라는 정치 세력을 형성하고, 광해군과 함께 정치를 하다가 서인(西人) 세력에게 몰락당하면서 그의 업적과 가르침은 역사 속에 묻히게 됐지.

또 남명 선생은 성리학 하나에만 매몰되지 않고, 춘추전국시대의 제자백가사상, 불교, 노장사상, 천문, 지리, 의학, 병법, 궁마 등 다양한 분야의 학문을 공부하고, 제자들도 가르치셨단다. 그래서 이른바 남명학파라는 제자들을 길러 냈지. 이후 임진왜란과 병자호란을 겪으며 난장판이 된 조선에서 이런 남명 선생의 가르침이 좀 더 이어지고 발전됐다면 '훨씬 더 빠르게 복구되고, 발전할 수 있었을 텐데' 하는 아쉬움이 드는구나. 하지만 현실은 대의명분만 따지고, 지주(地主)로서 자기의 이익만 지키려는 보수적인 양반들이 득세했단다. 이후 이들은 성리학 이외의 사상은 모두 이단시했고, 조선은 남명이나 다산이 예언한 대로 양반과 관리들의 부패로 나라가 망했단다.

아는 것을 실천할 수 있는 힘은 '용기'

남명 선생처럼 사는 건 결코 쉬운 일이 아니란다. 남명의 제자들이 권력을 잡았을 때, 그들은 스승과 같은 노력과 엄격함이 없었기에 결국 서인 보수 세력에게 빌미를 주고 정권을 빼앗겼지. 아빠는 이런 역사적인 모습을 보면, '아는 것을 실천할 수 있는 힘은 용기'라는 아리스토텔레스의 말이 생각난단다. 유혹과 욕심을 참고, 내 것을 손해 보고, 의를 위해서는 목숨까지 버릴 수 있는 용기가 있어야 아는 것을 제대로 실천할 수 있지. 그리고 흥미롭게도 그런 용기를 만드는 힘은 마음과 몸의 건강에서 나온단다.

이런 이유로 아빠도 매일 아침 너와 같이 운기오행(運氣五行)이라는 전통 체조를 하고, 스쿼트 300개, 토끼뜀 40번, 팔굽혀 펴기 50번을 하는 거지. 사실 아빠도 젊을 때는 별로 운동을 안 하고 건강을 소홀히 했단다. 그러다 30대에 A형 급성 간염에 걸려 죽을 고비를 넘기고, 백용학 소장을 만나 건강 공부를 하고, 산에 오르면서 건강을 회복했단다.

가능하다면 우리도 남명 선생처럼 죽기 전에 지리산 12번 등반에 도전해 보자꾸나. 그리고 다른 우리나라 명산을 최대한 많이 올라 보자꾸나. 어느 정도까지 가능할지 모르겠지만, 이런 목표를 가질 수 있다는 것도 우리가 이 땅에 태어난 특권 아닐까?

심샘의추천자료

♥ 《남명 조식의 학문과 선비정신》 김충열 저 | 예문서원 | 2006년

♥ 《태백산맥 청소년판 (전 10권)》 조정래 원저/김재홍 그림/조호상 편 | 해냄 | 2016년

♥ 《태백산맥 세트 (전10권)》 조정래 저 | 해냄 | 2020년

♥ 〈KBS 역사스페셜〉 – 남명 조식

 심샘의깨알정보

★ **지리산 등반** (www.knps.or.kr/portal/main.do)

주소 경상남도 산청군 시천면 중산리 지리산 중산리 탐방안내소

가장 최단 거리로 중산리 탐방안내소
에서 출발해 칼바위, 법계사, 천왕봉
으로 가는 코스를 많이 찾는다. 차를
가지고 가면 중산리 탐방안내소 주차
장에 5,000원 정도 요금을 내면 하루
종일 주차할 수 있다. 지리산 등반의
다양한 방법은 국립공원 홈페이지에
들어가서 지리산 페이지를 찾아본다.

★ 지리산 청학동

주소 경상남도 하동군 청암면 삼성궁길 2 삼성궁

경남 하동군 청암면 묵계리 일대에 우리나라 전통 문화 보존의 대명사로 알려진 청학동이 있다. 환인, 환웅, 단군을 기리는 삼성궁도 둘러볼 만하다. 청학동 하면 속세와 단절된 곳, 마을 어른들이 갓을 쓰고 다니는 풍경이 연상되는데 마을 깊은 곳까지 깔린 도로와 곳곳에 설치된 인터넷 중계기를 보니 '이곳도 세상과 많이 가까워진 게 아닌가' 하는 생각이 든다.

❶ 청학동 입구 ❷ 청학동 전경 ❸ 인가형 대안학교인 청학동학교 ❹ 삼성궁 입구

22 담양

6월에는 담양에서 블루베리를 따고
대통밥을 먹어 보자

시온아, 오늘은 담양 가현정 작가님의 농장에 가서 블루베리를 직접 따 보자꾸나. 블루베리는 북아메리카에서 재배되던 진달래과 나무로 타임지에서 선정한 10대 슈퍼푸드* 중 하나란다. 비타민, 미네랄, 항산화 성분이 많아서 노화 방지, 뇌 기능 개선, 혈압과 콜레스테롤 저하, 소화 증진, 체중 감량, 피부 건강에 좋고 암을 예방하는 효능도 있다고 해. 한마디로 너무 좋은 식품인데 문제는 저렴하지 않다는 점이지. 블루베리는 식물 중 유일하게 산성토양(PH4.0~5.5)에서만 잘 자라는 나무여서 재배에 적합한 토양을 만드는 데도 비용이 많이 들고, 다른 나무에 비해 초기 투자비용이 많이 든다고 하는구나.

* 세계 10대 슈퍼푸드: 귀리, 블루베리, 녹차, 마늘, 연어, 브로콜리, 아몬드, 적포도주, 시금치, 토마토

이 귀한 블루베리를 직접 따 보고 싸게 구입할 수 있는 건, 아빠가 잘 아는 가현정 작가님이 전남 담양에서 블루베리와 단감 농사를 하고 있기 때문이지. 가현정 작가님은 원래 수도권에 살다가 남편 고향으로 내려와서 농사짓고, 책도 내고, 인문학 공부방도 운영하고 계시단다. 이렇게 도시 생활을 하다가 시골에 내려와 농사짓고 사는 것을 귀농(歸農)이라고 하는데, 아주 성공적인 귀농 생활을 하고 계시지. 아들인 동진이 형은 초등학교 때 전국 RC 자동차 경주 대회 챔피언까지 했는데, 지금은 호남원예고등학교에 다니며 미래 농부의 꿈을 키우고 있지.

미래 유망 직업으로서의 농부

아빠는 전부터 도시에서 애매하게 공부하느니 이렇게 시골에 내려와 살며 농부의 꿈을 꾸는 것도 좋다고 자주 이야기해 왔단다. 이는 아빠뿐 아니라 세계적인 투자가인 짐 로저스가 한 말이기도 해. 짐 로저스는 2017년 우리나라 한 언론과의 인터뷰에서 "농부의 평균 나이는 미

담양 후산농원에서 블루베리 수확 체험, 수확한 블루베리를 저렴하게 살 수 있다.

국은 58세, 일본은 66세다. 현재의 삶이 마음에 안 든다면 농부가 되라! 삼각함수를 못 풀어도 농부가 될 수 있다."라고 말하며 점점 고령화되는 농촌에서 청년들이 새로운 일자리를 찾을 수 있다고 했지.

짐 로저스의 말대로 20대에 농사를 통해 큰 성공을 이룬 젊은이도 많이 있단다. 아빠는 이런 스토리에 관심이 많아서 언론 보도를 볼 때마다 블로그에 정리했지. 전라도 김제에 강보람 고구마 농장이 있는데, 이 강보람 누나는 아토피 때문에 시골에 내려가 살게 된 것을 계기로 고구마 농사를 지어 홍콩으로 수출까지 했단다. 이후 농사를 지으며 공부도 병행해 중앙대에서 창업 경영학 석사 학위를 받고, 전주대에서 무역학 박사과정까지 공부하면서 우리 고구마의 성공적인 해외 수출 방법을 연구하고 있단다.

남원에는 상추 농사를 짓는 김가영 누나가 있는데, 서울에서 자라고 이화여대를 나온 이 누나는 대학교 1학년 때 천안으로 농촌 봉사활동을 갔다가 자신이 농사에 소질이 있음을 알았다고 해. 그리고 아예 이 길로 가서 대학 다닐 때 상추 전문 유통회사 '지리산친환경농산물유통'을 창업했는데, 아빠가 기사를 본 2014년에 이 회사의 매출 규모가 한해 30억 원 정도였단다. 시장 좌판에서 상추를 파는 게 아니라, 고깃집에 전문으로 상추를 납품하는 회사를 창업한 거야. 이 누나는 친구들이 취업 준비하고 공무원 시험 준비를 할 때 벌써 사장님이 돼서 다른 창업가들과 교류하며 더 큰 세상을 경험하고 있었지.

6차 산업으로 발전하는 미래 농업

지금의 농업은 이전처럼 가진 게 없고 못 배운 사람들이 하는 일이 아니란다. 한마디로 종합 예술 과학이라고 할 수 있지. 위에서 말한 대로 블루베리를 재배하려고 해도 토양의 산도를 알아야 하고, 트랙터와 같은 많은 기계 장비를 다룰 수 있어야 하고, 홍보와 판매를 위한 마케팅 지식도 필요하지. 그래서 미래 농업은 6차 산업이라고도 한단다. 전통적으로 농업을 1차 산업이라고 했는데, 6차 산업이란 농촌에 있는 모든 자원을 바탕으로 농업(1차 산업)과 식품, 특산품 제조 가공(2차 산업) 및 유통·판매·문화·체험·관광의 3차 서비스 산업을 연결해 새로운 부가가치를 창출하는 활동을 말한단다. 즉 1+2+3차 산업이 합쳐진 6차 산업이라는 거지.

이처럼 블루베리 농장에서도 블루베리 농사를 짓고(1차 산업), 수확한 블루베리를 이용해 주스나 잼, 식초 등의 가공식품을 만들고(2차 산업), 블루베리 수확 체험이나 관광 상품(3차 산업)을 만들어 운영하면 바로 6차 산업이 되는 거지. 실제 강원도 화천의 '채향원'이라는 농장에서는 블루베리 가공식품을 만들어 연 3억 원의 매출을 올린다고 하는구나. 여기 후산농원도 체험 농장을 통해 수확 체험 프로그램도 제공하고, 수확 비용도 줄이는 효과를 얻고 있단다.

너도 농사에 관심이 있고, 농사지을 수 있는 손재주가 있다면 이런 6차 산업에 도전해 보는 것도 좋을 것 같아. 현재 농촌에서는 일손이 부족해 외국인 노동자들을 많이 쓰고 있는데, 나중에 생각 있으면 6월에 담양에 내려와 한 달 동안 수확 아르바이트를 하면 용돈도 두둑이 벌 수

여주 밤농장에서 밤 따기　　　　　　　　완전히 영글어 입을 벌린 밤송이

있을 거야. 아빠도 기회가 되는 대로 할아버지, 할머니에게 밤나무 가꾸는 법을 배워서 너랑 같이 간단한 밤농사를 지어 보려고 생각 중이야. 우리가 본격적으로 많은 시간을 들여 농사짓기는 힘들어도, 밤나무는 손이 많이 안 가니까 도전해 볼 수 있을 것 같아.

내 재능과 적성에 맞는 블루오션을 찾아라

최근에 많은 도시 사람들이 시골이나 어촌으로 내려가 새로운 삶을 개척하는 귀농, 귀어(歸漁)에 도전하는데, 이제는 노하우가 공유되고, 정부나 지방자치단체에서 많은 지원을 해 줘서 점점 초기의 시행착오를 줄여 나가는 것 같아. 가현정 작가님과 귀농에 대해 여러 이야기를 나누면서 한 가지 배운 점은 시골로 내려와 농사짓고 살 때 제일 중요한 게 판로 개척이라는 거야. 좋은 제품은 기본이고, 비슷한 품질의 제품이 많기 때문에 내 제품을 사 줄 수 있는 사람을 누가 더 많이 알고 있느냐에 따라 성공 여부가 결정된다고 해. 그래서 아빠는 앞으로 미래 시대에서는

'관계'가 점점 더 중요해진다고 본단다. 블로그가 됐든 인스타그램이나 유튜브든 나를 팔로우(follow)하는 사람 만 명을 만들 수 있는 콘텐츠가 있다면 앞으로는 어떤 일을 하더라도 먹고사는 문제를 해결할 수 있을 거야.

아빠는 이 땅의 청소년들 가운데 농사에 소질이 있는 학생들은 문제지 푸는 공부에서 벗어나 이런 창의적인 시도를 많이 해 봤으면 하는데, 여전히 지방의 농업고등학교나 대학에서도 농업 관련 전공은 인기가 없지. 그렇기 때문에 지금이 기회이고, 이런 분야가 이른바 블루오션(Blue Ocean)이라고 할 수 있단다. 블루오션은 경쟁이 치열하지 않은 유망 분야를 말하는데, 반대말은 레드오션(Red Ocean)이지. 사람들이 너무 많이 몰려 경쟁이 극심하고 미래가 불확실한 분야라고 할 수 있단다. 너는 네가 좋아하고 잘할 수 있는 일이라면 하는 사람들이 드물고, 주변에서 부정적인 이야기를 하더라도 한번 도전해 보고, 너의 길을 만들어가 보렴. One of them이 아니라 Only one, first one, number one이 되는 게 훨씬 인생을 재미있고 행복하게 살 수 있는 방법이란다.

담양의 죽공예품과 죽녹원

담양에 온 김에 죽녹원에도 한번 들러보자. 원래 담양이 어떤 특산물로 유명한지 아니? 바로 대나무로 만든 생활용품인 죽공예품이란다. 지금은 플라스틱으로 된 생활용품을 많이 사용하는데 옛날에는 거의 대나무로 만들있단다. 바구니, 키(곡식 따위를 까불러 쭉정이나 티끌을 골라내는 도구), 참빗, 죽부인, 방석, 필통, 농, 함 등 거의 모든 생활용품을 대나무로 만들었지. 담양은 질 좋은 대나무가 많이 나는 곳이고, 담양 죽공예품은 안성 유기, 한산 모시(충남 서천군), 전주 한지 등과 함께 지역을 대표하는 특산품의 대명사였단다.

이렇게 유명한 대나무를 잘 볼 수 있는 곳이 바로 담양 죽녹원이란다. 약 31만㎡ 공간에 울창한 대나무 숲이 멋지게 만들어져 있지. 그리고 아름다운 정자와 다양한 조형물이 있는 시가문화촌이 있단다. 담양에는 경치 좋은 정자에서 시인들이 시를 짓고 낭독하던 곳이 많은데, 이런 유적지를 시가문화촌으로 모아 놓았단다. 가현정 작가님의 후산농원에도 명옥헌이라는 정자가 있는데, 동진이 형 선조인 오희도(吳希道 1583~1623년) 선생이 지은 정자란다. 또, 죽림원은 영화나 광고 촬영지

❶ 국내 최대의 대나무 숲 공원인 죽녹원 ❷ 후산농원의 명옥헌, 옛날 선비들은 이런 정자에서 시를 짓고 교류했다.
❸ 담양 시내의 덕인갈비 ❹ 대통밥과 떡갈비정식 한상

로도 유명하고, 많은 사람들이 찾는 담양의 대표적인 관광명소지.

담양에 왔으니 점심은 대나무에 밥이 담겨 나오는 '대통밥'을 먹어 보자꾸나. 우리는 돼지고기는 못 먹으니, 좀 비싸도 한우떡갈비정식으로 먹어야겠구나. 남도 정식답게 상다리 부러지게 음식이 나오니, 배를 확실히 비워 두고 가야 한다. 그리고 대나무 뿌리인 죽순으로 만든 죽순회무침도 이곳 별식이니 한번 맛보자. 이외에도 메타세쿼이아 나무가 좌우로 서 있는 길도 유명하니 차를 세우고 걸어 보는 좋을 것 같아.

아! 담양도 정말 하루는 부족하고 2~3일 머물면서 천천히 돌아봐야 할 곳이구나!

심쌤의 추천자료

♥ **《가현정 기자의 명옥헌 인터뷰》** 가현정 저 | 가현정북스 | 2020년

→ 담양에 귀농한 가현정 작가가 리더스 잡지의 객원기자로 활동하며 귀농인들을
인터뷰한 기사를 모은 책이다.

 **심쌤의 깨알정보**

★ **후산농원 블루베리 수확 체험 (blog.naver.com/gana05040)**
주소 전남 담양군 고서면 산덕리 466-2 (061-382-3448)
블루베리 수확기는 매년 6월로, 가현정 작가의 블로그를 참고해 신청하면 된다.

★ **담양 죽녹원 (www.juknokwon.go.kr)**
주소 전라남도 담양군 담양읍 죽녹원로 119 (061-380-2680)
운영 매일 09:00~19:00(하절기), 18:00(동절기) / 연중무휴
입장료는 어른 기준 3,000원이다. 우리나라 최대의 대나무 숲 공원이다.

★ **메타세쿼이아랜드**
주소 전남 담양군 담양읍 학동리 633 (061-380-3149)
입장료가 있으며 어른 기준 2,000원이다. 울창한 메타세쿼이아 나무가 터널을 이루
는 멋진 모습을 볼 수 있다.

★ **덕인갈비**
주소 전남 담양군 담양읍 담주1길 6 (061-381-2194)

운영 매일 11:00 – 21:00 / 연중무휴

담양읍에 위치한 대통밥, 떡갈비 전문 식당이다. 직접 가서 먹어 봤는데 추천할 만하다.

★ 한상근대통밥집

주소 전남 담양군 월산면 담장로 113 (061-382-1999)

운영 매일 10:00 – 21:00 / 연중무휴

원조 대통밥집으로 알려진 식당이다.

★ 강보람고구마 (www.go9ma.kr)

20대 농촌 청년이자 창업의 롤모델 강보람 대표가 운영하는 사이트이다.

★★ Part 4 ★★

경상도

23 합천 해인사

팔만대장경은 어떻게 700여 년 동안
보존될 수 있었을까?

시온아, 오늘은 팔만대장경을 보관하고 있는 유명한 합천 해인 사에 가 보자꾸나. 경남 합천은 고대왕국시대에는 가야(伽倻) 땅이었는데 해인사가 위치한 산도 가야산, 이곳 행정지명도 가 야면이구나. 가야는 초기에 김해 지역의 금관가야, 후기에는 고령 지역의 대가야를 중심으로 연맹국가를 이루다가 점점 세 력이 약해져 결국 신라와 백제에 병합돼 사라졌단다(562년). 이후 신라시대에 이곳 합천 지역에 대야성이 있었고, 이곳을 지키던 품석과 김춘추의 딸이 백제군에 의해 죽는 사건이 일어 났지(642년).

해인사는 동일신라시대인 802년에 지어진 것으로 알려졌는데, 해인(海印)이라는 말은 '바다와 같은 부처님의 지혜'라는 뜻이고, 직역하면 '바다의 도장'이라는 의미란다. 전설에 따르면 죄를 지어 강아지로 환생한 용왕의 딸을 잘 돌봐 준 할아버지에게 용왕이 신비한 도장(海印)을 선사하는데, 할아버지가 그 도장으로 절을 세우는 비용을 대서 이 절이 만들어졌다고 한단다. 그런데 아무래도 이 이야기는 해인이라는 이름을 이용해 사람들이 만들어 낸 것 같구나.

세계문화유산, 팔만대장경

해인사에는 유네스코 세계문화유산인 팔만대장경이 700여 년 넘게 잘 보존돼 있단다. 팔만대장경의 정식 이름은 고려대장경이나 재조대장경(再雕大藏經)이라고 하는데, 재조(再雕)는 '다시 새기다'라는 의미란다. 그럼 무엇을 다시 새긴 것일까? 원래 대장경은 고려 현종(顯宗, 재위 1009~1031년) 때 거란의 침입을 당해 부처님 말씀의 힘으로 외적을 물리치고자 하는 소망을 담아 처음 만들어졌단다. 그래서 처음 새긴 대장경이라는 뜻으로 초조대장경(初雕大藏經)이라고 했지. 그런데 이 초조대장경이 몽골의 침입으로 불타자(1232년), 몽골의 침입을 물리치고자 하는 염원을 갖고 16년(1236-1251년)에 걸친 대 작업 끝에 지금의 대장경이 완성된 거지. 하지만 결국 몽골의 침입을 막지는 못했고, 고려는 이후 약 96년 동안 거의 반식민지 상태인 원나라 간섭기(1260 - 1356년)에 들어가게 된단다. 그래도 이때 엄청난 경전 편찬 사업을 함으로써 우리나라는 동아시아 불교를 집대성한 대장경 보유국이 됐지.

대장경을 만들었다는 것도 대단하지만, 이후 700년간 화재에 취약한 목판을 그대로 보존했다는 게 더 신기한 일이란다. 세종대왕 때는 일본인들이 대장경 목판을 하도 달라고 해서 일본으로 유출될 위기도 있었고, 임진왜란이나 한국전쟁 등 전쟁의 위험도 많았지. 특히 한국전쟁 때는 해인사에 공산군이 들어갔다고 해서 비행기로 폭격하라는 명령이 떨어졌는데, 당시 명령을 받은 국군조종사 김영환 대령이 명령을 거부하고 군사 재판을 받으면서까지 이 대장경을 지켰다고 하는구나.

이 소식을 들은 이승만 대통령은 당장 김영환을 총살하라며 화를 냈는데, 당시 공군참모총장 김정렬 장군(김영환의 형)이 팔만대장경이 지닌 중요성을 설명하고, 그간 세운 전공을 생각해 선처해 달라고 해서 즉결처분은 면했다고 한다. 공산당을 죽이는 것과 천 년 문화유산을 지키는 것 중 뭐가 더 중요할까? 역사의식과 철학이 없는 사람들이 지도자가 될 때 어떤 일이 일어나는지 알 수 있는 대목이구나.

중세 불교 경전을 집대성한 팔만대장경

700여 년간 대장경을 보관한 장경판전

불교에는 왜 이리 경전이 많을까?

팔만대장경은 한마디로 불교경전 대백과사전이라고 할 수 있는데, 당시 동아시아에 존재하는 모든 불교 관련 경전을 총망라한 것이란다. 불교경전은 크게 부처님의 말씀을 기록한 경(經), 계율을 정리한 율(律), 부처님 말씀에 대한 연구과 해석을 정리한 논(論)으로 구성돼 있단다. 이를 각각 경장, 율장, 논장이라고 하고 다 합쳐서 삼장(三藏)이라고 하는데, 이에 능통한 스님을 삼장법사(三藏法師)라고 하지. 가장 대표적인 분이 당나라 때 현장법사(玄奘法師)란다. 손오공이 등장하는 유명한 소설《서유기》속 삼장법사는 바로 이 현장법사를 모델로 한 캐릭터란다.

팔만대장경은 송나라 대장경, 거란 대장경을 비교 분석해서 만든 초조대장경을 수정 보완해 만든 불교경전의 완성판이라고 할 수 있단다. 우리가 잘 아는 반야경, 화엄경 등을 포함해 6천권이 넘는 불경이 포함됐단다. 그런데 왜 이렇게 불교에는 경전이 많을까? 성경도 한 권이고, 코란도 한 권인데, 불경은 수천 권이 되는 셈이지. 이는 석가모니 부처님이 깨달음과 수행을 통해 누구나 다 해탈할 수 있고 부처가 될 수 있다고 하셨기 때문이란다. 그래서 이론적으로 수많은 부처님이 나올 수 있고, 그분들의 말씀과 깨달음의 길을 다 경전으로 받아들여 이런 누적 현상(?)이 생긴 거지. 이렇게 되니 이후 불교 신도들은 엄청난 공부의 부담을 안게 되는데, 어떤 스님은 불교에서 말하는 극락(極樂)은 공부하는 곳이니 공부를 싫어하는 사람에게는 극락이 지옥이 될 수 있다는 농담을 하시더구나. 한편으로는 불교가 이렇게 어려워지니 공부보다 수행이나 깨달음이 중요하다는 주장이 등장하고, 이후 불교는 더 다양한 모습으로 발전하게 되지.

다른 종교가 평화롭게 공존하는 한반도

각자 자기가 믿는 바는 다를 수 있지만, 아빠는 유교와 불교가 지나간 한반도에서 우리가 21세기에 태어난 데에는 다 하늘의 뜻이 있다고 본단다. 그리고 종교에 관계없이 우리나라 사람이라면 최소한 공자의 논어, 노자의 도덕경, 불교의 금강경은 읽어야 조상들을 이해하고 지금 우리가 사는 세상도 이해할 수 있다고 생각한단다. 사실 지금도 우리가 쓰는 수많은 개념이나 단어는 유교, 도교, 불교에서 기인한 말이기도 하단다. 효, 예(유교), 자연, 기력(도교), 찰나, 아수라, 인연, 야단법석, 천당(불교) 같은 말들이 바로 그런 예이지.

아빠는 네가 좀 더 크면 한문 공부와 더불어 위의 책을 같이 읽고 공부하는 시간을 가져 보려고 해. 이후에 성경이나 다른 서양에서 기인한 사상을 다루는 책을 읽으면 좀 더 이 세상이 명확히 보이고, 우리가 믿는 것이 무엇인지 더 명확해지겠지.

우리나라는 세계 종교사적으로 아주 특이한 나라이기도 하단다. 동아시아국가 가운데 유일하게 기독교 인구가 천주교와 개신교를 포함해 20%가 넘는 나라이고. 유교, 불교, 기독교라는 어찌 보면 이질적인 종교가 평화롭게 공존하는 나라지. 또, 불교가 조선왕조 5백여 년 동안 혹독한 탄압을 받으면서도 여전히 살아남아 우리 사회에 큰 영향력을 행사하고, 스님들이 TV에 나와 멘토로 강의를 하는 나라이기도 하지.

신기한 종교의 세계

더 신기한 것은 종교의 세계이기도 하지. 부처님은 이 세상의 것들에 집착하거나 괴로워하지 말고, 참 자유를 찾으라고 하셨는데 부처님을 따르는 사람들 가운데 여전히 눈에 보이는 것과 자신의 주장에 집착하는 사람들이 나오고, 예수님은 이웃을 내 몸과 같이 사랑하라고 하셨는데, 예수님을 믿는다면서 이웃에게 해를 끼치고 심지어 기독교의 이름으로 수많은 학살을 저지르는 사람들이 역사상 수없이 나타났지.

그러면 신과 종교가 없는 세상은 평화로운 세상일까? 사후세계와 귀신의 세계는 모르겠으니 현재를 열심히 살라고 가르친 공자님을 따르는 성리학자들은 주자학과 다른 생각을 가진 사람들을 사문난적으로 몰아 죽이고, 죽은 사람들에게 열심히 제사 지내라고 하며 산 사람들을 힘들게 했지. 또 신이 없다고 주장하는 공산주의자들과 파시스트들은 이상 사회라는 명목하에 수많은 사람들을 또 죽였지. 인간의 세계에서는 종교가 있어도 문제, 없어도 문제인 것 같구나.

그래서 우리는 종교가 아닌 참 신앙이 필요하단다. 아빠가 생각하는 참 신앙은 보이지 않는 신을 보이는 형상으로 만들고 사람들이 만들어 놓은 종교 제도를 섬기는 것이 아닌, 신의 형상으로 만들어진 사람들을 제대로 사랑하고 섬김으로 신과 진리의 세계로 나아가는 거란다. 문제는 그 길을 제대로 가기가 쉽지 않다는 점인데, 그래도 우리가 살아 있는 한 최대한 도전해 보자꾸나.

공간이 만들어 내는 힘

마지막으로 아빠는 오늘 해인사에 와서 팔만대장경 목각판이 소장된 장경판전을 직접 눈으로 본 것도 의미 있었지만, 해인사의 구조도 아주 인상 깊었단다. 절 입구인 일주문(一柱門)에서 계단을 따라 쭉 올라가는 길이 참배객으로 하여금 자연스럽게 마음을 가라앉히고 경건한 마음을 갖게 만들더구나. 이런 느낌은 종묘 앞에 섰을 때와 비슷한 느낌이네. 종묘는 단층 건물 하나와 앞의 넓은 뜰이 있는 공간만으로도 경건한 느낌을 만들어 냈지. 마치 이 땅을 떠나 하늘의 신령한 공간으로 들어가는 느낌으로 해인사의 공간도 구성됐더구나.

　해인사는 우리나라 삼보사찰 중 하나인데, 불교에서 세 가지 보물인 삼보(三寶)는 불법승(佛法僧) 즉, 부처님과 경전, 수행자인 승려를 말한단다. 그리고 이 세 가지를 대표하는 사찰을 삼보사찰이라고 하는데, 경전을 대표하는 사찰이 바로 해인사이고 그래서 해인사를 법보사찰(法寶寺刹)이라고도 하지. 불보사찰은 양산의 통도사인데, 통도사에는 자장율사가 646년에 당나라에서 가져온 부처님 사리, 가사(승려가 입는 법

해인사로 올라가는 첫 관문인 일주문　　　　　　중심 불전인 대적광전과 정중탑

의), 경전이 모셔져 있다고 한단다. 승보사찰은 순천의 송광사인데, 고려 보조국사 지눌 스님 때 한국 선불교의 중심 수행 공간이 되면서 승보사 찰의 명성을 얻게 됐다고 해. 송광사 부근에는 무소유와 소박한 삶을 몸 소 실천한 한국 불교의 큰 어른인 법정 스님이 17년간 수행했던 불일암 (佛日庵)이 있단다. 다음에는 이곳도 꼭 한번 가 보자꾸나.

심샘의추천자료 ─────────────────

♥ **《자현 스님이 들려주는 불교사 100장면》** 자현 저 | 불광출판사 | 2018년
♥ **〈BTN 특집다큐〉** 한국의 불법승 삼보종찰–통도사, 해인사, 송광사

 **심샘의깨알정보** ─────────────────

아래 삼보사찰은 유명한 절로 주차장 시설이 잘 돼 있다. 장애인과 노약자를 제외하고 대부분 입구 부근에 주차를 하고 안으로 걸어가게 돼 있다. 주말이나 불교절기에는 찾는 사람이 많으므로 주중에 한적할 때 돌아보는 게 좋다.

★ **합천 해인사** (www.haeinsa.or.kr)
주소 경남 합천군 가야면 해인사길 122

★ **양산 통도사** (tongdosa.or.kr)
주소 경상남도 양산시 하북면 통도사로 108

★ **순천 송광사** (www.songgwangsa.org)
주소 전남 순천시 송광면 송광사안길 100

24 경주

석굴암과 불국사를 보며
문화민족의 자긍심을 느껴 보자

시온아, 오늘은 경주 석굴암과 불국사에 가 보자꾸나. 석굴암 들어봤지? 토함산 기슭에 만들어진 인공 석굴인데 그 안에 세계 최고의 불상이 모셔져 있단다. 보통 석굴 사원은 아잔타석굴(인도)이나 둔황석굴(중국 깐수성)처럼 자연 동굴에 만들어졌는데, 석굴암처럼 인공적으로 돌을 다듬어 굴을 만들고 사원을 조성한 것은 세계에서 비슷한 사례를 찾기 힘들다고 해. 인도 아잔타석굴까지는 가 보기 힘들 것 같고, 둔황석굴은 실크로드 유적지로도 유명하니까 평생 한 번쯤은 가 보면 좋을 것 같구나.

불상 문화의 시작과 전파

원래 불교에는 불상이 없었단다. 이 세상의 물질세계뿐 아니라 눈에 보이지 않는 생각이나 감정도 사실은 허상이고 실체가 아니라는 부처님의 가르침에 따라 형상이나 그림이 없는 것이 어찌 보면 당연하지. 그런데 부처님이 돌아가시고 500여 년이 지난 후 부처님 사리탑과 같은 불교 유적지가 없는 지역을 중심으로 부처님 형상이 만들어지기 시작했지. 그리고 지금의 파키스탄과 아프가니스탄 일대인 간다라 지역에서 생긴 쿠샨왕조에서 기원 후 1세기경부터 본격적으로 불상이 만들어지기 시작했단다. 이 지역은 알렉산더의 인도 진출 이후 그리스 문화의 영향을 강하게 받았지. 그래서 불상도 아시아인의 모습이라기보다 그리스 신상과 비슷한 모양이란다.

알렉산더 대왕은 마케도니아에서 출발해, 이집트, 팔레스타인, 페르시아, 인도까지 진출하며 그리스 문화와 토착 문화를 결합하려는 시도를 했단다. 그래서 탄생한 문화를 헬레니즘 문화라고 하지. 대표적인 게 바로 이런 간다라 불상이라고 할 수 있단다. 이후 불상은 인도뿐 아니라 사마르칸트(우즈베키스탄), 둔황과 같은 실크로드의 주요 도시를 거쳐 기원 후 4세기경에는 우리나라에까지 오게 되지. 그리고 석굴암이 만들어진 통일신라 8세기경에는 최고의 예술적 수준에 이르게 되지.

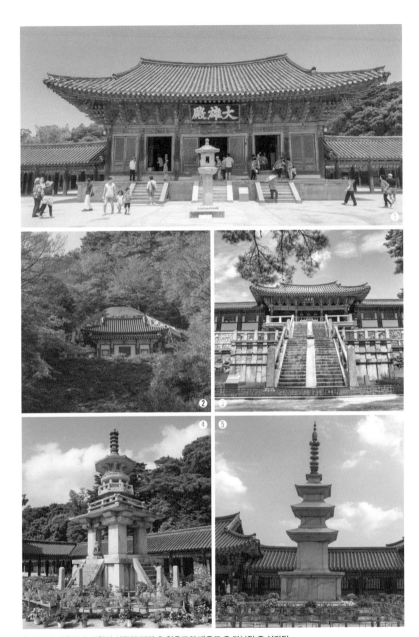

❶ 불국사 대웅전 ❷ 토함산 석굴암 전경 ❸ 청운교와 백운교 ❹ 다보탑 ❺ 석가탑

문화의 완성도를 높이는 우리 민족의 재능

사실 세계사적으로 보면 우리 민족이 세계문화를 이끌어 가는 중심적인 역할을 하지는 못했단다. 그런 역할을 한 민족이나 나라들은 그리스, 유대, 중국, 인도였다고 할 수 있지. 하지만 세계사의 변방에 있었어도 다른 문화를 받아들이고, 우리 나름의 해석을 통해 그 문화를 최고의 수준으로 만드는 데는 우리 민족이 탁월한 능력이 있는 것 같아.

석굴암 본존 불상도 그런 좋은 예 중 하나이지. 이 불상이 세계 불상의 최고봉으로 뽑힌다고 해도 지나치지 않을 거야. 다른 종교의 거대한 신상에 비해서는 크지 않지만, 온화한 얼굴 모습과 전체적인 분위기는 참배객의 마음을 가라앉히고 압도하는 힘이 있지.

어떤 사람들은 우리가 창의력이 없다고 아쉬워하지만, 아빠는 좀 달리 생각한단다. 창의력이 부족해도 남이 먼저 시작한 것을 갈고 닦아서 세계 최고 수준으로 만드는 것이 우리가 하늘로부터 받은 능력이라면 그것에 집중하면 되지. 공연히 내가 없는 것을 아쉬워하고, 남을 부러워할 필요는 없단다. 내가 제일 잘하는 것에 집중하고, 그것을 통해서 다른 사람을 섬기고 이 세상을 좀 더 나은 곳으로 만드는 데 기여하면 되지 않을까?

석굴암의 과학적 원리

석굴암은 예술적으로도 세계 최고의 수준일 뿐만 아니라 과학적으로도 놀라운 경지를 보여 준다. 석굴암 불상의 얼굴 너비가 약 66cm 정도 되는데, 가슴 폭과 어깨 폭, 양 무릎의 넓이는 1:2:3:4의 비율이라고 해. 사람이 바라볼 때 가장 안정감 있는 구도이지. 그리고 석굴의 내부 구조를 분석해 보면 정사각형과 대각선, 정삼각형과 수선, 원에 내접하는 정육각형이 딱 떨어진다고 해. 지금 같은 정밀한 측정 도구가 없던 때에 어떻게 이런 설계와 시공이 가능했는지 놀라울 따름이지.

　지금 우리가 과학기술을 맹신해서 그렇지, 때로는 탁월한 장인의 직감과 숙련된 기술은 현대 과학이 흉내 낼 수 없는 작품을 만들어 내기도 한단다. 성덕대왕신종 같은 경우도 현대 기술로 아무리 잘 만들어도 비슷한 소리를 만들기 힘들다고 해. 황룡사9층목탑도 지금의 기술로 만들어도 비슷하게 만들기 힘들다고 하고. 이런 고대 장인 기술의 결정판 중 하나는 바로 석굴암의 보존 방법이란다.

　석굴암이 오랫동안 방치되다가 1909년에 재발견됐는데, 이후 일본 사람들이 자신의 현대 기술로 보수하겠다며 완전히 해체하고 시멘트로 보수했어(당시에는 첨단 재료라고 생각한). 그러나 이후 누수, 결로, 이

황룡사9층목탑의 정교한 건축 기술 복원

진천 종박물관의 성덕대왕신종 모형

끼 등 온갖 문제가 생겼단다. 해방 이후에도 몇 차례 보수 공사를 했지만 아직도 이 문제를 완전히 해결하지 못했단다. 어떻게 천 년 넘는 세월 동안 석굴암에 이끼가 끼지 않고, 결로나 누수를 막았는지에 대해 많은 과학적인 분석이 있는데, 결론은 아직도 현대 기술로는 처음 상태대로 완벽하게 복원할 수 없다는 점이야.

그런데 이렇게 탁월한 장인 기술이 있었던 우리나라나 다른 고대국가들은 왜 과학기술을 지속적으로 발전시키지 못했을까? 또 어떻게 문명의 변방이었던 서구 유럽에서 우리가 지금 사용하고 있는 근, 현대 과학이 발전했을까? 가장 중요한 차이는 이런 기술을 매뉴얼화해서 다음 세대로 전수하고 발전시키는 시스템과 과학 기술자를 대하는 사회의 태도에 있는 것 같아. 서양에서는 논문 시스템이나 특허 제도 같이 기술을 체계적으로 매뉴얼화하고, 기술의 권리를 지켜 주는 시스템이 만들어졌단다. 이에 비해 우리나라와 다른 고대국가들의 기술은 당시 탁월한 장인 한두 명의 직관과 경험에만 머물고, 체계적으로 기록하지 않아 다음 세대로 전해지지 못했지. 그리고 이런 장인이나 기술자의 사회적 지위나 대우가 너무 낮았던 것 같아.

전통과 서구 과학기술의 객관적인 평가

우리는 부지런히 선조들의 좋은 유산을 찾아보고 공부하면서 우리 민족문화에 대한 자긍심도 회복하고, 또 조상들의 지혜를 통해 현대 과학기술이 해결하지 못한 문제의 해결책도 발견해야 할 것 같아. 왜냐하면 서양의 과학기술에 비해 우리의 전통적인 기술이나 방법이 낙후돼 있다는 잘못된 생각이 지금도 많이 퍼져 있기 때문이지. 우리 전통의 것은 촌스럽고 시대에 뒤쳐졌고, 서양의 것이나 서양 과학기술은 세련되고 발전됐다는 편견이 지금도 여전한 것 같아.

서양 과학기술이 인류 사회에 기여한 바도 크지만, 그만큼 많은 부작용과 문제점을 만들기도 했단다. 여러 가지 예를 들 수 있지만, 한 가지를 말한다면 바로 서양 의학기술의 한계야. 서양 의학은 객관적인 실험과 증거에 기초해서 질병을 치료하고 사람들의 생명을 연장하는 많은 업적을 이뤘지만, 객관적인 실험과 증거도 자본의 논리에서 왜곡되고 오히려 과학의 이름으로 많은 사람들에게 해가 되는 일들이 벌어지기도 했지.

예를 들어, 1950년대에는 수술 없이 아이를 날 수 있는지 알아보기 위해 산모 배에 엑스레이를 찍기도 했고, 입덧을 없애 준다고 탈레도마이드라는 약품을 만들어 수많은 기형아 출산의 원인을 제공했지. 최근에는 가습기 살균제로 많은 사람들의 생명을 빼앗기도 했고. 지금은 어처구니없는 일들이지만 당시에는 과학적인 실험과 검증을 통해 행해졌던 것들이란다.

과학기술은 우리가 필요에 따라 활용할 도구이지, 우리가 맹신하거나 절대적으로 신뢰하는 대상이 돼서는 안 된단다. 그리고 나의 건강과 생명에 관해서는 최소한의 지식과 선택권을 가지고 있어야 해. 이 주제는 나중에 다시 한 번 자세히 공부했으면 하는데, 네가 어느 정도 크면 레이철 칼슨의《침묵의 봄》이나 미셀오당의《농부와 산부인과》, 하루야마 시게오의《뇌내혁명》, 레이 스트랜드의《약이 사람을 죽인다》같은 책을 반드시 읽어 보렴. 이 책의 저자들은 자신의 분야에서 30년 이상 일하고 지식을 쌓은 그 분야의 최고 전문가들이야. 이분들이 말하는 과학이나 현대 의학의 한계에 대한 이야기를 귀기울여 듣고, 우리는 어떤 선택을 해야 할지 생각해 볼 필요가 있어.

오늘 석굴암과 불국사에서 아빠가 말해 주고 싶은 것은 우리가 근대화에 실패하고, 지난 100여 년 힘들게 살았다고 해서 2천 년의 우리 역사와 조상들이 이룬 문화가 몇몇 일본사람들이나 서구사람들이 말하는 것처럼 그렇게 미개하고 낮은 수준이 아니었다는 거야. 전에도 말했듯이 지나치게 민족주의적인 입장에서 우리 역사를 과장하고 근거 없는 자신감을 가질 필요는 없지만, 우리 문화를 비하하고 조상들의 업적을 평가 절하해서는 더욱 안 되겠지.

과거가 화려했다고 과거에만 안주하는 것도 어리석고, 과거와 현재가 비참하다고 좌절하는 것은 더욱 어리석은 일이지. 역사는 결국 우리가 만들어 가는 거란다. 과거의 잘못은 반성하고, 잘한 것은 더욱 계승하고, 지금 잘해서 더욱 좋은 미래를 만들어 나가면 되는 거지. 석굴암 앞에서 여러 가지 생각이 들어 이것저것 여러 분야의 이야기를 한 것 같은데, 오늘 아빠가 말한 것 중 한두 가지를 마음에 새기고, 너만의 인생과 너희 세대의 역사를 잘 만들어 가 보렴.

심샘의 추천자료

♥ 《**침묵의 봄 (개정판)**》 레이첼 카슨 저/김은령 역/홍욱희 감수 | 에코리브르 | 2011년
♥ 《**농부와 산과의사**》 미셸 오당 저/김태언 역 | 녹색평론사 | 2011년
♥ 《**뇌내혁명**》 하루야마 시게오 저/오시연 역/한설희 감수 | 중앙생활사 | 2020년
♥ 《**약이 사람을 죽인다**》
  레이 스트랜드 저/이명신 역/박태균 감수 | 웅진리빙하우스 | 2007년

 **심샘의 깨알정보**

★ **석굴암** (http://seokguram.org)
주소 토함산 석굴암 주차장: 경상북도 경주시 황남동 97-3
토함산 주차장에 차를 대고 10여분 올라가면 석굴암에 갈 수 있다.

★ **불국사** (www.bulguksa.or.kr)
주소 경상북도 경주시 불국로 385 (054-746-9913)
불국사 경내뿐 아니라 입구부터 조경이 잘 돼 있다.

★ **국립경주박물관** (gyeongju.museum.go.kr)
주소 경상북도 경주시 일정로 186 국립경주박물관 (054-740-7500)
1월 1일, 설, 추석 당일만 휴관이고 상시 개방이다. 무료입장이고, 어린이박물관도 있다.

★ **신라역사과학관** (www.sasm.or.kr)
주소 경상북도 경주시 하동 201번지 (054-745-4998)
석굴암의 조성 방법과 과학적 원리가 자세히 설명돼 있고, 석굴암의 1/5 모형이 있다.

25 경주 황룡사

보이는 건물의 웅장함과
보이지 않는 가치를 생각해 보렴

시온아, 오늘은 경주에서 황룡사와 분황사, 그리고 동궁과 월지의 야경을 보자꾸나. 경주는 신라의 1,000년 수도였잖아. 신라와 고려시대, 외국의 사신이나 지방의 귀족들이 경주에 왔을 때 가장 인상 깊게 본 건물이 뭐였을까? 아빠는 황룡사9층목탑이 아니었을까 해. 이 탑은 선덕여왕 14년인 645년에 세워져서, 1238년 몽골의 침입으로 불에 탈 때까지 거의 600여 년 동안 경주의 랜드마크 역할을 했을 거야. 기록에 의하면 높이가 80m 정도 됐다고 하니, 지금으로 따지면 아파트 30층 높이야. 당시에는 경주에 들어서자마자 눈에 보이는 웅장한 건물이었겠지. 탑의 꼭대기에서는 경주 시내 전체가 훤히 보였을 테고. 서울의 롯데타워나 파리의 에펠탑, 뉴욕의 엠파이어스테이트빌딩 같은 역할을 했겠지.

웅장한 고대 건축물의 의미

과거에는 왜 이런 웅장한 건축물을 수도에 만들었을까? 고대 바벨론 제국에서는 바벨탑을 쌓았고, 그리스와 로마시대에도 거대한 신전과 신상을 만들고, 중국도 자금성과 같은 엄청난 규모의 궁궐을 지었지. 종교적인 이유도 있지만, 이런 거대 건축물의 또 하나의 목적은 제국의 권위를 지방이나 주변 국가들에게 보여 줘서, 작은 나라들의 기를 죽이고 그들로부터 자연스러운 복종을 끌어내려는 목적도 있었어.

아빠도 전에 북경의 자금성에 갔을 때, '와 이게 대륙의 위용이구나. 자금성을 보니 우리나라 경복궁은 초가집 수준이구나.'라는 생각이 들더라고. 조선시대 사신들도 북경에 와서 이런 위압감을 느꼈을 것 같아. 그러면서 '그래, 역시 우리 같은 작은 나라는 대국을 섬겨야 돼.'라는 사대의식을 가졌을 수도 있고.

또 다른 나라를 침략한 후 상대의 랜드마크 건물을 무너뜨리거나 불태워 버리는 것도 이런 이유지. 정복지의 백성들이 반항하려는 의지를 아예 꺾어 버리는 면도 있단다. 사람들은 이렇게 예나 지금이나 눈에 보이는 것에 약한 것 같아. 그래서 지금도 대형차를 타고, 명품가방을 들어야 기죽지 않는다는 심리가 있고, 작은 차를 몰고, 허름한 옷을 입으면 위축되지. 하지만 아빠는 네가 살면서 이런 보이는 것에 위축되는 옹졸한 삶을 살지 않았으면 좋겠구나. 공자의 제자 안회가 그랬던 것처럼, 안이 꽉 찬 사람이라면 허름한 옷을 입고도 가죽옷을 입은 귀족들 사이에서 전혀 위축되지 않고 당당함을 가질 수 있지. 그 화려했던 황룡사가 하루아침에 무너지고, 고대의 웅장한 건물들이 흔적도 없이 사라지는 것처럼, 눈에 보이는 것은 이렇게 허무한 것이란다. 눈에 보이는 것에 집착하며 스트레스 받고, 다른 사람들의 눈치를 보면서 살 필요는 없지 않겠니?

그리고 이런 큰 건축물은 누가 지었을까? 내부분 노예나 힘없는 백성들을 동원해서 지은 거지. 이런 고대 건축물이 오래 보존돼서 관광지가 되면 후손들은 먹고사는 데 도움은 되겠지만, 당대 사람들은 정말 죽을 고생을 한 거지. 이런 건축물을 짓다가 재정이 파탄 나는 경우도 많았단다. 가까운 예로 조선말에 대원군이 왕실의 위엄을 다시 세운다며 경복궁을 짓다가 재정이 어려워져서 망국의 속도가 빨라졌지. 서양에서도 로마 가톨릭교회가 성베드로 성당 같은 웅장한 예배당을 짓다가 면죄부(금전이나 재물을 바친 사람에게 죄를 면한다는 뜻으로 발행하던 증서)를 파는 등의 무리수를 두고, 결국 종교개혁이 일어나게 됐지.

황룡사9층목탑의 복원 축소 모형. 이 거대한 건축물이 몽골의 침입으로 한 순간에 잿더미가 됐다.

불교에서는 왜 탑을 만들었을까?

왜 당시 신라인들은 황룡사에 이렇게 큰 탑을 지었을까? 원래 황룡사는 진흥왕이 새로운 왕궁을 지으려고 했던 자리였는데, 황룡이 나타나 하늘의 뜻으로 알고 왕궁 대신 절을 지었다고 해. 이후 거의 100여 년 동안 건축을 해서 신라를 대표하는 절이 됐단다. 선덕여왕 시절 당나라 유학을 마치고 온 자장법사가 여왕이 다스리는 신라가 다른 나라들에게 무시당하지 않게, 주변에 위엄을 보이기 위해 9층탑을 지었다고 하는구나. 한 층 한 층이 신라 주변에 있는 나라를 상징하고, 그 나라들의 기운을 누르기 위해 9층으로 지은 것이고.

불교 역사를 보면 원래 탑은 부처의 사리를 봉안하고, 가르침을 기억하기 위해 만들어진 조형물이라고 해. 부처님은 이 세상에서 눈에 보이는 것은 모두 허상이니 집착하지 말고, 깨달음을 얻어 끝없는 윤회에서 벗어나 열반의 세계로 들어가라고 가르치셨지. 그리고 살아 있는 동안 자신의 가르침을 절대시하거나 신성화하는 것을 허락하지 않으셨단다. 하지만 이후 사람들이 부처님의 가르침을 세상에 널리 전하기 위한 방편(方便)으로 탑을 도시 가운데 세워 많은 사람들이 부처님을 기억하게 하려고 했지. 최초의 불탑은 부처님의 사리를 모신 8개의 탑이었는데, 이후 인도의 아소카왕(기원 전 273(?)-232년)이 불교를 전파하기 위한 목적으로 8개의 탑에 모셔진 사리를 나누어 전국에 8만 4천개의 탑을 세웠다고 해. 8만 4천은 실제 수가 아니라, 불교에서 말하는 무수한 수를 상징하는 것으로 당시 인도 전역에 수많은 불탑을 세운 것으로 본다.

그러다 인도가 알렉산더 침공(기원 전 323년경) 이후 그리스 문화의 영향을 받게 되고, 불탑이 없는 간다라 지역(지금의 파키스탄 지역)에서 부처님의 형상을 만들어 숭배하는 문화가 생기면서 불상이 조성되기 시작했단다. 이런 전통이 사리탑이 없는 지역에 퍼지면서 결국 중국과 우리나라까지 불상 중심의 불교가 자리 잡게 된 거지. 하여간 부처님은 자신의 사리가 신성시되는 것도, 자신의 상이 만들어지는 것도 원치 않으셨는데, 이후에 부처님의 가르침을 종교화하고 정치적으로 이용하고자 하는 사람들에 의해 많이 왜곡되고, 역사적으로는 불교문화라는 또 다른 예술적 표현이 나타나게 된 것 같아.

신라 왕권과 호국불교

사실 황룡사나 황룡사탑, 또 옆에 있는 분황사도 그렇고 신라 대부분의 절이나 탑은 정치적인 의도가 강하단다. 이를 전문 용어로는 호국불교(護國佛敎)라고 하는데, 나라를 지키기 위해 불교를 믿는 거라고 할 수 있지. 그런데 가만히 생각해 보면 이것도 불교의 원 가르침과는 상당히 거리가 있단다. 부처님께서는 이 세상에 모든 것이 허상이기 때문에, 나라도 민족도 궁극의 가치가 될 수 없고, 인간이 만든 모든 것에서 초월해야 진정 자유로워질 수 있다고 보셨어. 그래서 본인의 나라인 석가국이 망하는 것을 보고도 이 또한 운명으로 받아들이고 역사의 흐름을 바꾸려 하지 않으셨지. 그러니 부처님의 힘을 빌려 나라를 지킨다거나 수백 개의 불상과 탑을 지어 나라를 지킨다는 사상은 신앙을 전하는 데 도움이 될 수는 있어도 본질은 아니라고 할 수 있지.

신라뿐 아니라 고구려나 백제에도 호국불교적인 면이 있었지만, 왕권이 약했던 신라에서는 불교를 정치에 이용하려는 면이 더 강했던 것 같아. 북방 유목민 계통으로 추측되는 김씨 왕족이 토착 귀족들의 세력을 누르고, 국민을 통합하기 위해 불교를 적극적으로 이용한 측면이 강하지. 그러다 보니 중요한 불교의 가르침도 왕족과 나라를 위해서라면 수정되고 왜곡되는 일이 자주 일어났던 것 같아.

　　이런 현상은 불교뿐 아니라 다른 종교에서도 쉽게 찾아볼 수 있단다. 종교의 이상과 정치적인 목적이 뒤섞이기 시작하면 종교가 가지고 있는 원래의 순수성이 훼손되고 왜곡되는 일이 많지. 서양 역사에서도 로마가 기독교를 공인한 중요한 목적은 제국의 시민들이 기독교 신앙대로 올바로 살게 하기 위함보다 위기에 처한 로마제국을 단결시키고 나라를 지키기 위함이었지. 그렇게 정치와 결합된 이후 기독교 신앙이 이상한 방향으로 가기 시작한 것 같고.

먹기 위해 기도하는가? 기도하기 위해 먹는가?

이런 일은 지금도 여전히 일어나고 있단다. 그래서 이런 폐단을 막기 위해 탈무드에서는 '당신은 먹기 위해 기도합니까? 기도하기 위해 먹습니까?'라는 질문을 던져 보라고 한다. 비슷해 보이는 이 말의 차이는 뭘까? '먹기 위해 기도한다'는 것은 종교생활의 목적이 사실은 돈을 벌고, 권력을 얻고, 명예를 얻기 위한 수단이라는 거지. 그리고 그것을 얻기 위해서는 샤머니즘이든 고등종교든 상관없는 거야. 이른바 복을 빌기 위해 종교생활을 하는 거지. 이런 사람들이 많아지면 그 끝은 종교로 인해 수많은 사회악이 생기고, 종교의 이름으로 사람을 죽이고 전쟁을 하는 일들이 벌어지기도 한단다.

이에 비해 '기도하기 위해 먹는다'는 것은 우리가 영적인 생활을 하기 위해 돈도 벌고, 필요하면 주어진 권력도 사용하고, 자신을 지키기 위한 전쟁도 하라는 거야. 남들이 보기에는 비종교인과 똑같은 삶을 사는 것 같지만, 궁극적으로 그렇게 하는 이유가 다른 거지. 국가적으로도 경제력과 군사력이 강한 나라를 만들고, 잘못된 사상으로부터 나라를 지키는 것을 신앙생활의 목표로 생각하지 않는 거지. 불교나 다른 많은 고등종교는 이 땅의 것에 집착하지 말라고 하는데, 결국 이 땅의 가치에서 벗어나지 못하는 사람들이 너무 많단다. 너는 앞으로 이 점을 잘 생각해 보렴. 신앙생활은 항상 이 점을 점검해야 한단다. 그렇지 않으면 언제든지 허망하게 사라지는 또 다른 종교가 되는 위험이 있단다.

황룡사를 복원할 계획이 있다고 하는데, 앞으로 목탑도 복원될 수 있을지 모르겠구나. 황룡사 박물관에서 영상 자료로 복원된 모습을 보니, '굳이 복원할 필요가 있을까'라는 생각도 든다. 지금처럼 3D 영상으로 과거의 화려한 모습을 확인해도 충분할 것 같은데…. 보이는 것은 잠깐이요, 보이지 않는 것이 영원하다고 하잖니. 우리는 보이는 허망한 것보다 보이지 않는 더 중요한 가치에 집중하며 사는 방법을 생각해 보자꾸나.

황룡사 역사박물관 전시

심샘의 추천자료

♥ **신라 김씨 왕족의 흉노 후예설**

고고학이나 역사학계의 정설은 아니나, 천마총의 천마도 모습이나 신라왕관의 나뭇
가지 모양 등 신라 고분 유물에서 나타나는 북방 유목민족의 흔적을 토대로 이런 주장
이 나오고 있다. 아래는 이 문제를 다룬 영상인데, 이에 대한 반론은 더 많다.

♥ 〈YTN 사이언스〉 신라 천년의 역사를 만나다 1부 – 신라의 호국사상, 불교
♥ 〈KBS 역사추적〉 문무왕 비문의 비밀 1부
♥ 〈KBS 역사추적〉 문무왕 비문의 비밀 2부

 **심샘의 깨알정보**

★ **황룡사 역사문화관**

주소 경상북도 경주시 구황동 789–1

옛 황룡사터에 있고, 황룡사 건축에 관한 상세 모형과 과거 모습 재현, 3D 입체 영상
등이 잘 갖춰져 있다. 경주에 가면 꼭 한번 들러볼 만한 곳이다.

★ **분황사(芬皇寺)**

주소 경상북도 경주시 분황로 94–11

황룡사지 옆인 경주 구황동에 위치했다. 선덕여왕 3년(634년)에 제위를 기념하기 위해
세워진 절이라고 한다. 이후 자장법사가 당나라 유학 이후 이곳에서 불교 계율을 주석

하고, 원효대사가 금강삼매경론 등의 책을 저술한 곳으로
도 유명하다. 당시에는 규모가 컸으나 지금은 분황사 모전
석탑(模塼石塔)과 약사여래불을 모신 보광전만이 소박하게
남아 있다. 모전석탑은 벽돌탑 모양을 흉내 내서 만든 석탑
이라는 뜻으로 삼국시대 불탑 양식 중 하나이다. 분황사 앞
에 작은 주차장이 있으며, 별도의 입장료를 내야 한다.

천년의 세월을 견뎌온 분황사 모
전석탑과 돌사자

★ 경주대릉원

주소 경북 경주시 황남동 31-1

운영 매일 09:00-22:00 / 연중무휴

황남대총과 천마총 등 신라 초기의 대형 고분군이 모여 있는 지역이다. 천마총은 내부
를 볼 수 있게 전시 시설로 꾸며 놓았다. 대릉원 앞은 계림경주역사유적지구로 첨성대
와 내물왕릉이 있다. 대릉원 주차장에 차를 세워 두고 일대를 둘러볼 수 있는데, 굉장
히 넓기 때문에 시간을 넉넉히 잡아야 한다. 대릉원 주변에는 유명한 한정식, 쌈밥 집
이 많이 있다.

❶ 능 안에 들어가 볼 수 있는 천마총 ❷ 천마도 복원 모형 ❸ 작은 산과 같은 황남대총 ❹ 첨성대

★ 동궁과 월지(東宮과 月池)

주소 경북 경주시 원화로 102 안압지 (054-750-8655)

운영 매일 09:00-22:00 / 연중무휴

신라시대 왕궁 연못인 월지와 왕자들이 머물던 동궁이 있던 곳으로, 조선시대 폐허가
된 이곳에 기러기와 오리 무리가 많다고 해 안압지라고도 불렸다. 오랫동안 안압지로
불리다가 2011년부터 '동궁과 월지'라는 이름을 되찾았다. 경주 야경 제 1명소로 평소
에도 많은 관광객들이 찾는다. 아름다운 궁정 정원과 조경을 볼 수 있다.

★ 교촌한옥마을과 최부자댁 고택

주소 경북 경주시 교동 71

우리나라의 노블리스 오블리주(귀족은 책임은
갖는다)의 대명사로 불리는 경주 최부자집 고
택과 부근의 한옥 집들이 한옥마을을 이루고
있다. 한옥마을과 복원된 월정교를 둘러볼 수
있다. 한옥마을 안에 유명한 한정식 집과 교
동 법주 집도 있다.

최부자집 고택이 있는 교촌한옥마을, 신라시대 왕
궁과 경주 남산을 잇던 월정교가 복원됐다.

★ 경주의 숙소와 식당

신라 천년의 도성이었고, 도시 안팎으로 역사 유적지가 넘치는 경주는 우리나라의 오
랜 관광 도시이자, 수학여행 단골 코스여서 저렴한 숙박시설이 많이 있다. 특히 보문관
광단지에는 2, 3성급 호텔이나 리조트를 저렴한 가격에 구할 수 있다. 또 대릉원 부근
황리단길 일대에는 한옥 숙박시설도 많으니 비수기에 이런 숙소를 활용해 보는 것도
좋다. 황리단길에는 다양한 카페와 식당이 밀집해 있어 새로운 핫플레이스로 각광을
받고 있다.

26 포항 호미곶

해돋이를 보며
삶의 열정을 생각해 보자

시온아, 오늘은 포항 호미곶에서 해돋이를 같이 보자. 포항의 옛 이름은 해를 맞이한다는 의미의 '영일(迎日)'이었다고 해. 지금도 포항 앞바다, 달만갑과 장기곶 사이 움푹 들어간 만(灣)을 영일만이라고 하지. 그리고 울산 간절곶과 더불어 우리나라에서 해를 제일 먼저 볼 수 있는 곳이 바로 여기 호미곶이야. 동해 해돋이 명소에 '상생(相生)의 손'이라는 조형물이 더해져 우리나라에서 가장 유명한 일출 명소가 됐지. 아침 바닷바람이 너무 매서우면, 옆에 있는 에스페란자 카페에서 따뜻한 음료를 시키고, 창가에서 해돋이와 바다를 바라봐도 좋지. 에스페란자(Esperanza)는 스페인어로 '희망'이라는 뜻인데, 인테리어와 밖의 조망이 아주 좋단다.

포항 영일만과 호미곶　　　　　　　　　　　호미곶에서의 해돋이

이곳 호미곶은 한반도의 동쪽 끝이란다. 독도를 제외하고, 육지에서 가장 처음 해돋이를 볼 수 있는 곳이지. 해마다 1월 1일이나 정월 초하루(음력 1월 1일)면 구름 같이 많은 사람들이 모여 해돋이를 보고 한 해 소원과 가족의 건강을 비는 곳이기도 하단다. 참, 우리는 다른 민족과 달리 해를 신으로 숭배하는 전통이 강하지 않았단다. 이집트에서는 태양신 라(Ra)를, 그리스에서는 아폴론 등 고대 문명권에서부터 태양을 숭배하는 전통이 강했는데, 우리에게는 신이라기보다 해님 정도로 소원을 의탁하는 대상으로 여겼지.

바닷가에서 완벽한(?) 해돋이를 보기란 쉽지는 않단다. 구름이 많이 끼거나 날씨가 좋지 않은 날엔 해돋이를 제대로 보기 힘들어. 그런데 오늘은 다행히 날이 좋구나. 이제 어둠을 뚫고, 붉은 빛이 감돌면서 해가 먼저 떠오르고, 장엄한 광경 후에 붉은 태양은 하얀 해가 돼 수평선 위에 자리 잡을 거야.

해돋이가 주는 문학적 영감

해돋이의 장엄한 모습은 많은 사람들에게 문학적인 영감을 주었단다. 많은 사람들이 '해돋이'를 주제로 글로 묘사하고 시를 지었지. 해돋이에 관한 좋은 글들이 많지만, 오늘은 아래 시 몇 수를 같이 읽어 보자.

새해 새아침은
― 이하(李夏)

새해 새아침은
깊고 푸른 소금의 나라에서 온다.

천년 그리고 한 천년
바다 너머 깊은 바다 속에서
절여둔 아침 해는
한 해 하나씩 새해 새날에만 내민다.

바닷가에 사는 사람들은
갈매기보다 수선한 그물에 담고
바닷가에 온 도회 사람은
바다보다 네모난 액자에 건다.

거긴 소금처럼 하얀

순수가 있고

거긴 내내, 새날 새아침 해에게 받은

맑고도 환한 꿈이 출렁인다.

때로 삶이 생활보다 지칠 때

푸른 소금의 나라에서 보내 준

싱싱한 꿈이 말갛게 파도에 씻긴 채 반긴다.

　　이 시는 경동대 영문과교수이기도 한 이하 시인(본명은 이만식인데, 이하라는 필명으로 시를 발표한다)의 〈새해 새아침은〉이라는 시의 앞부분이란다. 바다에서 올라오는 해를 깊고 푸른 소금 나라에서 왔다고 하고, 바다 속 깊이 절여 두었다는 표현을 하셨구나. 참 독창적이고 아름다운 표현인 것 같아. 그리고 시인은 자신의 시를 많은 사람들이 인용할 수 있도록 '저작권 자유운동'에 가입하고 블로그에 공개하셨단다. 그래서 아빠도 이 좋은 시를 만나고 또 이 책에 인용할 수 있게 됐지. 너무 감사하고, 시인의 좋은 시를 많이 알려야겠다.

보라 동해에 떠오르는 태양

또, 아빠는 해돋이를 볼 때마다, 〈내 나라 내 겨레〉라는 노래가 생각 나. 아빠가 한번 불러 볼까?

보라 동해에 떠오르는 태양
누구의 머리 위에 이글거리나

피맺힌 투쟁의 흐름 속에
고귀한 순결함을 얻은 우리 위에

보라 동해에 떠오르는 태양
누구의 앞길에서 훤히 비치나

찬란한 선조의 문화 속에
고요히 기다려온 우리 민족 앞에

숨소리 점점 커져 맥박이 힘차게 뛴다
이 땅에 순결하게 얽힌 겨레여

보라 동해에 떠오르는 태양
우리가 간직함이 옳지 않겠나

이 노래는 김민기 작사, 송창식 작곡의 〈내 나라 내 겨레〉라는 곡이란
다. 독재의 그림자가 짙어 가던 1970년대 초에 송창식 씨가 동해 바닷
가에서 우리나라의 아름다움을 노래하고 싶어 쓴 곡에 김민기 씨가 가
사를 썼다고 하는구나. 아빠는 이 노래를 처음 들었을 때, '아! 이 노래가
우리나라 국가였으면 좋겠다'는 생각을 했단다.

미국의 경우 〈별이 빛나는 깃발(The Star-Spangled Banner)〉이라는 정식 국가가 있지만, 군이나 스포츠 행사 혹은 대통령 취임식에서 〈God bless America, God Bless the U.S.A, America the beautiful〉 같은 이른바 애국가요를 많이 부른단다. 우리도 애국가 말고도 다양한 애국가요를 선택해서 부르는 융통성이 있으면 좋을 것 같은데, 아빠가 고른 후보곡 중 한 곡이 바로 〈내 나라 내 겨레〉란다. 그리고 또 한 곡은 〈홀로 아리랑〉인데 들어 볼래?

저 멀리 동해바다 외로운 섬
오늘도 거센 바람 불어오겠지
조그만 얼굴로 바람 맞으니
독도야 간밤에 잘 잤느냐

아리랑 아리랑 홀로아리랑
아리랑 고개를 넘어가 보자
가다가 힘들면 쉬어 가더라도
손잡고 가보자 같이 가보자

금강산 맑은 물은 동해로 흐르고
설악산 맑은 물도 동해 가는데
우리네 마음들은 어디로 가는가
언제쯤 우리는 하나가 될까

아리랑 아리랑 홀로아리랑

아리랑 고개를 넘어가 보자

가다가 힘들면 쉬어 가더라도

손잡고 가보자 같이 가보자

백두산 두만강에서 배 타고 떠나라

한라산 제주에서 배타고 간다

가다가 홀로 섬에 닻을 내리고

떠오르는 아침 해를 맞이해보자

동해의 태양 앞에서 다짐해 보는 홀로서기

이 노래는 한돌이라는 분이 작사, 작곡한 곡인데 앞 구절만 불러도 눈물이 나려고 한다. 넌 언제쯤 '아리랑'이라는 가사와 리듬만 들어도 가슴이 벅차오르고 눈물이 날지 모르겠구나. 네가 세계 어느 곳에 있든지, 아리랑이라는 말이 네 마음을 울린다면 너는 한민족이라고 할 수 있을 거야.

이 노래에도 '홀로 섬에 닻을 내리고 떠오르는 아침 해를 맞이해 보자'는 가사가 나오지. 홀로 섬은 어디일까? 바로 독도라고 하는 우리나라 가장 동쪽 끝에 있는 섬이지. 외로운 돌섬이기도 하고, 일본 극우 인사들이 자기 땅이라고 억지를 부리며 분쟁 지역으로 삼으려는 땅이기노 하시. '홀로'라는 밀은 '외로운'이라는 쓸쓸한 의미도 있지만, 아빠는 '스스로'라는 자주적인 의미로 읽고 싶구나.

일제의 억압에서 벗어나 독립을 했지만, 여전히 남과 북으로 나눠진 현실. 우리는 아직 완전한 홀로서기를 했다고 할 수 없단다. 주변에 있는 어느 강대국도 우리나라가 통일을 이루어 온전히 홀로서기 하는 걸 원하지 않지. 그래서 우리나라의 지금 모습이나 독도의 모습이 똑같다고 할 수 있을 거야. 오늘도 거센 바람이 동서남북에서 불어온다. 그리고 우리는 작은 얼굴로 이 모든 바람을 견뎌 내야 한단다. 그리고 홀로 서는 길이 힘들고 고되면 잠시 쉬어 갈 수도 있지. 하지만 포기하지 말아야 해. 세계 4대 강대국 틈바구니에서 홀로서기를 해야 하는 것이 우리의 운명이고, 이것을 해 낼 때 우리는 세계에 기여할 수 있는 문화민족이 될 수 있을 거야.

개인적으로 아빠는 '홀로서기'라는 말을 좋아한단다. 홀로서기라고 해서 협력을 거부하고 독불장군으로 살라는 말은 아니야. 남에게 의지하고 않고, 눈치를 보지 않고, 당당히 나의 길을 간다는 의미이지. 아빠는 네가 이렇게 당당하고 자기만의 소신을 가지고, 한편으로 다른 사람에게는 따뜻하고 함께하기 편한 사람이 됐으면 하는 바람이 있단다. 심지가 곧지만 부드러운 사람, 한자어로는 외유내강(外柔內剛)이라고 하는데, 그렇게 되려면 자신에게 엄격하고 남에게는 관대해야 해. 너와 살아가는 동안 아빠도 최대한 이런 모습을 보여 줘야 하는데, 오늘 아름다운 해돋이를 보며 다시 한 번 이런 삶을 다짐해 본다.

태양이 떠오르면 달려야 한다

마지막으로 태양과 관련해서 인상 깊은 구절이 하나 있는데, 바로 "태양이 떠오르면 나는 달려야 한다."라는 말이야.

이 말은 아빠가 교육 칼럼을 쓰던 한 인터넷 카페의 오프라인 모임에서 헤어디자이너 누나를 만났는데, 그 누나의 명함에 적혀 있던 글귀야. 이 누나는 고등학교만 나와서 미용 일을 배우고 몇 년을 열심히 일해서 스스로 1억을 저축했다고 해. 이 누나의 소신과 지금까지 열심히 살아온 이야기는 아빠에게 큰 감동을 주었단다. 그래서 아빠가 강의하던 편입학원 학원생들에게 이 글귀를 자주 소개했지. 열심히 공부해서 빨리 이 좁은 학원과 교실을 탈출하고, 쓰러져도 좋으니까 20대 때는 한번 힘차게 달려 보라고.

아빠도 지금 돌아보면 20, 30대는 내가 좋아하고 잘하는 일에 몰입하고, 미친 듯이 달릴 수 있던 시기인 것 같아. 이런 여행과 자기를 성찰하는 공부를 통해 방향을 잡고, 젊은 시절에는 열정을 갖고 힘차게 달린다면 네가 원하는 일을 하면서 행복하게 살 수 있을 거야. 우리에게 새로운 태양이 떠오르는 마지막 그날까지 우리도 한번 달려 보자!

★ 호미곶해맞이광장

주소 경북 포항시 남구 호미곶면 대보리 (054-270-5855)
대표적인 해맞이 명소로 해마다 1월 1일이나 설날에 많은
사람들이 모여 해맞이 기념행사를 한다.

★ 호미곶 에스페란자 카페

호미곶 앞의 전망이 좋은 카페다. 이 카페의 창업자 김광
수 대표는 여러 번의 사업 경험을 바탕으로 유지비용을
최소로 하는 커피숍을 이곳에 창업했다고 한다.

카페 2층, 추운 날 카페 내에서 바다
와 해돋이를 볼 수 있다.

★ 포스코본사역사관 (www.posco.co.kr)

주소 경북 포항시 남구 동해안로 6261 (054-220-7720)
한국 산업화의 상징인 포항제철의 역사를 정리한 역사관
이다. 우리나라 제철의 역사와 포스코 신화의 과정을 볼
수 있다. 포스코 홈페이지에 가면 역사관뿐 아니라, 포항
제철소, 광양제철소 등을 견학할 수 있는 다양한 프로그
램이 안내돼 있다.

포스코 제철소와 포스코본사역사관

★ 죽도시장

포항의 대표적인 재래시장으로 동해에서 잡히는 다양한
수산물이 들어온다. 포항의 대표 별미인 과메기를 비롯해
영덕대게 식당들이 줄지어 있다. 재래시장의 생동감과 다
양한 먹거리를 맛볼 수 있다.

포항의 대표 재래시장인 죽도시장,
동해에서 잡히는 수산물이 모인다.

드라마 〈동백꽃 필 무렵〉의 촬영지 구룡포마을 　　일본인들의 생활상을 재현한 구룡포 근대역사관

★ 포항 구룡포마을

구룡포 공영 주차장: 경북 포항시 남구 구룡포읍 구룡포리 954-7

구룡포항은 호미반도의 대표적인 어항으로 동해에서 잡히는 물고기, 문어, 대게 등의 수산물이 모이는 곳이다. 일제강점기 우리 수산물을 일본으로 보내는 어업전진기지이기도 해서 일본인들의 거주지가 지금도 남아 있다. 2019년 방영된 드라마 〈동백꽃 필 무렵〉이 이곳에서 촬영됐는데, 큰 인기를 끌면서 일대가 유명한 관광지가 됐다. 다양한 카페와 맛집도 돌아볼 수 있다.

27 거제 대계마을

대통령의 운명에 대해
생각해 보자

시온아, 오늘은 거제도 대계마을에 있는 김영삼 대통령 생가에 가 보자꾸나. 우리나라에서 제주도 다음으로 큰 섬인 거제도는 한려해상국립공원의 아름다운 자연환경뿐 아니라, 이순신 장군이 임진왜란에서 최초의 승리를 거둔 옥포해전이 벌어진 곳이고, 두 명의 대한민국 대통령을 배출한 역사적인 장소이기도 하단다. 또, 대우옥포조선소, 삼성중공업으로 상징되는 산업화의 전초 기지이기도 했지. 자연, 역사, 경제의 모든 면을 볼 수 있는 흥미로운 곳이니 일정을 여유 있게 잡고 곳곳을 돌아봐도 좋을 것 같아.

❶ 대계마을 김영삼 대통령 생가와 기념관 ❷ 생가에 걸린 휘호와 사진들 ❸ 박정희, 전두환 독재 정권에 맞서 목숨을 걸고 민주화 투쟁을 하던 시절 ❹ 1992년 대통령 선거 포스터

김영삼 대통령의 정치 인생과 아빠의 기억

김영삼 대통령은 거제도에서 태어나 25살에 거제에서 최연소 국회의원이 되고, 이후 9번의 국회의원을 하면서 부산 경남을 대표하는 정치인으로, 그리고 군사독재 정권과 맞서 싸운 민주화운동의 큰 산이었단다. 산을 좋아해서 독재정권 시절에는 민주산악회를 조직해 민주화 동지들과 산도 많이 타셨지. 당시 군사독재 정부가 도청을 많이 해서, 산은 여러모로 안전한 모임 장소였다고 해. 별명인 호도 큰 산이라는 뜻의 '거산(巨山)'이란다.

아빠는 1987년 6월 항쟁 때 중학생이었는데 아빠가 살던 안양에서도 '호헌철폐 독재타도'를 외치는 큰 시위가 있었지. 호헌철폐(護憲撤廢)는 당시 전두환 정부가 국민이 대통령을 직접 뽑지 못하게 하고, 이전 헌법대로 대통령 간선제를 통해 군사독재 정부를 연장하려고 하자, 옛 헌법을 철폐하고 새로운 헌법으로 대통령을 직접 뽑게 해 달라는 구호였단다. 아빠는 전국적인 시위로 인해 6.29선언이라는 헌법개정 수용 선언이 나오는 것을 보고, '와 이게 역사책에서만 보던 혁명인가?'라는 감동을 느꼈단다. 당시 자세한 모습은 여기 김영삼 기념관뿐 아니라, 광화문의 대한민국 역사박물관에 잘 묘사돼 있단다. 또, 영화 〈1987〉을 보면 박종철 고문 사망 사건 이후 6월 항쟁 전개 과정을 볼 수 있지. 이렇게 국민들의 힘으로 헌법이 바뀌고, 그해 겨울 대통령을 직접 뽑는 선거를 치르게 됐어. 아빠도 어린 나이지만 당시 대통령 선거에서 김영삼 후보의 안양 유세 현장에 가 봤단다. 당시 안양은 김영삼 후보를 지지하는 분위기가 강했는데 지금도 '영삼 영삼 김영삼, 민주 민주 김영삼'을 외치던 선거 로고송이 귓가에 쟁쟁하구나.

하지만 당시 선거에서 민주 세력은 김영삼, 김대중으로 분열되고 이 틈을 노려 노태우 후보가 36.6% 득표율로 대통령에 당선됐지. 뒤이은 총선에서 김영삼 총재가 이끄는 통일민주당은 3등을 하며 큰 위기를 겪게 되고. 이에 김영삼 총재는 "호랑이를 잡기 위해서는 호랑이 굴로 들어가야 한다."며 노태우, 김종필과 함께 민주자유당이라는 거대 여당을 만들었다. 이후 여당의 대통령 후보로서 김대중, 정주영 후보 등과 붙은 1992년 대선에서 승리해 마침내 대통령이 됐단다.

대통령이 돼서는 문민정부라는 기치로 군대 내의 사조직 척결, 금융 실명제 도입, 역사 바로 세우기 등 여러 개혁 사업을 신속하고 과감하게 추진했지만, 임기 말 경제 위기를 극복하지 못하고 결국 IMF로부터 구제 금융을 받는 국가적인 굴욕이자 본인의 정치 인생에 가장 큰 오점을 남겼지.

경남에서 나온 세 명의 대통령

김영삼 대통령과의 인연으로 우리나라 역사에서는 두 명의 경남 출신 대통령이 더 나오게 된단다. 김영삼 대통령의 정치적 승부수였던 군사 독재 세력과의 합당에 반대했던 통일민주당의 노무현 의원은 무모하게 부산에서 계속 선거에 도전하는 바보의 길을 가다가 마침내 대통령이 됐고, 노무현의 친구로 조용한 조력자로 남기를 바랐던, 또 다른 거제 출신의 인권 변호사 문재인은 촛불 혁명 이후 또 한 명의 대통령이 됐지. 문재인 대통령의 아버지는 원래 북한 흥남 출신인데, 한국전쟁 때 배를 타고 거제도로 내려와 문재인 대통령을 거제도 시골 마을에서 낳았다고 해.

이렇게 우리나라 역사에서 경남에서는 3명의 대통령이, 그중 거제도에서는 2명의 대통령이 나오게 됐단다. 노무현 대통령은 마지막 유서에서 "너무 슬퍼하지 마라. 삶과 죽음이 모두 자연의 한 조각 아니겠는가? 미안해하지 마라. 누구도 원망하지 마라. 운명이다."라는 말씀을 남겼는데, 참 사람의 운명과 역사라는 게 신기하지 않니? 떨어져 있는 것 같지만 연결돼 있고, 실

문재인 대통령 생가 마을

패와 좌절처럼 보이는 곳에서 다음의 역사를 준비하는 씨앗이 뿌려지고 있음을 우리나라 역사와 세 대통령의 삶에서 볼 수 있구나.

우리나라는 지금까지 대통령제하에서 이승만, 박정희, 전두환, 노태우, 김영삼, 김대중, 노무현, 이명박, 박근혜라는 9명의 대통령을 뽑았단다. 이중 임기가 끝난 후 감옥에 가지 않거나, 우리나라 땅에서 가족들이 보는 앞에서 조용히 눈을 감은 분은 지금까지 김영삼, 김대중 대통령밖에 없구나. 국민들의 지지를 받고, 최고의 권력인 대통령 자리에 오른 후 인생의 끝이 왜 이렇게 불행할까? 더 이상 이런 불행한 역사가 반복되지 않도록 우리 국민들이 더욱 지혜를 모아야 할 것 같구나.

옥포해전과 두 개의 조선소

노무현 대통령의 김해 생가나 문재인 대통령의 거제도 생가는 뒤는 산이고 앞은 논인데, 김영삼 대통령의 생가에서는 바다가 보이는구나. 그리고 김영삼 대통령 생가 앞에는 옥포항까지 이어지는 '충무공 이순신 만나러 가는 길'이라는 8.3km 길이의 둘레길이 있단다. 옥포는 임진왜란 때 이순신 장군이 첫 승리를 거둔 역사적인 장소이기도 하지. 둘레길 마지막에 옥포대첩기념공원과 기념관이 있는데, 이곳에 가면 당시 옥포해전에 대한 자세한 내용과 임진왜란 당시 이순신 장군의 활약상을 볼 수 있단다.

그리고 옥포는 김우중 회장이 《세상은 넓고 할 일은 많다》라는 책을 쓰고, 세계 경영을 꿈꾸며 키운 옥포조선소(대우조선해양)가 있는 곳이기도 하단다. 책 내용 중에 옥포조선소의 불빛을 바라보며 책을 쓴다는 내용이 기억나는구나. 대우그룹은 지나치게 많은 빚을 내서 경영하다가 김영삼 대통령 시절 경제 위기를 견디지 못해 해체됐고, 대우조선도 산업은행을 통해 국가의 관리하에 있다가 현대중공업으로 인수됐지.

거제도 북쪽의 고현항 부근에는 또 하나의 세계적인 조선소인 삼성중공업이 있단다. 울산의 현대중공업과 거제도의 두 조선소는 세계 3대 조선사로, 전성기에는 전 세계 배의 절반 가까이를 만들며 우리나라 산업화에 큰 기여를 했단다. 임진왜란 때 거북선과 판옥선을 만들던 우리 조상들은 우리가 이렇게 세계적인 조선 강국이 될 줄 상상이나 했을까?

우리가 거제도를 갔을 때는 조선업 불황, 대우조선의 현대중공업 인수 등으로 거제도 경제가 큰 타격을 받았을 때란다. 거제도뿐 아니라, 현대중공업이 있는 울산도 그렇고 우리나라를 먹고살게 해 준 주요 제조업이 큰 어려움을 겪고, 지역경제도 점점 어려워지는 것 같아. 앞으로 우리 세대와 너희들 세대가 잘 대처해야 우리나라가 살아남을 것 같은데, 너희들 세대의 인구수가 너무 적은 게 걱정이구나.

대우조선해양 정문

삼성중공업의 크레인들

김영삼 대통령 생가와 옥포조선소 모두 시련을 극복하고 화려한 성공이 있던 자리인데, 그 끝이 아름답지 못한 곳이어서 그런지 왠지 우울한 느낌이 드는구나. 하지만 이런 시련이 있어야 또 다른 도전이 있을 수 있겠지. 오늘 배우고 느낀 역사의 교훈을 마음에 새기고, 우리는 개인적으로 끝이 아름다운 사람이 되도록 더욱 노력해 보자꾸나.

멸치로도 유명한 거제도

지금까지 너무 무거운 정치나 경제 이야기만 한 것 같은데, 재미있는 이야기 하나 해 줄까? 여기 김영삼 대통령 생가 앞에는 멸치가게가 많은데, 거제도가 원래 멸치로도 유명하다는구나. 이곳에서 잡아서 말린 멸치를 '외포멸치'라고 하는데, 좋은 제품이 많으니 여기서 하나 사서 네가 좋아하는 멸치볶음을 해 줄게. 거제도 출신이고 아버지가 여러 배를 거느린 선주이기도 했던 김영삼 대통령은 정치를 하고 난 이후 주변 정치인이나 지인들에게 멸치 선물을 자주 해서, 그 선물을 'YS멸치'라고도 했단다. 그리고 여기 외포에는 멸치로 무침, 찌개, 보쌈, 튀김 등을 만들어 대접하는 멸치 코스요리가 있다고 하는데, 다음에 오면 꼭 한번 먹어 보자꾸나.

심샘의 추천자료

♥ 《중공업 가족의 유토피아》 양승훈 저 | 오월의봄 | 2019년

→ 경남대 사회학과 교수인 저자가 조선소 근무 경험과 현재 상황을 바탕으로 거제도와 조선업의 과거와 현재 그리고 미래를 조망했다.

♥ 영화 〈1987〉

1987년 6월 민주화 항쟁의 도화선이 된 박종철 군 고문치사 사건과 이후 민주화운동 과정을 감동적으로 묘사했다.

♥ 다큐영화 〈땐뽀걸즈〉

어려움을 겪고 있는 거제도 조선 산업의 실태를 조사하러 간 이승
문 KBS PD가 스포츠 댄스를 배우며 새로운 도전을 하고 있는 거
제여상의 이규호 선생님과 댄스 스포츠반 학생들의 이야기를 다
큐멘터리로 만들었다. 이후 이 이야기가 화제가 돼 2018년에는 같은 제목의 드라
마로 만들어지기도 했다. 거제도에서의 삶과 학생들의 진로, 인생의 고민을 살펴볼
수 있는 의미 있는 작품이다.

 **심샘의 개알정보**

★ **김영삼 대통령 기록전시관** (www.kysarchives.or.kr)

주소 경남 거제시 장목면 옥포대첩로 743 (055-639-8291)
대계마을 생가 옆에 전시관이 자리 잡고 있다. 생가 앞에
는 외포멸치를 파는 직판장도 있고, 옥포항까지 가는 둘
레길도 있다.

옥포항에서 김영삼 대통령 생가
까지 둘레길이 조성돼 있다.

★ 문재인 대통령 생가터

거제시 거제면 명진리 남정마을에는 문재인 대통령이 태어난 생가가 있다. 문 대통령은 이곳에서 한국전쟁 때 함경도서 피난 온 아버지(故 문용형, 1978년 59세로 작고)와 어머니 (故 강한옥 여사, 2019년 10월 29일 작고) 사이에서 1953년 1월 24일 태어나 부산 영도로 이사 가기 전 7살까지 유년시절을 보냈다. 현재는 다른 주인이 살고 있어서, 생가 복원이나 관람 시설이 마련돼 있지는 않다. 그래도 찾는 사람들이 많아 마을에는 주차 시설을 갖춰 놓았다. 문재인 대통령이 태어난 생가와 마을 분위기만 본다는 가벼운 마음으로 큰 기대를 갖지 않고 가는 게 좋다.

★ 도장포마을 바람의 언덕

주소 경남 거제시 남부면 도장포1길 76 도장포 어촌체험마을

거제도 남부 한려해상국립공원 바닷가에 '바람의 언덕'으로 유명한 도장포마을이 있다. 바닷바람을 맞으며 걷기 좋고, 언덕에서 내려다보는 바다 경관이 멋지다. 주말에는 많은 관광객이 찾아 주차 전쟁을 치러야 하기에, 주중에 돌아보는 것이 좋다.

남해 바다가 아름답게 보이는 바람의 언덕

★ 봉하마을

주소 경상남도 김해시 진영읍 봉하로 103-1

운영 생가 개방시간 : 09:00～18:00 / 묘역 개방시간 : 09:00～19:00

노무현 대통령의 생가와 퇴임 후 사저가 있는 봉하마을은 추모 시설이 잘 갖춰져 있다. 추모 행사나 중요한 민주화운동 이슈가 있을 때마다 많은 사람들이 찾는 곳이다.

봉하마을 생태공원 (www.gimhae.go.kr/bonghapark/html)

❶ 퇴임 후 시민들을 만나던 대통령의 모습 ❷ 노무현 대통령 생가 ❸ 청남대 대통령 별장과 정원 ❹ 청남대 메타세쿼이아 숲

★ **청남대** (chnam.chungbuk.go.kr/index.do)

주소 충북 청주시 상당구 문의면 청남대길 646 (043-257-5080)

청주에는 제5공화국 때 만들어졌다가 노무현 대통령 때 시민들에게 돌려진 대통령 별장인 청남대가 있다. 대통령 별장과 정원, 역대 대통령 역사관 등 다양한 시설이 있고, 메타세쿼이아 숲 등 아름다운 경치를 돌아볼 수 있다. 주말에는 찾는 사람이 많고, 하루 방문객 수를 제한하고 있어 방문하기 전에 미리 인터넷으로 예약해야 한다.

28 거제 포로수용소 공원

자유의 의미를
생각해 보자

시온아, 오늘은 거제도에 남아 있는 아픈 역사의 현장을 돌아
보자. 바로 거제도 포로수용소 유적공원이란다. 한국전쟁 당
시 인천상륙작전이 성공하고, 국군과 유엔군이 낙동강 전선에
서 반격하면서 미처 북한 지역으로 퇴각하지 못한 많은 북한군
이 포로가 되거나 지리산 등지로 숨었단다. 이후 전쟁이 계속
되면서 포로가 많이 생기자 이들을 수용하기 위해 거제도에 대
규모 포로수용소를 짓게 됐지. 수용소는 1951년 2월에 설치돼
1953년 7월까지 운영됐다고 해. 이 기간 동안 17만 명이 넘는
북한군과 중공군 포로들을 이곳에 수용했단다.

또 하나의 전쟁터였던 포로수용소

이곳은 단순한 포로수용소가 아니었단다. 수용소 안에서 이른바 반공 포로와 친공 포로 간 또 하나의 작은 전쟁이 벌어지면서 수많은 고문과 폭력, 살상이 벌어졌단다. 당시 북한군 포로 가운데는 공산정권에 동의 하지 않지만 강제 징집돼서 전쟁에 참여한 사람들이 있었지. 이들은 전 쟁 후 본국 송환을 원치 않고, 남한이나 제 3국으로 가기를 원했는데, 이들과 모든 포로를 일괄적으로 북으로 데려 가길 원하는 북한군 포로 간에 유혈 충돌이 벌어지게 된 거지.

한국전쟁 당시에는 이렇게 군인 간의 전쟁뿐만 아니라, 한반도 곳곳 에서 수많은 분쟁과 양민 학살로 무고한 사람들이 목숨을 잃는 일이 많 았단다. 그리고 휴전을 한 지 70여 년이 다 되어 가는 지금도 여전히 우 리는 남과 북이 서로 총을 겨누고 있고, 우리 사회에서도 여전히 이념으 로 인해 서로를 비난하고 폭력을 가하는 일들이 벌어지고 있지.

왜 이런 일들이 벌어졌는지는 정말 많은 생각과 공부가 필요하단다. 아빠는 그 근본적인 원인 중 하나가 우리의 힘으로 온전한 독립을 이루 지 못했기 때문에, 같은 동족끼리 피 흘리고 싸우는 비극이 벌어졌다고 본단다. 지금도 우리는 미국과 일본, 중국과 러시아의 틈바구니에 끼어

포로수용소 유적공원 입구

포로들의 당시 생활상을 생생하게 재현해 놓았다.

서 완전한 독립을 이루지 못한 채 살고 있고 이 이야기는 다른 역사적 장소에서 좀 더 나눠 보기로 하고, 오늘은 한국전쟁 포로 이야기와 관련 있는 소설을 하나 소개해 주려고 해.

최인훈의 《광장》과 우리 소설 읽기

그 소설은 바로 최인훈 작가의 《광장》이라는 작품이란다. 《광장》에 나오는 주인공 이명준은 해방 이후 서울에 살던 대학생이었단다. 아버지가 공산당 활동을 하고, 해방 이후 월북해서 대남방송을 하는 바람에 경찰서에 끌려가 고초를 겪게 되지. 그리고 자기도 북으로 올라가 6.25 때 참전했다가 전쟁 포로가 되고 말았지. 포로들을 송환할 때 남과 북 어디를 선택할지 묻는 질문에 그는 중립국을 선택하고, 본인의 소원대로 중립국인 인도로 가게 됐단다. 하지만 인도로 가는 길에 바다에 몸을 던져 자살한단다.

《광장》은 분단문학의 대표작으로 꼽히는 소설인데, 막상 네게 권해주기는 좀 그렇구나. 내용이 약간 관념적이고, 역사나 철학적인 지식이 없으면 이해하기 좀 어려운 데다가 성적인 표현이 많아서 어린 시절에

북으로 떠나는 여자 포로들의 모습

남한을 선택한 반공 포로들은 남에 남을 수 있었다.

읽기는 무리가 있을 것 같아. 하지만 밀실과 광장, 이상적인 광장을 찾는 주인공의 수평적 이동과 수직적 이동 등 여러 가지 생각할 거리를 주는 소설이니, 성년이 된 후 한 번 읽어 보면 좋겠구나.

덧붙여 말하면 나중에 이런 분단을 주제로 한 소설을 읽을 때는 우선《광장》보다 조정래 작가의《태백산맥》같은 좀 더 재미있고, 술술 읽히는 책을 먼저 보는 것이 더 좋을 것 같아. 이런 소설을 통해 당시의 시대적 상황에 대한 배경지식을 갖고, 독해력을 기른 다음《광장》과 같은 어려운 소설에 도전하는 게 바람직하지. 아빠는 좋은 소설의 기준은 한번 잡으면 손을 놓을 수 없는 흡입력과 스토리가 있느냐로 보거든. 아빠가 그런 경험을 한 소설은《태백산맥》과 더불어 조성기 작가의《야훼의 밤》이었는데,《태백산맥》은 며칠 밤을 새워 10권을 다 읽었단다.《야훼의 밤》은 서점에서 서서 5-6시간 동안 다 읽었지. 또,《삼국지》와《토지》도 한 권을 읽으면 다음 권을 읽지 않을 수 없는 명작이었단다.

우리 소설을 먼저 읽어라
··

소설은 이렇게 재미있는 책을 먼저 읽으렴. 아빠의 독서 역사에서 최대의 실수는 고3 겨울 방학 때 도스토옙스키의《죄와 벌》을 두 달 동안 꾸역꾸역 읽은 거란다. 우선 재미있는 우리 소설책 한 권을 하루에 읽을 정도의 독해력이 되지 않으면 외국 소설은 될 수 있으면 읽지 마렴. 문화 배경도 다르고 번역의 어색함 때문에 우리 글로 된 소설을 읽는 것만큼 유익을 누릴 수 없단다. 처음에는 우리나라의 좋은 단편소설에서 시작해 독해력이 늘면 장편소설에 도전해 보렴. 아빠가 추천하고 싶은 소설은 아래와 같단다.

> 단편소설: 황순원《소나기》,《학》,《독 짓는 늙은이》, 하근찬《수난이대》,
> 　　　　　 김유정《동백꽃》,《봄봄》, 전광용《꺼삐딴 리》, 김동인《붉은산》,
> 　　　　　 이효석《메밀꽃 필 무렵》
> 중편소설: 이미륵《압록강은 흐른다》
> 장편소설: 심훈《상록수》, 박경리《토지》, 조정래《태백산맥》

중·고등학교 교과서에 수록된 좋은 소설도 많은데, 학교에 가기 전에 미리 읽어 두면 소설이 전하고자 하는 메시지도 정확히 이해할 수 있을 거야. 책은 각각 따로 구해도 되고, 중고등학생을 위한 단편소설집 형태의 여러 소설이 같이 있는 책을 사도 돼.

민주주의 사회와 표현의 자유

이야기가 좀 다른 방향으로 흘렀는데, 사실 오늘 아빠가 하고 싶은 이야기는 어떻게 소설을 읽을까 보다, 위에서 말한 최인훈의《광장》이 발표된 시점이란다.《광장》은 1960년 11월에《새벽》이라는 잡지에 연재되기 시작했단다. 1960년이 어떤 해였는지 아니? 한국전쟁이 일어난 지 10년이 지난 해이면서, 4.19 혁명이 있던 해란다. 1960년 3월 15일에 치러진 부통령 선거에 부정 선거가 있자, 이에 대한 항의 시위가 커져서 대규모 반독재 혁명이 일어났지. 그 결과 4월 26일에 이승만 대통령이 대통령

직에서 물러나 하와이로 망명 가고, 6월 15일에 제 2 공화국이 들어서게 됐지.

《광장》을 읽어 보면, 한국전쟁이 끝난 지 7년 밖에 지나지 않은 시점에서 '어떻게 남과 북을 모두 비판하는 소설이 나올 수 있었을까?' 하는 생각이 든단다. 지금도 사회주의적인 경제 원리를 이야기하거나 북한을 두둔하면, 빨갱이로 몰려서 무조건적인 공격을 받는 분위기인데 말이야. 그건 바로 독재정부를 무너뜨리고, 자유민주주의 원리를 제대로 실천하고자 하는 사회적 분위기 덕분이었지.

위에서 말한 《태백산맥》도 1986-1989년에 나왔단다. 1987년 6월이 바로 유명한 6월 항쟁으로 기나긴 군사독재를 끝내고 민주주의를 회복한 때란다. 결국 민주주의 사회가 돼야 작가들이 자신의 생각을 마음대로 표현할 수 있는 세상이 되는 거지. 지난 30-40년간 할아버지 세대가 이룬 산업화가 민주주의 사회와 민주주의 정권 밑에서는 이룰 수 없는 것인지는 여러 논란이 있단다. 하지만 이른바 문학과 음악, 미술 등의 예술, 문화 콘텐츠의 발전을 위해서는 민주주의가 반드시 필요한 것 같아.

아빠가 초등학생일 때는 전두환 치하의 군사독재 시절이었는데, 그때는 정부에서 음악이나 출판을 검열하는 일이 있었단다. 예를 들어 가수가 음반을 내려고 해도, 발표하는 곡 가운데 사상적으로 불순하거나 사회 질서를 해친다는 내용이 있으면 발표할 수 없었지. 그리고 건전가요라고 해서 국가와 민족을 찬양하는 노래를 하나씩 넣어야 했어. 이런 식으로 사상을 통제하면 사람들이 자유로운 생각을 하고, 예술가들이 마음껏 창작할 수 없단다. 이른바 '자기 검열'이라고 '내가 이런 이야기를 해도 되나, 내가 이런 음악을 만들어도 되고, 내가 이런 그림을 그려도 되나?'라는 두려움에 위축되지.

아빠가 지금 말한 음반사전심의제라고 하는 검열 제도는 1995년 11월에 폐지됐단다. 김영삼 대통령 때였지. 그리고 15년이 지난 지금 우리나라는 아시아 최고의 문화 콘텐츠 생산국이 됐고. 북한과 중국은 공산당이 여전히 시민들의 생각과 표현을 통제하고, 일본도 정부가 언론과 문화계를 교묘하게 통제하면서 점점 상상력을 잃어 가는 것 같아. 그 사이 우리나라 문화계는 잠재력을 폭발시키며 크게 발전했지. 특히 2018-2020년에는 우리나라에 문화사적으로 의미 있는 일들이 많았단다. 2018년 방탄소년단 3집 앨범이 빌보드 차트 1위를 했다. 영어 가사도 아닌 한글 가사로 이룬 놀라운 성과였지. 2020년에는 봉준호 감독의 〈기생충〉이 미국 아카데미 영화제 감독상, 작품상, 각본상, 외국어 영화상의 4개 부문을 수상했단다. 대중성, 예술성에서 지금 우리나라 문화는 단군 이래 최전성기를 이루는 것 같아. 문화라고 하면 과거에는 중국, 현대에는 일본, 미국에서 받아들이기만 했던 우리가 새로운 문화를 만들어 가고, 다른 나라의 대중문화를 선도하는 위치에 서게 된 거지.

문화강국이라는 민주주의의 선물
....

원래 우리 민족은 흥이 많고, 노래하고 춤추기를 좋아했던 것 같아. 그리고 지배계층이 대중들의 이런 흥과 끼를 잘 발휘하도록 해 줬다면 이전부터 엄청난 에너지를 내고, 세계 문화에도 기여할 수 있는 기회를 얻었을 거야.

　문화는 이렇게 중요하고, 때로는 정치와 경제라는 물리적인 힘이 해결하지 못하는 문제를 해결할 수 있다고 해. 그래서 백범 김구 선생님도 우리나라가 군사적인, 경제적인 강국이 되기보다 문화가 강한 나라가 되기를 원하셨지.

　"나는 우리나라가 세계에서 가장 '아름다운 나라'가 되기를 원하지, 가장 '강한 나라'가 되기를 원하지 않는다. 내가 남의 침략에 가슴이 아팠으니, 내 나라가 남을 침략하는 것을 원치 않는다. 우리의 부(富)력이 우리의 생활을 풍족히 할 만하고, 우리의 강(强)력이 남의 침략을 막을 만하면 족하다. 오직 한없이 가지고 싶은 것은 높은 문화의 힘이다. '문화의 힘'은 우리 자신을 행복하게 하고, 나아가서 남에게도 큰 행복을 가져다주기 때문이다."

　백범 선생님 말대로 문화는 자신을 행복하게 하고, 다른 사람과 다른 민족을 행복하게 하는 힘이 있는 것 같아. 그리고 이런 문화의 힘을 만드는 원동력은 바로 우리 선배들이 피 흘려 지켜 낸 자유민주주의였지.

　앞으로 너희 세대가 우리 선배들이 지켜 온 자유민주주의의 가치를 얼마나 지켜 낼지 궁금하구나. 그리고 문화도 더욱 발전시켜야 하는데, 일 년에 30만 명도 태어나지 않는 너희 세대가 감당할 수 있을지 모르겠구나. 지난 100년의 시행착오를 겪으며 간신히 꽃피운 자유와 문화의 열매를 너희 세대가 잘 이어 갈 수 있기를 응원한다.

심샘의 추천자료

♥ 《중고생이 꼭 알아야 할 소설 세트: 한국단편소설 40 + 한국단편소설 70 + 한국현대소설 이야기 [전3권]》

  성낙수, 김형주, 박찬영, 채호석, 안주영 편 | 리베르 | 2018년
♥ 《광장/구운몽》 최인훈 저 | 문학과지성사 | 2014년
♥ 《압록강은 흐른다》 이미륵 저/윤문영 그림/정규화 역 | 다림 | 2010년
♥ 《청소년을 위한 백범일지》 김구 저/신경림 편저 | 나남 | 2016년

 심샘의깨알정보

★ 거제도포로수용소유적공원 (www.pow.or.kr)

주소 경남 거제시 계룡로 61 (055-639-0625)

운영 매일 09:00~18:00(하절기), 17:00(동절기)

거제도 포로수용소 시절의 모습과 유물을 생생하게 복원해 놓은 역사 교육의 장이다.

★ 백범김구기념관 (www.kimkoomuseum.org)

주소 서울시 용산구 임정로 26 (02-799-3400)

운영 매일 10:00~18:00(하절기), 17:00(동절기)

  월요일, 1월 1일, 설·추석 당일 휴무

서울 효창동에는 백범의 묘소와 그의 생애가 정리된 백범 기념관이 있다.

효창동에 있는 백범기념관, 독립 후 국가의 비전을 문화강국으로 제시했던 백범의 묘소

29 외도

한 사람이 실천할 수 있는
선한 영향력에 대해 생각해 보렴

시온아, 오늘은 거제도에서 배를 타고 외도에 가 보자꾸나. 외도는 경상남도 거제시에 해금강을 따라 약 4km 남동쪽에 위치한 섬이란다. 원래는 무인도에 가까운 섬을 1969년 이창호, 최호숙 선생님 부부가 사서 섬을 가꾸기 시작했고, 지금은 우리나라뿐 아니라 전 세계에서 관광객이 찾아오는 명소가 됐단다. TV 드라마나 광고의 촬영지로도 잘 알려져 있지.

섬에 조성된 아름다운 식물원

처음에는 감귤나무 3천 그루와 편백나무 방풍림 8천 그루를 심고 농장
으로 조성하려고 했는데, 여러 차례 실패를 겪은 후 농장 대신 식물원
을 구상해 30년 넘게 가꾼 결과 외도 '보타니아(Botania)'라는 멋진 식
물원 섬이 됐단다. 그런데 이게 아주 탁월한 결정이었지. 거제도 부근의
따뜻한 해양성 기후 덕분에 11월에서 3~4월까지도 아름다운 동백나
무 꽃이 핀다고 한다. 그리고 각종 아열대성 식물이 보온 시설 없이도
실외에서 잘 자라고.

섬에서 자랄 수 있는 식물을 찾기 위해 선생님 부부는 독학으로 식물
학을 공부하고 종자를 찾아 전 세계를 다녔다고 하는구나. 여기에 아름

❶ 외진 섬에서 최고의 관광지로 변신한 외도 ❷ 드라마 〈겨울연가〉의 마지막 회 촬영지인 리스하우스와 부근 조경
❸ 작은 예배당 안에서 바라본 바닷가 ❹ 지중해식 건축물이 있는 비너스 광장

다운 조경과 예술적인 조각, 건축물이 더해지면서 외도는 아름다운 바다 위의 식물원이 됐단다. 직접 봐서 알겠지만, 시원한 바다를 바라보며 아름다운 꽃과 나무를 볼 수 있는 곳은 세계에서도 유례를 찾기 힘들 거야. 시간을 넉넉하게 잡고 외도 곳곳의 아름다운 꽃과 나무, 아름다운 정원과 조각상들을 둘러보고, 정상 부근에서 바다를 바라보렴. 그리고 여기 서너 명이 들어갈 정도의 소박한 예배당이 있구나. 한국에서 교회가 대형화되고 기업화되면서 여러 가지 문제가 많이 생겼는데, '이런 소박한 예배당과 작은 공동체 신앙이 자리를 잡았더라면 지금의 많은 문제들이 조금이나마 줄지 않았을까'라는 생각도 드는구나.

외도 가는 길의 거제 해금강

우리가 배를 탄 장승포에서 외도까지 가는 뱃길에는 아름다운 바다와 조화를 이루는 멋진 섬들이 줄을 서 있단다. 이곳을 '바다 위의 금강산'이라는 뜻으로 해금강(海金剛)이라고 부르지. 금강산은 북한에 있고, 한반도에서 가장 아름다운 산으로 꼽히잖니? 그래서 원래 원조 해금강은 금강산 삼일포 부근이고, 여기는 보통 거제 해금강이라고 부르지. 그런데 그거 아니? 아빠는 금강산에 한 번 가 봤다는 거.^-^, 남북관계가 좋았을 때, 아빠가 일했던 현대자동차 신입사원 연수를 금강산에서 했었지. 그때 금강산에 오르며 정선의 금강전도(金剛全圖)라는 유명한 그림과 똑같이 펼쳐진 장엄한 금강산의 광경을 볼 수 있었다. 그리고 해금강 앞 바다에서 남쪽을 바라보는 기이한 경험도 해 봤어. 나중에 금강산 관

외도와 해금강 가는 배를 탈 수 있는 장승포　　　외도 가는 뱃길에 펼쳐진 다양한 섬의 절경

광이 재개되거나 통일이 되면 같이 한번 금강산에 올라 보자꾸나.

　오늘은 거제 해금강이야. 배가 지나는 좌우로 여러 모양의 섬들이 보이지. 정부에서는 이곳을 포함해 경상남도 거제시 지심도부터 전남 여수시 오동도까지 300리 뱃길을 따라 펼쳐진 크고 작은 섬들과 아름다운 경관을 한려해상국립공원으로 지정했단다. 나중에 시간이 되면 지금 여기의 거제 해금강 지구뿐 아니라, 상주·금산지구, 남해대교지구, 사천지구, 통영·한산지구, 여수·오동도지구 등 다른 유명한 뱃길도 둘러보면 좋을 것 같아.

불모지를 보석 같은 땅으로 만든 분들

지금은 이렇게 멋진 관광명소가 됐지만, 외도가 자리 잡기까지 수많은 좌절과 눈물이 있었단다. 우연한 기회에 섬을 사게 된 이창호 회장은 이 섬을 간척하기 위해 귤 농사, 돼지 농장 등 여러 가지 시도를 했지만 계속 실패했다고 해. 그러다 해금강이 한려해상국립공원으로 지정되고 관광객들이 주변 섬으로 많이 오자, 이 사람들이 들를 만한 곳을 개발해 보자고 방향을 바꾸게 됐지. 바닷바람에도 살아남을 수 있는 나무와 꽃을 사서 심고 가꾸고, 선착장도 만들고, 건물과 조각품을 세우기를 수십 년. 지금은 그 헌신과 땀이 열매를 맺게 된 거란다.

외도를 보며 아빠는 가평의 아침고요수목원과 남이섬이 생각났단다. 아침고요수목원은 한상경 교수(삼육대, 원예학과)가 한국적인 정원을 만들어 보자는 일념으로 1994년부터 아무도 찾지 않는 가평 골짜기에 정원을 가꾸기 시작하면서 만들어졌단다. 지금은 외도와 마찬가지로 전 세계인들이 찾는 명소가 됐지.

남이섬은 금융인 출신의 출판인이자 문화예술후원가인 민병도 선생 (1916~2006년)이 1965년 섬을 매입해 모래뿐인 불모지에 다양한 나무를 심고 가꾸면서 대표적인 관광명소가 됐단다. 그리고 남이섬에서 촬영된 KBS 드라마 〈겨울연가〉(2001년 12월)가 우리나라뿐 아니라, 일본, 동남아에서 크게 인기를 끌면서 대표적인 한류 관광지로 발돋움하게 됐지. 흥미로운 점은 〈겨울연가〉의 마지막 장면이 외도에서 촬영됐다는 점이야. 마지막 회에서 안타깝게 사랑을 이루지 못한 두 주인공이 만나는 집이 바로 외도의 '리스하우스'란다. 사실 아빠는 TV를 잘 안 봐서 드라마는 못 봤는데, 이 모습을 확인하려고 유튜브에서 겨울연가를 찾아봤단다. 겨울연가는 한류드라마의 원조이기도 하니 시간이 되면 한번 찾아서 보렴.

외도, 아침고요수목원, 남이섬은 모두 설립자들의 비전과 노력으로 불모지에 의미 있는 콘텐츠를 만든 곳이라고 할 수 있단다. 주위 사람들이 왜 그런 무인도와 산골짜기에 나무와 꽃을 심고 고생하는지 이해하시 못할 때, 이 횡무지기 꽃밭이 되고, 많은 사람들이 이곳 자연 속에서 쉼을 얻고 갈 것이라는 상상력을 가지지 않았다면 할 수 없는 일이었지.

또 하나 이런 아름다운 자연은 이념이나 종교, 인종에 관계없이 모든 사람들이 와서 즐기고 위안을 얻을 수 있어서 좋구나. 우리가 70-80년의 짧은 인생을 살면서 우리에게 주어진 한정된 시간과 돈을 투자해서 할 일은 바로 자연을 가꾸는 일인 것 같아. 만약 네가 이렇게 자연을 가꾸거나 예술적인 아름다움으로 많은 사람에게 감동을 주는 재능이 있다면 위의 선구자들처럼 남들이 알아주지 않더라도 묵묵히 너의 길을 걸어가면 좋겠구나.

❶ 가평의 관광명소인 아침고요수목원 ❷ 한옥 건물과 조화를 이루는 한국식 조경 ❸ 남이섬의 상징과도 같은 메타세쿼이아 길은 사철이 아름답다. ❹ 남이섬 곳곳에 드라마 〈겨울연가〉와 관련된 기념 공간이 있다.

한 사람이 미칠 수 있는 선한 영향력

아무리 노력해도 세상은 점점 악해져 가는 것만 같고, 사람들은 변하지 않을 것 같은 모습을 보면 '과연 우리가 할 수 있는 일이 무엇인가'라는 회의가 들 때도 있단다. 하지만 위에서 살펴본 선구자들의 삶을 보면 자연 속에서 내가 할 수 있는 한 가지 일을 하는 것이 많은 사람을 이롭게 하는 의미 있는 일일 수도 있단다. 만약 네가 앞으로 살다가, 무엇을 해야 할지 모르겠다면 한 그루의 나무를 심는 마음으로 네가 있는 곳에서 나무를 심고, 꽃을 가꾸고 자연을 돌보는 일을 해 보렴. 아름다운 자연을 후손에게 물려주는 것만으로도 우리의 맡은 바 책임은 다한 것 아닐까?

누가 한 말인지 논란이 많은 서양 경구 중에 "내일 지구의 종말이 온다 해도 오늘 나는 한 그루의 사과나무를 심겠다."라는 말이 있단다. 여러 가지로 해석될 수 있는데, 아빠는 '아무리 세상이 시끄럽게 요동쳐도 나는 오늘 내가 해야 할 일을 하겠다'는 의미로 생각한단다. 그러기 위해서는 오늘 내가 해야 할 일이 바로 사과나무를 심는 것처럼 가치 있는 일인지 아는 게 중요하겠지. 아빠가 주말마다 너와 대화하고, 또 시간 나는 대로 함께 인문고전을 읽으며 "우리는 왜 살고, 어떻게 살아야 할까?"를 이야기하는 이유도 이것이란다. 과연 내가 오늘 해야 할 가장 중요한 일이 사과나무를 심는 것과 같은 것일까? 그렇지 않다면 나는 무엇을 해야 할까? 이 질문에 확실한 답을 하며 30년 이상 살 수 있다면, 외도나 아침고요수목원, 남이섬을 만든 분들과 같은 수준으로 많은 사람들을 섬길 수 있을 거야.

심샘의 추천자료

♥ 《우유곽 대학을 빌려 드립니다》 강우현, 이길여 등 | 21세기북스 | 2010년

　→ 남이섬 CEO 강우현 대표 등을 비롯한 국내외 역발상 경영, 창조 경영을 시도한 명사들의 강연을 모은 책이다. 이후 사회적으로 물의를 일으킨 인사들도 포함돼 있는데, 옥석을 갈라 읽으면 도움이 될 것이다.

♥ 《남이섬 CEO 강우현의 상상망치》 강우현 저 | 나미북스(여성신문사) | 2009년

♥ 드라마 〈겨울연가〉

　→ 유튜브에서 전편을 찾아볼 수 있다. 2001년 KBS에서 방송된 배용준, 최지우 주연의 드라마로 일본과 동남아에서 한류 신드롬을 일으킨 작품이다. 이 작품으로 배용준은 일본의 중년 여성들에 게 큰 인기를 끌며 '욘사마'로 불리게 되고, 드라마 촬영지인 남이섬은 일본 관광객들의 필수 코스가 됐다.

 ## 심샘의 깨알정보

★ 외도, 해금강

장승포유람선: 경남 거제시 장승로 138

장승포항 여객선 예매 사이트: www.bluecitygeoje.com

외도 사이트: www.oedobotania.com

거제 장승포항에서 배를 타고, 해금강과 외도를 돌아볼 수 있다. 외도는 입도 인원에 제한이 있으므로 미리 인터넷 사이트에서 예매하고 가는 게 좋다. 여객선 터미널 앞에 차를 주차하고 다녀올 수 있다.

★ 아침고요수목원 (www.morningcalm.co.kr)

주소 경기도 가평군 상면 수목원로 432 (1544-6703)

운영 매일 11:00-21:00, 23:00(토요일) / 연중무휴

경기도 가평군에 위치한 10만평 부지에 총 4,500여종의 식물을 보유하고 있는 원예 수목원이다. 1990년대부터 삼육대학교 원예학과 교수인 한상경 교수가 직접 설계하고 조성했으며, 지금은 매년 수십 만 명이 찾는 관광명소가 됐다. 주변에 펜션이나 식당도 많고 야간개장을 할 때도 있으니 홈페이지를 참조하고 방문하면 좋다. 어른 기준 일반 입장료는 9,500원이다.

★ 남이섬 (namisum.com)

주소 강원도 춘천시 남산면 남이섬길 1 (031-580-8114)

운영 매일 07:30-21:40, 21:00(동절기) / 연중무휴

행정구역상 강원도 춘천시에 속해 있지만 가평과 가까이 있다. 남이 장군의 묘역이 있는 문화유적지이자 관광휴양지로 개발된 곳으로써 매년 수백 만 명이 찾는 우리나라 대표 관광지이다. 보통 배를 타고 섬에 들어가지만 최근에는 짚라인을 타고도 들어갈 수 있다. 남이섬에는 〈겨울연가〉 촬영지를 비롯한 여러 볼거리가 있다. 남이섬 안팎으로 다양한 종류의 숙박시설과 식당이 있으므로 며칠 여유 있게 시간을 잡아 둘러보는 것도 좋다.

Part 5

강원도와
제주도

30 대관령

삼양목장에서 아름다운 전경과 함께
배고픔에 대해서도 생각해 보렴

시온아, 오늘은 강원도에 온 김에 평창에 있는 대관령 삼양목장에 가 보자. 대관령에는 삼양목장 말고도 경치가 좋은 목장이 많이 있는데, 그중에 삼양목장은 몇 가지 더 생각해 볼 거리도 있어서 더 좋은 것 같아. 지난번 제주도에 갔을 때 양떼목장에 가 봤지? 그런데 대관령 삼양목장은 제주도 목장처럼 언덕 하나에 만들어진 게 아니라, 몇 개의 산 전체가 목장이란다. 여의도 면적의 7.5배 정도여서, 셔틀버스를 타고 이동해야 할 만큼 넓어. 20-30분 간격으로 오는 버스를 타고 산 정상까지 올라갔다가 내려오면서, 목장의 아름다운 전경을 볼 수 있단다. 급하게 돌아보는 것보다 여유 있게 시간을 내어 천천히 구경하면서 내려오면 좋을 것 같아.

날씨가 좋으면 해발 1,170m 정상에서 동해가 보인다고 하는데, 오늘은 구름이 많이 껴서 바다가 보이지는 않는구나. 그래도 광활하게 펼쳐진 풀밭과 아름다운 산, 그리고 녹색 바탕 위에 우뚝 솟은 하얀 풍력 발전기가 너무 예쁘지 않니? 이번에는 여름에 왔지만 계절마다 와 보고 싶을 정도로 멋진 모습이구나.

그리고 양떼도 가까이서 보니 너무 좋지? 마침 양몰이 공연도 시간이 맞아 볼 수 있겠다. 양몰이를 하는 개는 보더 콜리(Border Collie)라고 하는 종(種)인데, 강아지 중에 머리가 제일 좋다고 해. 개 한 마리가 수십 마리의 양떼를 일사불란(一絲不亂)하게 통제하고 우리로 넣는 모습이 정말 신기하지.

동물을 사랑하는 마음

양은 성경에도 굉장히 많이 나오는 짐승이지. 아빠가 다른 책에서도 언급했는데, 탈무드에는 동물을 사랑하는 사람은 좋은 리더가 될 수 있는 자질이 있다고 말한단다. 동물을 사랑하는 사람은 공감 능력이 있고, 동

삼양목장 내 아름다운 자연과 조화를 이루는 풍력 발전기 양몰이 공연도 볼 수 있다.

물을 잘 보살피듯 사람의 필요도 잘 볼 수 있다고 보지. 실제 성경에 나오는 많은 리더들이 양치기 출신이었단다. 대표적으로 다윗 왕이 그렇지. 다윗은 군인과 왕이 되기 전에 양을 돌보던 목자였어. 그리고 본인이 목자 시절에 양떼를 지켰던 것처럼 "신께서 나의 목자가 되어 주시니 내가 부족함이 없으리로다."라는 유명한 시를 쓰기도 했지. 다윗뿐 아니라 아브라함, 이삭, 야곱, 모세 등 성경의 주요 인물들은 모두 양치기 출신이었단다. 예수님도 한 마리 잃은 양을 찾기 위해 99마리의 양을 놔두고 찾는다 하셨고, 양과 목자를 활용한 비유도 많이 말씀하셨지.

사실 아빠는 개나 고양이를 별로 좋아하지 않다가, 서울에 살면서 말티즈 강아지를 키워 본 적이 있단다. 마침 허리디스크로 고생할 때여서 강아지와 함께 등산을 두 달 동안 하루 2시간 이상 하다가 동물병원에서 강아지 다리 관절이 약해졌으니 더 이상 무리해서 다니지 말라는 이야기도 들었지. 참고로 만약 허리디스크라는 추간판 탈출증이 생긴다면 병원에서 수술을 받기보다 많이 걸어서 근본적인 치유를 하렴. 허리디스크는 기본적으로 걷지 않고, 오래 앉아 있어서 생기는 병이란다.

강아지를 키우며 여러 기쁨이 있었지만, 아파트에서 키우려면 중성화 수술을 해야 했고, 마음껏 짖지도 못하게 해야 해서 강아지에게 너무 미안했단다. 나만 좋자고 강아지를 힘들게 하는 건 아닌가 싶었지. 그래서 첫 번째 반려견과 이별한 후에는 시골에서 개를 키울 수 있는 환경이 되기까지는 개를 키우지 말아야겠다고 생각했지. 너와 동생이 어느 정도 크면 다시 한 번 개를 키울까 하는데 어떻게 생각하니? 사실 개를 키우면 믹이 주는 것뿐 이니라, 목욕과 산책도 시켜 줘야 하고 돌봐 줘야 할 일이 하나둘이 아니란다. 그리고 장기간 여행을 가기도 힘들지. 그래서 할아버지 할머니는 10년 넘게 키우던 강아지가 죽자 더 이상 다른 개를 키우지 않고, 집 근처에 떠도는 길고양이에게 밥을 주며 반려묘 삼아 지내고 계신단다. 시골에 오래 살면서 동물을 자연스럽게 기를 수 있으면 좋은데, 앞으로 어떻게 해야 할지 너희들과 의논해야 할 것 같구나.

배고픈 시절의 삼양라면

이 목장 이름이 왜 삼양목장인줄 아니? 혹시 라면 중에 삼양라면이라고 들어봤지? 우리나라에서 1961년 처음 만들어진 라면이 삼양라면이란다. 당시 일본의 명성식품이라는 회사의 라면 제조 기술을 전수받아 우리나라 최초로 라면을 만든 거지. 삼양식품 창립자는 원래 생명보험회사를 경영하던 사업가였는데, 당시 남대문시장에서 5원짜리 꿀꿀이죽도 제대로 못 먹는 동포들을 위해 라면 사업을 시작했다고 해. 너는 꿀꿀이죽이 뭔지 모르지? 아빠도 할아버지에게 들은 건데, 한국전쟁이 끝나고 먹을 게 없던 시절에 미군 부대에서 나오는 쓰레기 더미 가운데 먹을 만한 음식을 골라 끓인 죽이 꿀꿀이죽이란다. 할아버지도 너무 배고파서 몇 번 사 먹었는데, 이상한 냄새가 나고 비위가 상해서 제대로 먹지 못하셨다고 해. 이때 받은 정신적 충격으로 할아버지는 지금도 카레를 못 드신단다. 카레의 걸쭉한 모습을 보면 그때 먹었던 꿀꿀이죽이 생각난다고 하시는구나.

어떠니? 상상이 되니? 지금 우리나라에는 아무리 배고파도 쓰레기를 뒤져서 먹을 것을 찾는 사람은 없잖아. 오히려 음식물 쓰레기가 너무 많이 나와서 걱정이지. 그리고 지금은 집 없는 사람들을 위한 무료 급식소도 있고, 생계가 어려운 사람들에게는 정부가 생활자금을 지원해 주기도 하지. 할아버지 세대가 정말 뼈 빠지게 일해서 서양 사람들이 몇 백 년 동안 이룩한 산업화를 몇 십 년 내에 이룬 덕분에 너나 아빠 세대는 먹을 것을 걱정하지 않는 세상에서 살게 됐구나. 그러면 지금은 굶는 사람이 없을까? 아직도 우리가 잘 모르는 곳에서 어렵게 살아가는 이웃들이 있어. 바로 북한과 아시아, 아프리카의 가난한 나라들이란다.

배고픔은 정말 잔인한 고통이란다. 특히 자식을 마음껏 먹이지 못하는 부모의 마음은 말로 표현할 수 없을 거야. 가난과 굶주림은 그곳 사람들이 게으르고 일을 안 해서 생기는 문제만이 아니란다. 잘못된 정치, 경제, 사회적인 문제들 때문에 열심히 일해도 제대로 먹을 수 없는 비극이 생기기도 한단다.

그러면 이런 비참한 현실에서 우리는 무엇을 해야 할까? 특히 나라와 부모를 잘못 만나서 제대로 먹을 수 없고, 인간다운 삶을 살 수 없는 가난한 나라의 아이들을 위해 우리는 무엇을 할 수 있을까? 지금 우리 가정은 매주 주말 가정 식탁에서 자선함을 하고, 너희들 이름으로 정기적으로 어려운 나라의 아이들을 후원하는 작은 실천을 하고 있단다. 특히 너와 동생 생일 때는 너희들 이름으로 어려운 형편의 필리핀 아이들을 위한 특별 기부를 매년 하고 있지. 언제가 될지 모르지만 코로나 사태도 진정되고 해외여행이 자유로워지는 때가 되면 필리핀에 가서 우리가 도왔던 아이들을 직접 만나 보자꾸나.

삼양식품과 목장의 설립자 전중윤 회장   입구 매장에서는 유기농 우유와 요거트도 맛볼 수 있다.

　오늘 이렇게 아름다운 대관령 목장에 와서 마음껏 자연도 누리고, 맛있는 유기농 우유도 마시니 너무 행복하구나. 우리가 거저 받은 이 모든 축복을 많은 사람들에게 나눌 수 있도록 앞으로도 더욱 행복하게 살자꾸나. 다음에는 부근에 있는 평창올림픽 스키점프장과 이효석 문학관을 가 보려고 하는데 이곳에서도 나눌 이야기가 아주 많단다. 이제 한번 출발해 볼까?

심샘의추천자료

♥ 《왜 세계의 절반은 굶주리는가?》 장 지글러 저/유영미 역 | 갈라파고스 | 2016년
→ 유엔 식량특별조사관이 아들에게 들려주는 기아의 진실에 관한 이야기이다. 개인의 게으름뿐 아니라 세계의 정치, 경제적인 모순이 기아를 만들고 있음을 고발한다. 해마다 서울대 자기소개서에 인용되는 Top 3 책 중 하나이다. 나머지 두 권은 《이기적 유전자》와 《정의란 무언인가》, 《미움받을 용기》 등이다.

♥ 《메밀꽃 필 무렵 / 사평역 외》 전도현 편/송하춘 감수 | 서연비람 | 2019년

♥ 영화 〈국가대표〉
김용화 감독, 하정우 주연의 2009년작 스포츠영화다. 비인기 종목인 스키점프 국가대표의 삶과 도전을 재미있게 다뤘다.

 심샘의깨알정보

★ **삼양대관령목장** (www.samyangranch.co.kr)
주소 강원도 평창군 대관령면 꽃밭양지길 708–9 (033–335–5044)
운영 매일 09:00–17:30
2020년 8월 기준 성인요금은 9천 원이다. 최소 2–3시간이 소요되므로 여유 있게 일정을 잡는다.

★ **이효석 생가와 이효석 문학관** (www.hyoseok.net)
주소 강원도 평창군 봉평면 효석문학길 73–25
단편소설 〈메밀꽃 필 무렵〉의 저자로 유명한 이효석 선생의 문학관이 근처에 있다. 작가의 생애와 주요 작품을 테마로 한 다양한 볼거리가 마련돼 있다.

이효석 생가 복원 시설

이효석 기념관의 동상

★ 봉평 메밀막국수 식당

봉평메밀진미식당: 강원도 평창군 봉평면 기풍로 186–3 (033–336–5599)

봉평에는 진미식당을 비롯한 유명한 메밀막국수 식당이 많이 있다. 6–7천 원 전후의 막국수와 다양한 메밀 음식을 하는 식당들이 많으므로 점심이나 저녁을 먹고 오는 것도 좋은 추억이 된다.

★ 알펜시아 스키점프대

주소 강원도 평창군 대관령면 스포츠파크길 135

2018년 평창 동계올림픽 스키점프와 스노보드, 노르딕 복합 경기가 열린 알펜시아 스키점프대가 목장 부근에 있다. 환경 파괴의 부담에도 불구하고 경제적 논리로 동계올림픽을 유치했는데, 이후 막대한 재정 부담을 떠안게 됐다. 이런 대규모 스포츠 행사를 유치하는 게 꼭 필요한지 생각해 보게 하는 장소이다.

동계올림픽 이후 제대로 활용이 안 되고 있는 시설들

31 강릉

허균·허난설헌 기념관에서
천재의 비운에 대해 생각해 보자

시온아, 오늘은 강릉에 온 김에 허균·허난설헌기념공원에 들러 보자꾸나. 혹시 허균(1569-1618년)에 대해서 들어봤니? <홍길동전>이라는 최초의 한글 소설을 쓴 저자로 알려져 있는데, 정말 허균이 쓴 것인지, 또 허균이 썼다면 그것이 한글이었는지 한문이었는지는 많은 논란이 있단다. 하여간 허균은 당시 성리학 하나만 절대시하며 사상적 유연성이 없던 시대에 유교뿐 아니라 불교, 도교에 정통한 지식인이었고, 서자(庶子) 차별로 대표되는 신분제의 모순과 여러 가지 사회문제를 개혁하고자 하는 마음이 강한 지식인이었단다.

허균, 허난설헌 남매의 안타까운 삶

기념공원 안에 있는 허균·허난설헌 기념관에는 두 사람의 일생을 알 수 있는 자료들이 잘 정리돼 있단다. 특히 어린 시절 허균과 허난설헌을 가르친 선생님이 손곡(蓀谷)이라는 호를 썼던 이달(李達)이었는데, 이달은 서자여서 과거를 보고 벼슬을 할 수 없었지만, 그 시대 최고의 한시 대가였다고 해. 허균은 탁월한 시인이자 문장가였던 선생님의 불우한 인생을 보고 자신도 비록 양반의 자녀였지만, 아버지의 둘째 부인이었던 어머니 밑에서 태어난 처지로 서자들에 대한 안타까운 마음이 컸던 것 같아. 그래서 이후에 홍길동전 같은 소설을 지었다는 이야기로 연결되고, 실제 많은 명문가의 서자들과도 형, 동생 하면서 지냈다고 하지. 결국 나중에 이런 일이 빌미가 돼 역적모의했다는 모함을 받고, 능지처참(凌遲處斬 살점을 하나하나 도려내 죽이는 참혹한 형벌)이라는 형벌을 받아 죽었단다.

허균과 그의 누나인 허난설헌(본명은 허초희)은 천재라고 할 수 있는 사람들인 것 같아. 허균은 유교뿐 아니라 불교, 도교에도 능통했고, 명나라에도 사신으로 여러 번 다녀와서 세상에 대한 견문도 넓었단다. 당시 중국에까지 전해진 천주교 기도문도 구했다고 하는구나. 그의 문집을 보면 사주명리학에도 밝았던 것 같고, 자기 인생의 길흉에 대한 감도 있었던 것 같은데, 어느 선에서 멈추지 않고, 정치의 한복판에 섰다가 결국 죽음에 이르게 됐지.

허난설헌(1563-1589년)은 더 안타까운 삶을 살다가 갔단다. 누나가 죽은 후 허균은 누나가 지은 시를 모아 명나라 지인들의 도움으로《난설헌집》이란 시집을 내는데, 명나라에서 베스트셀러가 되고 이후 허난설헌을 롤모델로 하는 여류시인들이 나왔다고 해. 한시에도 탁월하고 총명했던 허난설헌이었지만, 자기보다 똑똑한 아내에 대한 열등감으로 바깥으로 돌고 외도한 남편과의 갈등과 아이의 죽음, 유산 등의 비극을 겪다가 27살이란 젊은 나이에 죽고 말았지.

허난설헌의 많은 시가 있지만 자녀를 잃은 안타까운 마음을 표현한 〈곡자〉라는 시를 함께 보자.

곡자(哭子)

지난 해 사랑하는 딸을 잃었고(去年喪愛女)
올해에는 사랑하는 아들을 잃었네(今年喪愛子)
슬프고 슬픈 광릉 땅이여 (哀哀廣陵土)
두 무덤이 마주 보고 있구나 (雙墳相對起)

백양나무에는 으스스 바람이 일어나고(蕭蕭白楊風)
도깨비불은 숲속에서 번쩍인다(鬼火明松楸)
지전으로 너의 혼을 부르고(紙錢招汝魂)
너희 무덤에 술잔을 따르네(玄酒存汝丘)

아아, 너희들 남매의 혼은(應知第兄魂)

밤마다 정겹게 어울려 놀으리(夜夜相追遊)

비록 뱃속에 아기가 있다 한들(縱有服中孩)

어찌 그것이 자라기를 바라리오(安可冀長成)

황대 노래를 부질없이 부르며(浪吟黃坮詞)

피눈물로 울다가 목이 메이도다(血泣悲吞聲)

자식 잃은 슬픔을 애절하게 담은 이 시는 우리나라뿐 아니라 중국과
일본의 많은 독자들의 마음속에 절절히 전달됐다고 하는구나.

❶ 허균·허난설헌 기념관 ❷ 허균의 저작으로 알려진 〈홍길동전〉 ❸ 천재 시인이었지만 불행한 삶을 살다 간 난설헌
허초희 ❹ 허난설헌이 태어난 곳으로 알려진 초당동 고택

천재적 재능과 시대의 어긋남

허균·허난설헌 기념관을 돌아보며 두 사람의 삶을 보면 여러 가지 생각이 들지 않니? 아무리 천재적인 재능이 있어도 시대를 잘못 만나면 그 재능이 오히려 화가 될 수도 있단다. 때로는 자기의 재능이 시대와 맞지 않는다면 지혜롭게 자신의 재능을 쓸 수 있는 방법을 찾아야 하는 것 같아.

이 두 사람이 지금 시대에 태어났다면 어떤 사람이 됐을까? 아마 허균은 많은 인문학 베스트셀러를 내고, TV 인문학 강좌에 나오면서 유교, 불교, 도교와 서양 사상을 관통하는 내용을 재치 있는 입담으로 설명하는 대단한 작가로 살았을 거야. 허난설헌도 20대에 이미 일가를 이룬 시인으로 많은 사람들의 사랑을 받으며 살 수도 있었겠지. 하지만 이두 사람은 어떻게 보면 때를 잘못 태어나고, 나라를 잘못 만난 것 같아.

아빠는 허균의 삶을 보며, 불교와 사주명리학에도 정통했던 허균이왜 그런 삶을 살았는지 이해가 안 되기도 했단다. 불교의 중요한 가르침이 이 땅의 모든 것이 허상이고, 인연에 따라 생겼다가 없어지는 것이니애쓰고 집착할 필요가 없다는 것인데, 왜 정작 본인은 불구덩이와 같은정치 한복판에 서 있다가 화를 당했는지 모르겠구나. 그리고 그 화는 자기뿐 아니라 자식들과 일가친척 모두에게 미치게 됐지.

재능의 크기가 아니라, 분수를 아는 분별력이 중요하다

그래서 아빠가 계속 생각하는 게 이거란다. 사람에게 중요한 것은 재능의 크기가 아니라, 자신의 재능과 시대의 운을 알아보는 분별력을 갖고 분수에 맞게 사는 것이라고. 이게 어려운 것 같지만, 막상 살면서 몇 번의 시행착오를 겪어 보면 금방 알 수 있게 된단다. 나는 몇 억의 돈을 벌수 있는 그릇인지, 나는 어디까지 승진할 수 있는 그릇인지, 나는 어느 정도까지 다른 사람에게 인정받고 명예를 얻을 수 있는지 금방 알 수 있지. 살다 보면 자꾸 마음이 불편해지고, '이게 아닌데'라는 생각이 들 때가 오거든. 문제는 그런 생각이 들 때 멈출 수 있는 용기가 있느냐지. 평소에 '나는 왜 살고, 어떻게 살아야 하는가'라는 질문에 답하는 공부가 제대로 돼 있고 실천했다면 정말 중요한 순간에 멈출 수 있는 용기가 생긴단다.

두 가지 분별력

아빠는 네가 앞으로 살면서 두 가지의 눈(통찰력)을 가졌으면 해. 첫째는 내가 하늘로부터 받은 재능이 무엇인지를 아는 눈이란다. 나는 무엇을 잘하고, 무엇을 할 때 행복한지를 발견해야 해. 그리고 내가 하늘로부터 받은 재능을 통해 다른 사람들을 어떻게 섬기고, 이 세상을 어떻게 좀 더 나은 곳으로 만들 수 있는지 구체적인 방법을 찾아야지.

둘째는 네가 사는 이 시대가 어떻고, 너와 같이 사는 사람들이 어떤 사람들인지 관찰하는 눈이야. 네가 열심히 이야기했는데 사람들이 못 알아듣는 것 같고, 네가 하늘로부터 받은 재능으로 동시대를 살아가는 사람들을 섬기고 싶은데 사람들이 그것을 섬김으로 받아들이지 않는다면 다시 한 번 생각해 봐야지. 그때는 조용히 지내면서 제자들을 가르치거나 책을 쓰는 게 나을 수도 있어. 지금은 네 이야기를 못 알아들어도, 시간이 흘러 네 말을 알아듣는 사람들이 나오면 그때 다시 사람들이 네 이야기에 귀를 기울일 수 있거든. 이렇게 미래 세대를 위한 공부를 하고 책을 쓰는 게 너의 사명일 수도 있어.

지혜롭게 자기 때를 기다린 사람

인류 역사를 보면 이렇게 지혜롭게 자기 때를 기다린 사람을 많이 볼 수 있단다. 우선 생각나는 분이 공자님이구나. 공자님도 정치권에 들어가려고 여러 번 애를 썼지만, 자신을 제대로 알아보는 임금이 없자 제자들을 가르치는 데 전념했지.

서양인 중에는 스피노자(1642-1677년)라는 철학자가 생각난다. 스피노자는 17세기 당시에 모든 서양과 유대 사상계를 지배하던 생각에 도전했고, 새로운 철학의 문을 열었지만 유대 공동체에서도 추방당하고, 가톨릭교회에서 그의 책은 오랫동안 금서 목록에 올랐단다. 이후 교수직이나 저작을 통한 명예도 거절하고 가족의 유산도 누이에게 다 줬어.

그리고 평생 인경 깎는 일을 하며 검소하게 살다가 죽었지. 하지만 이후 19, 20세기 들어 그의 진가를 알아주는 사람들이 나타났고, 20세기의 철학자 질 들뢰즈는 스피노자를 '철학의 왕자'라고 불렀단다.

물론 우리가 공자님이나 스피노자 급의 사람은 아니지만, 분명 우리에게 주어진 재능이 있을 거야. 그 재능이 이 시대에 맞는다면 돈과 명예를 얻을 수 있겠지. 그리고 그렇게 얻은 돈과 명예를 어떻게 쓰느냐에 따라 그것이 복이 될 수도, 화가 될 수도 있단다. 우리가 받은 재능이 이 시대와 맞지 않는다면 다음 세대를 바라보고, 지금 할 수 있는 것에 집중하는 삶을 살 수도 있을 거야. 비록 돈과 명예를 얻을 수는 없겠지만, 공자님처럼 '배우고 때때로 익히는 즐거움과 멀리서 잊지 않고 찾아 주는 친구를 맞이하는 기쁨'으로 살 수도 있지. 또, 모든 세상으로부터 버림을 받았지만, 세상의 인정이라는 구속에서 벗어나 참 자유인으로 살다 간 스피노자처럼 살 수도 있겠지.

허균에 대해 이야기하면서 너무 어려운 이야기를 많이 했나? 그럼 이제 기분 전환도 할 겸, 오죽헌(烏竹軒)으로 가 볼까? 오죽헌은 '검은 대나무 집'이라는 뜻인데, 강릉이 낳은 또 다른 천재인 율곡 이이가 태어난 곳이지. 율곡 이이와 어머니 신사임당도 허균 남매를 넘어서는 천재들이었지만, 때를 잘 만나고 잘 처신해서 후세에도 인정받고, 어머니와 아들이 모두 우리나라 지폐에 얼굴이 들어가는 영예도 얻게 됐구나. 자세한 이야기는 오죽헌에서 좀 더 하자꾸나.

심쌤의추천자료 ───────────

♥ 《허균: 역사학자 33인이 선정한 인물로 보는 한국사–23》
　　손춘익 글 / 김순자 감수 | 파랑새어린이 | 2007년
♥ 《허균평전》 허경진 저 | 돌베개 | 2002년
♥ 《조선의 천재 허균》 신정일 저 | 상상출판 | 2015년
♥ 《허균의 생각》 이이화 저 | 교유서가 | 2014년
♥ 《허난설헌 평전》 장정룡 저 | 새문사 | 2007년
♥ 《허난설헌 시집》 허경진 역 | 평민사 | 2019년
♥ 《후 who? 한국사 신사임당 허난설헌》
　　다인 글/안광현, 정병훈 그림 | 다산어린이 | 2020년
♥ 〈KBS 한국사전〉 조선의 자유주의자, 혁명을 꿈꾸다 –허균

 심쌤의깨알정보 ───────────

★ **허균 · 허난설헌기념공원**
주소 강원도 강릉시 난설헌로 193번길 1–29
운영 매일 09:00–18:00 / 월요일 휴무
강릉 초당동에 위치했고, 허난설헌 생가터, 허균 · 허난설헌 기념관, 전통차 체험관으로 이루어져 있다. 입장료와 주차료 모두 무료다.

★ 초당(草堂)순두부

초당은 허균의 아버지인 허엽의 호(號)다. 광해군 때 당파 싸움을 피해 강릉으로 내려와 이곳에서 허난설헌이 태어났고, 허균도 이곳에 살았다고 전해진다. 이후 허엽의 초당동 저택 부근에 마을이 번성하면서 마을 이름이 초당동이 됐다고 한다. 허엽은 천일염으로 만든 간수 대신 동해의 깨끗한 바닷물로 간을 맞춰 두부를 만들었고, 이 두부가 전국적으로 유명세를 타며 초당순두부라 불리게 됐다. 이렇게 강릉의 대표 음식이 된 초당순두부는 강릉 경포대 부근의 맛집에서 맛볼 수 있으며 강릉을 찾은 관광객들에게 별미를 선사한다.

★ 오죽헌 (www.gn.go.kr/museum/index.do)

주소 강원도 강릉시 율곡로 3139번길 24 (033-660-3301)

운영 매일 09:00-18:00

오죽헌(烏竹軒)은 신사임당과 율곡 이이(栗谷 李珥)의 생가로 강릉의 대표적인 역사 유적지다. 조선시대 중기의 양반집 모습을 보존하고 있다. 율곡기념관에는 율곡과 신사임당의 생애와 글, 그림들이 전시돼 있다. 오죽헌 옆에는 오죽한옥마을이 있어, 한옥에서 머물면서 강릉 명소를 둘러볼 수 있다.

★ 강릉오죽한옥마을 (ojuk.gtdc.or.kr)

주소 강원 강릉시 죽헌길 114 (033-655-1117)

조선중기 양반 가옥의 양식이 잘 보존된 오죽헌

율곡 이이가 태어난 몽룡실

율곡기념관에는 율곡과 신사임당 자료가 잘 정리돼 있다.

세계 최초로 모자가 지폐에 얼굴이 들어가는 영광을 누렸다.

★ 경포대

주소 강원 강릉시 강문동 산1-1 (033-640-4901)

경포대(鏡浦臺)는 경포호 옆에 있는 누대(樓臺)로 고려 충숙왕 때(1326년) 만들어졌다고 한다. 경포호가 한눈에 내려다보이는 좋은 위치에 있고 관동팔경 중 하나이다. 경포대에 오르려면 주차장에 차를 대고 약 200-300m를 걸어 올라가야 한다. 경포호는 둘레 4km, 수심 1m 내외의 자연 석호(潟湖)로, 석호는 모래나 돌로 인해 바다와 분리되면서 생긴 호수다. 경포호는 빙하기가 끝나고 해수면이 급격히 상승하면서 해류에 쓸려 온 모래로 언덕이 형성돼 호수가 됐다고 한다. 강릉의 대표적인 관광명소로 호수 주변을 산책하거나 자전거를 타는 시민들이 많다.

관동팔경 중 하나인 경포대, 이곳에서 내려다본 경포호수 전경

32 원주

박경리, 장일순, 안도 다다오라는
큰 인물을 만나 보자

시온아, 오늘은 생명의 땅 원주에 가 보자꾸나. 원주에서는 네게 소개해 주고 싶은 두 어른이 있단다. 원주는 강원도의 대표적인 도시 중 하나이고, 강원도라는 지명도 강릉과 원주의 앞 글자에서 따온 거란다. 조선시대의 유명한 지리서인 이중환의 《택리지》에서는 원주가 '한양과 가깝고, 난(亂)이 나도 피할 곳이 있고 물자가 모이는 곳이라 살기 좋다.'고 말했단다. 택리지의 저술 의도 중 하나는 양반 사대부가 전란의 위험에서도 안전하게 살며 가문을 유지할 곳을 찾기 위함이었는데, 아빠는 원주에 올 때마다 택리지의 내용이 계속 생각나는구나. 그래서 혹시 6.25 때에도 원주는 큰 피해가 없었나 찾아보니 중공군의 개입 이후 원주에서도 큰 전투가 있었더구나. 역시 현대에는 전쟁이 일어나면 안전한 곳이 없는 것 같아.

좋은 소설과 작가의 힘

먼저 가 볼 곳은 《토지》라는 기념비적인 소설이 완성된 박경리 선생님의 옛집이란다. 《토지》는 경남 하동군 평사리를 배경으로 몰락한 양반가 최 참판집의 딸 최서희와 평사리 마을 사람들을 중심으로, 구한말부터 일제강점기까지 우리 민족의 삶을 그린 5부 16권 분량의 대하(大河)장편소설이란다. 등장하는 인물도 많고, 소설의 배경도 하동, 만주, 동경, 서울, 진주 등 여러 곳이지. 《토지》는 우리 현대문학의 대표적인 소설이고, 또 박경리라는 여성 소설가가 쓴 작품이라는 점에서도 상당한 의미가 있지.

아빠는 10여 권으로 된 청소년용 《토지》를 읽었는데, 읽는 내내 다음 권이 궁금해서 한 달 만에 다 읽었단다. 그리고 마지막 페이지를 넘기며 '아! 인생이란 이런 것이구나, 삶이 정말 마음대로 되는 게 아니구나!' 하는 큰 깨달음을 얻었지. 성경이나 불경, 논어와 같은 고전에서도 많은 가르침을 얻을 수 있지만 이런 고전은 시간과 공간, 문화의 벽이 있기 때문에 좋은 선생님의 해설 없이는 무슨 뜻인지 바로 알기 힘들지. 하지만 《토지》와 같은 좋은 우리말 소설은 다른 사람의 도움이나 설명 없이도 인생과 세상의 참 모습을 배울 수 있고, 삶의 변화를 만드는 힘을 준단다. 네가 어느 정도 독서력을 갖추게 되면 꼭 읽어 보렴.

위대한 소설 작품 하나가 갖는 힘은 정말 대단하단다. 나관중의

원주 단구동에 있는 박경리 작가의 옛집, 이 집에서 《토지》의 후반부 작업을 완성했다.

《삼국지연의》는 관우를 신으로 섬기는 하나의 종교를 만들기까지 했지. 노예제도의 비인간성을 고발한 해리엇 스토우(Harriet B. Stowe)의《엉클 톰스 캐빈(Uncle Tom's cabin)》은 미국 남북전쟁의 불씨를 당기고 노예해방선언으로까지 이어지게 했고. 지금도 조엔 롤링의 〈해리포터 시리즈〉가 수백 만대의 자동차를 파는 것과 같은 경제적 효과와 영국 문화를 전 세계에 알리는 역할을 하고 있지. 좋은 문학 작품은 한 나라나 민족에 대한 편견도 씻어 낸단다.《상실의 시대》,《해변의 카프카》등의 작품을 쓴 일본 작가 무라카미 하루키는 우리나라를 포함한 전 세계에 많은 팬을 갖고 있지. 문학이나 예술은 작품이 좋으면 국적이나 인종에 관계없이 평가받는 것 같아. 소설은 아니지만, 봉준호 감독의 영화 〈기생충〉이 그런 가능성을 보여 줬고. 사실 그는 영화감독일 뿐 아니라 탁월한 시나리오 작가이기도 하단다. 우리나라에서도 더 좋은 작가들이 많이 나와야 할 것 같은데, 너도 소설이 재미있고 글쓰기가 좋다면 한번 도전해 보렴. ^-^

파란만장했던 박경리 작가의 삶

박경리 작가는 1926년 경남 통영에서 태어나 진주에서 고등학교를 다니고, 서울 가정보육 사범학교(지금의 세종대)를 졸업하셨어. 이후 1950년에 황해도 연안여자중학교에서 교사로 근무하다 한국전쟁 때 남으로 다시 내려오셨지. 전쟁 통에 남편은 좌익으로 몰려 서대문 형무소에서 죽고, 아들도 불의의 사고고 일찍 죽고, 딸을 홀로 키우며 사셨지. 처음에는 습작으로 시를 쓰다가, 김동리 작가의 권유로 1955년부터 소설을 쓰기 시작하셨단다.

소설 속 주인공들의 삶도 파란만장하지만, 선생님 본인의 삶도 아주 험난했단다. 아버지가 어머니를 버리고 새장가를 드는 바람에 홀어머니 밑에서 자라야 했고, 위에서 말한 대로 젊은 나이에 남편과 아들의 죽음을 겪어야 했지. 딸은 나중에 유명한 시인과 결혼했는데, 사위가 민주화 운동으로 인해 고초를 겪는 것도 지켜봐야 했단다. 정말 인생의 어느 한 순간도 파도가 잠잠한 적이 없었던 것 같아.

보통 작가들은 서로 만나면 "무슨 한(恨)이 있어서 글을 쓰기 시작하셨어요?"라고 묻는다던데, 선생님도 정말 쏟아 내고 풀어야 할 인생의 원통함과 설움이 많았던 것 같아. 하지만 선생님의 작품 속에는 사회에 대한 비판과 동시에 인간과 생명에 대한 존중과 사랑이 담겨 있단다. 자신의 한과 상처를 문학이라는 예술 작품으로 승화시켰던 것 같아. 혹시 '승화(昇華)'라는 말을 아니? 원래는 고체가 액체를 거치지 않고, 바로 기체가 되는 현상을 말하는데, 현실적인 어려움이나 개인의 아픔을 더 높은 수준으로 끌어올리는 것을 승화라고도 하지.

자신의 상처와 한을 예술로 승화시킨 작가들

아빠는 이런 모습을 또 한 분의 훌륭한 여성 작가인 박완서 선생님에게서 보았단다. 선생님은 마흔이 다 된 나이에 본격적으로 소설을 쓰기 시작했는데 사랑하는 아들을 잃고 난 후 글이 더욱 완숙해지고, 인간에 대한 애정이 담기기 시작했어. 서울의대에 다니며 공부도 잘하고, 마음씨도 예뻤던 아들을 사고로 잃은 후 엄마 박완서는 쓰러지고 말았지. 아들은 인기가 없는 마취과에서 레지던트를 하는 이유를 "마취과 의사는 환자가 잠들어 있는 동안만 환자를 돌보고 환자가 깨어나면 조용히 떠나죠. 이렇게 마취과 의사는 환자에게 고맙다는 말을 듣기 어려워서 쓸쓸한 느낌이 있고 저는 그 쓸쓸함이 마음에 들어요."라고 했던 생각이 깊은 사람이었단다.

《한 말씀만 하소서》라는 일기문에서 박완서 작가는 "원태야, 원태야, 우리 원태야. 내 아들아 이 세상에서 네가 없다니, 그게 정말이냐? 하느님도 너무 하십니다. 그 아이는 이 세상에 태어난 지 25년 5개월밖에 안 됐습니다."라고 하늘을 향해 울부짖었단다. 하지만 박완서 선생님은 인생의 위기에서 다시 한 번 일어서며 이후 작품 활동을 계속하셨고, 전보다 더 따뜻하고 울림이 있는 글을 쓰셨지.

두 작가의 삶과 《토지》에 나오는 용이와 월선의 이루어지지 못한 사랑을 보면서 아빠는 운명이라는 거대한 산 앞에 서 있는 작은 인간의 모습을 보았단다. 아빠도 20, 30대 때는 인생은 내가 만들어 가고 개척하는 것이라고 생각했단다. 운명을 핑계로 주어진 환경에 굴하지 말고, 생생한 꿈을 그리고, 그 꿈을 적고 외치고, 최선을 다해 노력하면 안 되는 게 없다고 생각했지. 하지만 인생을 살아 보니 내가 성공이라고 생각했던 것도 결국 나의 재능과 노력의 결과가 아니라 운이 좋거나, 다른 사람들이 돕고, 하늘이 도와서 된 것이었어. 실패와 좌절의 순간에도 내가 아직 살아 있다면 나에게는 여전히 기회가 있다는 것을 알게 됐지. 그리고 점점 무언가를 이루려고 애쓰기보다, 하늘의 뜻을 헤아리고 순리대로 사는 것이 진정 자유롭게 사는 길임을 깨달았단다.

원주 단구동 박경리문학공원

박경리 작가는 통영에서 나고 통영에 묻히셔서 기념관과 무덤도 통영에 있단다. 통영은 작가의 또 다른 소설《김약국의 딸들》의 배경이기도 하지. 원주에서는 1980년부터 1998년까지 사셨고, 토지 4, 5부 집필을 단구동 집에서 하셨단다. 여기 생가 앞의 동상에도 묘사돼 있지만 호미를 쥐고 밭을 매는 모습은 선생님의 삶을 한 컷으로 보여 주는 유명한 장면이기도 하지. 땅을 사랑하고, 생명과 인간의 삶을 존중하셨던 선생님의 모습이 고스란히 담겨 있는 듯하구나. 집 앞에는 손자들을 위해 만들어 놓은 작은 수영장도 있단다. 작가로서뿐 아니라 한 아이의 엄마로, 손자들의 할머니로서의 삶을 산 흔적이 고스란히 남아 있구나. 단구

❶ 박경리문학공원 정경 ❷ 토지의 소설 속 공간을 재현한 평사리마당 ❸ 호미를 들고 텃밭을 매는 모습은 작가의 상징이 됐다.

동 집 부근은 박경리문학공원으로 꾸며져 있단다. '박경리 문학의 집'에는 생애, 유품, 작품 소개 등이 있고, 일대에는 소설을 배경으로 평사리마당, 홍이동산 등이 만들어져 있다. 또 다른 외진 곳에 기념관이 하나 더 있는데, 단구동 집과 문학의 집을 돌아보는 게 더 좋을 것 같아.

사회운동과 생명운동의 실천가, 장일순

아빠가 두 번째로 소개하고 싶은 분은 원주 토박이라고 할 수 있는 무위당(無爲堂) 장일순 선생님이란다. 너도 한살림 협동조합이라고 들어봤지? 아빠도 회원이고, 현미(玄米)나 네 과자도 여기서 자주 사곤 했지. 이 한살림의 모태가 된 원주생활협동조합을 만드신 분이 바로 장일순 선생님이란다. 한살림은 자연을 지키고 생명을 살리자는 취지로 설립된 농부와 소비자들을 연결해 주는 협동조합이지. 1985년 207세대의 조합원으로 시작해 지금은 전국에 55만여 명의 조합원을 보유한 우리나라의 대표적인 생활협동조합이 됐단다.

장일순 선생님은 1928년 원주에서 태어나, 서울로 유학을 가 1944년에 서울공대의 전신인 경성공업전문학교에 입학했단다. 해방 후인 1945년에 미군 대령을 총장으로 임명하려는 국립서울대학교 설립안에 반대하다 제적당했지. 이후 미학과에 재입학했지만, 1950년 한국전쟁으로 학업을 중단했단다. 전쟁 이후 대학에 돌아갈 수 있었지만, 본인의 등록금으로 어려운 형편의 아이들을 가르칠 수 있다는 생각에 자신의 학위를 포기하고, 1954년에 원주에 대성학교를 건립했단다. 대성학교

우리나라의 대표적인 생활협동조합으로 성장한 한살림　　장일순 선생이 설립한 원주 대성중고등학교, 1990년에
　　　　　　　　　　　　　　　　　　　　　　　　현 위치로 이전했다.

라는 이름은 안창호 선생의 평양 대성학교의 정신을 잇는다는 의도로
지었다고 해. 이후 반독재운동과 사회운동을 하다가 정부의 탄압을 받
았고, 1968년부터 피폐한 농촌과 광산을 살리고자 신용협동조합운동
과 생명운동에 전념하셨지. 장일순 선생은 민주화운동과 통일운동에도
많은 기여를 했지만, 가장 큰 업적은 한살림을 통한 생명운동과 협동조
합운동이 이 땅에 뿌리내리게 한 것이지. '농약을 많이 쓰더라도, 생산
성을 높여 돈을 많이 벌자'라는 성장 일변도의 발상에서 벗어나 이 땅이
살아야 사람도 살 수 있다는 생명 공존의 가치를 말하셨고, 단순히 말로
그치지 않고 유기농 농업에 도전하고 협동조합을 통한 생산자와 소비
자의 직거래 플랫폼을 만들어 수많은 사람들이 참여하게 하셨지.

　아빠가 장일순 선생님을 주목하는 이유는 바로 여기에 있단다. 많은
사람들이 좋은 뜻으로 이야기를 하지만 대안을 만들지 못하는 경우가
많고, 대안을 만들어도 지도자가 죽으면 대부분 흐지부지되는 경우가
많지. 하지만 장일순 선생님의 생명운동은 사후에도 많은 사람들에게
끊임없이 이어지고, 더 많은 사람들이 참여하고 혜택을 누리고 있단다.
사실 생명운동과 협동조합운동에도 성공보다 실패 사례가 훨씬 많단다.
다들 좋은 뜻으로 모였지만, 그 안에서 여러 가지 문제가 생기고, 원래

의 취지와 달리 공동체나 조직이 엉뚱한 방향으로 가는 사례도 많지. 하지만 한살림운동은 설립자 장일순 선생부터 자기의 공로와 권리를 내세우지 않고, 모든 것을 조합원들이 할 수 있도록 도우며 그 맥이 오랫동안 유지될 수 있었지.

도덕경 사상을 실천하고 열매를 맺은 무위당

장일순 선생님의 호가 무위당(無爲堂)인데, 어디서 많이 들어본 것 같지 않니? 바로 '도는 언제나 인위적으로 일을 하지 않지만, 하지 않는 일이 없다(道常無爲而無不爲)'는 노자 도덕경의 구절에서 따온 말이란다. 도덕경에는 또 이런 말이 있지.

"성인(聖人)은 애쓰지 않고 일을 하고
말하지 않는 가르침으로 행동한다.
모든 것을 만들고도 자랑하지 않고,
모든 것을 낳고도 소유하지 않는다.
업적을 이룬 후에도 자리에 연연하지 않는다.
안주하지 않기에 잃는 것도 없다."

장일순 선생은 본인의 호(號)대로 도덕경의 가르침을 그대로 실천하고 사신 분 같아. 이런 대단한 결과를 이루고도 늘 자기를 높이거나 이름을 드러내지 말라고 하셨지. 그래서 지금도 사람들이 한살림은 많이 알아도 무위당 장일순에 대해서는 잘 모르지. 원주중앙시장의 밝은신협 건물에 있는 장일순 선생의 기념관인 '무위당 기념관'도 수십만 회원을 갖고 있는 한 단체의 설립자 기념관이라고 하기에는 너무 소박하구나.

한살림운동의 모태가 된 원주의 밝음신협 건물, 무위당 기념관은 작고 소박하게 꾸며져 있다.

무위당은 밥 한 그릇과 쌀 한 톨에 온 우주가 들어 있다고 했단다. 정말 그렇지. 농부들의 수고와 상인들의 판매, 아빠의 노동과 엄마의 요리가 없었다면 바로 네 앞에 김이 모락모락 나는 따뜻한 밥 한 그릇으로 올라올 수 없었을 거야. 그뿐 아니라 햇볕과 바람, 물과 공기 그리고 흙과 땅속의 벌레와 미생물까지 온 우주가 힘을 합해 쌀 한 톨 한 톨을 만든 거지. 그렇기에 우리는 한 끼의 밥을 먹을 때마다, 이 모든 사람들과 지구와 우주의 구성원들에게 감사해야 한단다. 바로 이게 사람의 도리이고, 이 넓은 우주에서 잠깐 머물다 떠나는 우리들이 마땅히 해야 할 바이지. 그런데 우리는 우리의 욕심과 이익을 위해 이 지구를 파괴하고 우주의 질서를 어그러뜨리는 경우가 너무 많구나.

니어링 부부의 소박한 삶의 실천

이런 문제의식을 가진 사람들이 우리나라에만 있었던 것은 아니란다. 이 분야의 세계적인 대가로 스콧 니어링과 헬렌 니어링 부부가 있지. 펜실베니아 와튼스쿨 경제학 박사 출신이었던 스콧 니어링은 반자본주의와 반전운동 등으로 교수직에서 해임돼 어려움을 겪다가 이후 도시 생활을 내려놓고 버몬트 시골에 내려가 채식과 자급자족을 기반으로 한 소박한 삶(Simple living)을 20년간 실천했단다. 이들의 삶의 원칙은 (1) 채식을 기본으로 하고 (2) 하루 반나절만 노동하고 반나절은 온전히 자기 자신을 위해 쓰고 (3) 한 해의 양식이 마련되면 더 이상 노동하지 않는다 등이었지. 이 부부의 20년간의 경험을 기록한 책이 《조화로운 삶(Living the Good Life)》이란다. 이후 미국과 서구사회에서는 이들이 말하는 소박한 삶을 실천하고자 하는 붐이 불고, 많은 청년들이 이 부부의 삶을 배우고 동참했지.

참 신기하지. 사실 니어링 부부의 실천이나, 자연 속에서 소박하게 산 헨리 데이빗 소로(H. D. Thoreau)의 《월든(Walden)》과 같은 삶은 원래 우리 동양이 원조인데 말이야. 노자 도덕경이나 법정 스님의 '무소유' 같은 선불교적인 삶이 바로 그 뿌리라고 할 수 있지. 노자사상과 선불교의 창시자인 중국이나 우리나라는 산업화되면서 탐욕과 착취의 삶에 빠져들고, 오히려 서양사람들이 도덕경과 불경의 가르침에서 대안을 찾고 새로운 삶을 실천하고 있는 것 같아.

아빠의 소박한 삶의 실천

사실 생명운동이나 소박한 삶을 실천하기 위해 아빠도 몇 가지 노력을 해 봤단다. 그러한 실천 가운데 너와 네 동생이 이 땅에 태어난 거지. 자본과 과학의 논리로 생명과 자연이 파괴됨을 고발한 기념비적인 고전이 바로 레이첼 카슨의 《침묵의 봄》이란다. 무익한 해충을 박멸하고 농업 생산량을 늘리고자 만든 농약이 어떻게 생태계를 파괴하고, 인간에게 해악을 끼치는지를 세상에 알린 책이지. 그리고 같은 원리로 출산 현장의 불필요한 의료 개입이 어떻게 아기들과 엄마들에게 많은 해를 끼치고 있고, 일반 사람들은 그 현실을 모르고 있는지를 알린 책이 미쉘 오당의 《농부와 산부인과》라는 책이지. 아빠는 건강 독서 모임에서 이 책을 읽은 후 미쉘 오당이 말하는 평화로운 자연출산을 실천하고자 한 정환욱 원장님과 함께 수년간 자연출산운동을 했단다. 그리고 《히프노버딩》이라는 자연출산 서적을 함께 번역하고, 교육 프로그램을 만들어 강의하며 많은 가정의 자연출산을 도왔지.

또 필리핀 오지에서 선교사님과 필리핀 사람들이 신앙 공동체를 만드는 것을 돕고 이후 매년 그곳을 방문하고, 거기서 몇 달 살기도 했지. 너도 코로나 전에 3번이나 이곳에 가 봤잖니? 하지만 아빠는 이런 도전을 하며, 자연 속에서 농사짓고 소박하게 사는 삶도 좋지만, 도시와 시골의 중간 정도 되는 곳에서 여행하고 공부하고 책 쓰는 삶이 더 좋다는 것을 알게 됐단다. 너도 완벽한(?) 자연출산으로 낳고 싶었지만, 네가

필리핀 정글 속 작은 공동체에서의 삶

아침에는 코코넛을 깨 먹으며 두 달을 살아 보기도 했다.

35주에 저체중으로 일찍 세상에 나오는 바람에 2주간 병원 인큐베이터 신세를 졌단다. 그리고 이 모든 과정을 겪으며 자연 속에서의 소박한 삶도 그 자체가 목적이 돼서는 안 되고, 자신의 형편과 상황에 맞게 순리대로 이뤄져야 한다는 것을 깨달았단다.

각자에게 맞는 조화로운 삶

조화로운 삶을 살기 위해 꼭 채식을 하고 농사를 지어야 하냐고 묻는 사람들에게 니어링 부부는 "가장 조화로운 삶은 자신의 이론과 실천이 그리고 생각과 행동이 하나가 되는 삶"이라고 했어. 각자의 방법으로 자신의 몸과 마음, 생각이 조화를 이루는 평화로운 삶을 살 수 있다는 거겠지. 그리고 누구도 이 삶이 정답이니 이렇게 살라고 말할 수 없을 거야. 각자 자신의 분량과 그릇에 맞는 조화로운 삶을 찾아가야겠지. 사실 이 부분은 건강이나 먹을거리, 좀 더 나아가 환경과 생명과 관련된 주제로 매우 중요한 이야기거리란다. 오늘 아빠가 언급한 책을 중심으로 앞으로 자주 이야기하고 공부도 같이 해 볼 거니까, 기회 되는 대로 좀 더 생각해 보자.

한편으로는 코로나 사태 때문에 우리는 어쩔 수 없이 이런 이야기를 자주 나눌 수밖에 없단다. 코로나19 같은 팬데믹은 인간이 탐욕과 착취를 멈추지 않으니, 바이러스가 나서서 인간을 강제로 멈춰 세운 것이라고 할 수 있단다. 그리고 이는 일찍이 장일순 선생님이 경고한 바이기도 하다.

"지금은 문명 자체와 이 지구에서 인간이 계속 살 수 있는지를 고민해야 하는 때이고, 이제는 삶의 방향을 어떻게 돌릴지를 다시 한 번 결단해야 하는 시기입니다. 이것은 신화나 종교에서 말하는 종말론과 지구 멸망의 이야기가 아닙니다. 바로 우리가 만든 현실입니다. 인간이 저지른 과오 때문에 자연이 파괴되고, 그 속에서 인간들의 영성이 파괴됐습니다. 지금은 이 모든 것을 멈추고 다시 자연의 상태를 회복해야 하는 중요한 국면에 있음을 우리가 명심해야 합니다."

이미 오래 전에 지금과 같은 사태를 예견하고, 나름의 대안을 만든 선각자들이 있다는 것이 조금 놀랍지 않니? 앞으로의 삶이 걱정되기도 하지만, 한편으로 든든한 것은 우리에게 이미 장일순, 니어링 부부, 노자와 같은 좋은 선생님들과 그 분들이 가르쳐 준 삶의 지혜가 있기 때문일 거야.

'뮤지엄 산'에서 만나는 안도 다다오

오늘 원주의 마지막 여정은 '뮤지엄 산'이란다. 뮤지엄 산은 공간의 아름다움뿐 아니라 많은 스토리를 품고 있는 명소란다. 이 산속 미술관은 이인희 한솔그룹 고문과 안도 다다오(安藤忠雄)라는 일본의 유명한 건축가의 협업으로 탄생했단다. 삼성그룹을 만든 이병철 회장의 장녀인 이인희 고문은 한솔제지를 주 기업으로 하는 한솔그룹을 운영하며 한솔문화재단을 만들어서 문화 예술계를 후원했단다. 예술적 안목이 있던 이 고문은 노출 콘크리트와 빛을 활용한 절제된 건축미(이를 미니멀리즘이라고 한다)의 대가로 꼽히는 안도 다다오에게 여러 번 부탁해 이 경치 좋은 산꼭대기에 미술관을 지었단다.

안도 다다오는 '과연 이런 산속 미술관에 사람들이 올까?'라고 걱정했지만, 산 정상의 멋진 조망과 이 고문의 열정에 마침내 제안을 수락하고 건물 설계를 맡았다고 해. 미술관 홈페이지에서 보니 안도 다다오는 "주입식 교육 속에서 활기를 잃은 아이들이 자연 속에서 큰소리를 지르며 활기차게 뛰어다니며 '살아갈 힘'-100살까지 살아가기 위한 마음의 양분-을 흡수할 수 있는 장소를 만들고 싶다는 생각을 평소 개인적으로 하고 있었기에, 그저 조용한 상자 같은 미술관을 만들고 싶지는 않았다."고 하는구나.

웰컴 센터와 플라워 가든을 지날 때까지만 해도 그냥 경치 좋은 야외

❶ 원주의 명소가 된 뮤지엄 산 ❷ 산 위에 떠 있는 것 같은 야외 파티장 ❸ 안도 다다오가 설계한 돔 모양의 명상관
❹ 미술관 안에 있는 백남준 비디오 아트

미술 전시장 같은 느낌이었는데, 워터가든과 뮤지엄 본관 그리고 산속에 호수가 떠 있는 것 같은 착각이 들게 하는 야외 파티장을 보니, 왜 안도 다다오를 현대 건축의 대가라고 하는지 알겠더구나. 안에 들어가 보지는 못했지만 사진으로 본 명상관을 통해서도 왜 안도 다다오를 빛의 건축가라고 하는지 알겠고.

너에게 이렇게 좋은 자연과 그 속에서 조화를 이루는 건축물을 많이 보여 주는 것이 100살까지 살아갈 힘을 주는 건지는 확신할 수 없지만, 안도 다다오의 말을 들으니 지금까지 너와 함께 돌아본 우리나라의 수많은 역사 유적지가 바로 안도 다다오가 말한 자연의 공간이 아니었나 하는 생각이 든다. 우리가 가 봤던 경복궁 경회루, 동궁과 월지, 부여의 궁남지, 강릉의 경포대가 바로 빛과 물, 건물이 조화를 이루는 곳이었잖니? 비록 안도 다다오가 만들어 낸 현대적인 세련미와 화려함은 없지만, 마치 정결한 백자와 같이 은은한 아름다움을 느끼게 해 줬지.

큰 기대 없이 잠깐 둘러보려고 왔는데, 아무래도 다음에 또 오게 될 것 같구나. 다음에는 안도 다다오의 건축에 대해 좀 더 공부하고, 그가 만든 공간에 대해 생각을 나눠 보자꾸나. 그리고 우리가 과거 식민지배의 치욕을 씻고 일본과의 관계를 개선할 수 있는 좋은 방법 중 하나가 건축이나 문학 등에서 우리가 문화 강국이 되는 길이 아닐까라는 아이디어도 떠오르는데 이 주제도 다음에 좀 더 이야기해 보자.

오늘 원주 여행 어땠니? 문학과 생명, 그리고 건축. 알면 알수록 이 세상은 정말 깊고도 오묘(奧妙)하고, 우리가 공부하고 누릴 수 있는 것들이 가득하지 않니?

심샘의 추천자료

- ♥ 《**이중환 택리지**》 전근완 글/김강섭 그림/손영운 기획 | 주니어김영사 | 2019년
- ♥ 《**청소년 토지 세트 [전 12권]**》 박경리 저 | 자음과모음(이룸) | 2003년
- ♥ 《**토지 1-20권 세트**》 박경리 저 | 마로니에북스 | 2012년
- ♥ 《**만화 토지 세트 박경리 원작**》 오세영, 박명운 글그림 | 마로니에북스 | 2015년
- ♥ 《**한 말씀만 하소서**》 박완서 저 | 세계사 | 2004년
- ♥ 《**장일순 평전 무위당의 아름다운 삶**》
  김삼웅 저/무위당사람들 감수 | 두레 | 2019년
- ♥ 《**나락 한알 속의 우주**》 장일순 저 | 녹색평론사 | 2016년
- ♥ 《**좁쌀 한 알에도 우주가 담겨 있단다**》 김선미 저 | 우리교육 | 2008년
- ♥ 《**조화로운 삶**》 헬렌 니어링, 스콧 니어링 공저/류시화 역 | 보리 | 2000년
- ♥ 《**아름다운 삶, 사랑 그리고 마무리**》 헬렌 니어링 저 | 보리 | 1997년
- ♥ 《**헬렌 니어링의 소박한 밥상**》 (원제 : Simple Food for the Good Life)
  헬렌 니어링 저/공경희 역 | 디자인하우스 | 2018년
- ♥ 《**교과서 큰 인물 이야기 62 헬렌니어링(사랑과 봉사)**》
  김선미 글 / 허현경 그림 | 한국헤르만헤세 | 2014년
- ♥ 《**월든**》 헨리 데이비드 소로우 저 | 은행나무 | 2011년
- ♥ 《**월든 숲에서의 일 년**》
  헨리 데이비드 소로우 글/지오반니 만나 그림/정회성 역 | 길벗어린이 | 2020년
- ♥ 《**침묵의 봄**》 레이첼 카슨 저/홍욱희 감수 | 에코리브르 | 2011년
- ♥ 《**농부와 산과의사**》 미셸 오당 저 / 김태언 역 | 녹색평론사 | 2011
- ♥ 《**평화로운 출산 히프노버딩**》 메리 몽간 저/심정섭, 정환욱 역 | 샨티 | 2012년
- ♥ 《**작은 것이 아름답다**》 (원제 : Small is beautiful)
  E. F. 슈마허 저 | 문예출판사 | 2002년 03월 10일

♥ 《엔트로피》 제러미 리프킨 저/이창희 역 | 세종연구원 | 2015년

 **심샘의깨알정보**

★ **박경리문학공원**

주소 강원 원주시 토지길 1 (033-762-6843)

운영 매일 10:00-17:00 / 공휴일, 1월 1일, 설 · 추석 당일, 넷째 월요일 휴무

박경리 작가가 살던 집을 중심으로 원주 단구동에 조성된 문학공원이다. 박경리 작가의 생애와 작품이 전시된 문학의 집과 홍이동산 등 《토지》를 배경으로 한 공간들이 잘 구성돼 있다.

★ **무위당 기념관**

주소 강원도 원주시 중앙동 122 밝은신협 4층 무위당 기념관 (033-747-4579)

원주중앙시장 중심에 있는 밝은신협 4층에 장일순 선생의 삶과 서예 작품 등이 전시돼 있다. 주차는 주변 공영 주차장에 하고 걸어가야 한다.

★ **뮤지엄 산** (www.museumsan.org)

주소 강원도 원주시 지정면 오크밸리2길 260

한솔문화재단에서 일본 건축가 안도 다다오에게 의뢰해서 만든 산속 미술관이다. 멋진 풍광과 조화를 이루는 아름다운 건축물과 여러 전시를 볼 수 있다. 2013년 개관한 이후 원주의 관광명소가 됐고, 주말에는 찾는 사람들이 상당히 많다. 주중에 한적할 때 가 보는 것이 좋다.

33 제주 가파도

청보리밭에 누워
어린왕자를 읽어 보자

시온아, 오늘은 제주도 안의 작은 섬 가파도에 가 보자꾸나. 가파도에 가려면 우선 제주도 남쪽에 있는 운진항에 가야 한단다. 운진항에서 가파도와 마라도로 가는 배가 있는데, 배를 타고 10여분을 가면 가파도에 도착한단다. 가파도 밑에 있는 좀더 작은 섬이 마라도인데, 이곳이 우리나라에서 제일 남쪽에 있는 섬이지.

가파도는 큰 구릉이 없는 평평한 섬인데, 크기가 0.9km²이고 인구는 약 240여 명 된단다. 섬 중앙에 있는 해발 20m 정도의 소망전망대에 오르면 동서남북으로 섬 전체와 바다가 보이지. 작은 섬이지만 초등학교, 보건소, 치안센터 등 웬만한 시설이 다 들어서 있구나. 가파도는 청보리밭으로도 유명한데, 해안선을 따라 바다와 보리밭을 보고 천천히 걷다 보면 어느새 섬 전체를 둘러볼 수 있지.

작은 섬, 작은 별

가파도에 와 보니 아빠는 자꾸 생텍쥐페리의 소설 《어린왕자》가 생각나는구나. 어린왕자가 사는 B-612 소행성에는 화산 분화구 3개에 커다란 바오밥나무와 장미꽃 한 송이가 있었지. 아주 작은 세계여서 몇 걸음만 걸으면 다 돌아볼 수 있고, 몇 걸음만 뒤로 물러서면 해 지는 모습을 하루에도 수십 번 볼 수 있는 곳이지. 어린왕자는 장미꽃과 다투고 나서 철새를 이용해 우주를 여행했단다. 늙은 왕과 허영심 많은 남자, 사업가와 지리학자가 사는 별을 지나 지구에 와서 소설 속의 이야

소망전망대에서 내려다본 섬 전경

가파도의 작은 마을

기하는 사람(話者)인 조종사와 여우, 뱀 등을 만나지. 그리고 가장 중요한 것은 눈에 보이지 않는 것이고, 길들여짐이라는 관계의 중요성을 깨닫고, 자신의 별로 돌아간다는 이야기란다.

전 세계 많은 사람들에게 사랑을 받은 소설인데 아빠는 사실 그렇게 감동적이지는 않더라고. 어려서는 간추려진 동화로, 어른이 되서는 번역본으로 읽어 봤는데, 소감은 '음…' 정도라고 할까. 소설에서 여우는 어린왕자에게 '길들여짐이란 관계를 맺는 것이고, 관계를 맺으면 자신은 수많은 여우와는 다른, 세상에서 유일한 여우가 된다'고 말한단다. 그러니까 관계를 맺으면 'one of them' 이 아니라 'only one' 이 된다는 것이지. 사실 이 관계라는 말은 평소에 아빠가 자주 쓰는 말이지 않니? 탈무드를 공부하면서도 유대인들이 이해되지 않는 계명도 지키려고 하는 이유는 나의 유익 때문이 아니라 그 계명을 통해 맺어진 신과의 관계 때문이라고 자주 이야기했고, 너와 나의 관계도 그런 것이라고 했지. 어린왕자에 의하면 우리가 서로에게 길들여지면(관계 맺어지면) 세상 어떤 것으로도 대체될 수 없는 유일한 존재가 되는 것이지.

나중에 시간이 되면 한번《어린왕자》를 읽고 너만의 느낌을 가져 보렴. 아빠는 약간 경험 중심적인 사람이어서 이런 환상적인 이야기보다 실제적인 이야기를 더 좋아하는 것 같아. 이런 걸 좀 어려운 말로 환타지(fantasy)보다 리얼리티(reality)를 좋아한다고 하는데, 그래서 아빠는 소설이나 드라마보다, 역사나 다큐멘터리를 더 좋아하나봐. MBTI라는 심리유형검사가 있는데, 그 검사에서 아빠는 약간 내향적이고, 경험적이고, 생각 중심적이고, 옳고 그름을 판단하는 유형이란다. 이런 성향과 정반대는 외향적이고, 직관적이고, 느낌이나 감정 중심적이고, 보이는 걸 그대로 받아들이는 유형이란다. 사람마다 기질과 성향이 다를 수 있는데, '다른 것이 틀린 것은 아니다'라는 말이 있단다. 서로 다른 기질의 사람들이 조화를 이루고 서로 협력할 때 이 사회는 더 다채로워지고 좀더 앞으로 나아갈 수 있는 거지.

어린 시절은 작은 시골에서, 커서는 큰 도시로

가파도에 오니 이곳에서 한 일 년 정도 살면서 너에게 '이 작은 섬의 어린왕자(?)로 살게 하면 어떨까?' 하는 상상을 해 본다. 네가 이곳 초등학교를 다니며 일 년 정도 살면 아마 이 섬의 구석구석을 다 알게 될 거야. 가파도에 비하면 제주도는 아주 큰 섬이고, 육지는 더 큰 공간이지. 하지만 어려서부터 너무 큰 곳에만 살면《어린왕자》에서 말한 대로 길들여지기와 관계 맺기가 잘 되지 않는단다. 이 작은 공간에서는 풀 한 포기, 돌멩이 하나, 유채꽃 한 송이, 청보릿대 하나가 너에게 유일한 존재로 다가올 수 있지. 하지만 큰 공간 혹은 도시에서는 그저 수많은 것들중 하나, 언제라도 볼 수 있는 것들 중 하나가 돼버린단다. 그리고 이런 관계는 풀이나 돌멩이에만 해당되는 게 아니란다. 사람과의 관계성도마찬가지지. 도시에서 우리는 그저 많은 사람 중 한 사람이야. 그리고대부분의 도시에서 많은 사람들은 그저 있어도 되고, 없어도 되는 사람, 다른 사람으로 쉽게 대체될 수 있는 사람이 된단다.

하지만 이런 작은 섬, 작은 마을에서는 한 사람 한 사람이 소중하단다. 사람을 귀히 여길 줄 알고, 사람과의 관계가 얼마나 중요한지 굳이

가파도 바닷가와 멀리 보이는 마라도　　　　가파초등학교

말하지 않아도 저절로 알게 되지.

　가파초등학교는 전교생이 7-8명이란다. 이런 학교에서는 한 어린이가 전부 소중하고, 왕자와 공주 대접을 받지 않을까? 물론 이런 작은 섬, 작은 학교가 다 좋은 점만 있는 건 아닐 거야. 혹 섬사람들이나 학교 아이들과 관계가 어그러지면, 이곳은 천국이 아니라 작은 지옥이 될 수도 있겠지. 그리고 사람들이 나에 대해 가지고 있는 고정관념이나 편견이 오랫동안 깨지지 않을 수도 있어.

　그래서 가장 이상적인 삶의 여정은 어려서는 이렇게 작은 시골 마을에 살다가 청년기에는 큰 도시에 나가 다양한 사람들을 만나 보고, 인생의 말년에는 다시 이런 작은 마을로 돌아와 사는 것이지. 아빠는 다행히 3살 때 충남 논산의 작은 시골 마을에서 8-9년을 살고, 이후 30여 년을 서울, 수도권에서 학교를 다니고 일하고, 지금은 이곳 충북 증평에서 너와 살고 있구나. 증평은 인구 3만 여명의 작은 지방 도시인데, 울릉군을 제외하고 내륙에 있는 군(郡) 중에 가장 작은 군이기도 하단다. 할아버지가 노후를 괴산 쪽에서 보내시며 인연이 돼 살게 된 작은 시골인데, 날씨 좋은 날이면 보강천, 좌구산, 벨포레 목장, 민속마을 등 네가 마음껏 자연 속에서 뛰어 놀 수 있는 공간이 많아 아빠는 매우 만족한단다.

앞으로 단양이나 남원, 공주, 안동, 강릉, 제주도 등 너의 어린 시절에 살아 보고 싶은 많은 작은 도시들이 있지만 당분간은 여기 증평에서 살 사꾸나. 증평은 우리나라 중간에 위치해 어디든지 2-3시간이면 갈 수 있어서 좋고, 옆에 청주공항도 있어 제주도 가기에도 좋잖아. 그리고 네가 좀 더 크면 큰 도시에 나가 살아 보고, 네가 독립할 때가 되면 서울이나 아니면 아예 뉴욕이나 LA, 파리 같은 세계적인 도시에서 더 큰 세상을 경험해 보는 것도 좋을 것 같아. 어느 정도 세상 구경을 다했다 싶으면 어린왕자처럼 작은 시골 마을로 돌아오면 되지.

어린 시절의 추억과 짜장면의 기억

아빠가 할아버지에게 감사한 것 중 하나는 아빠에게 시골에서의 어린 시절 추억을 만들어 주신 거란다. 금강 하류에서 물놀이하고(빠져 죽을 뻔도 했지만), 제방 둑을 달리며 연을 날리고, 겨울에는 얼어붙은 작은 저수지에서 썰매를 탔지. 저녁에 심심할 때면 몇 권 안 되는 책을 보고 또 보고 반복해서 읽고⋯ 30여 년이 지났지만, 지금도 눈을 감으면 어린

가파도의 별미 해물짬뽕 집

해물이 한가득 나오는 짬뽕

시절의 추억이 빛바랜 수채화처럼 아련히 눈에 어른거린단다. 사실 그때는 할아버지가 서울에서 사업을 실패한 후 시골로 낙향한 터라 집안 형편도 어려웠는데, 자연이 주는 따뜻함에 마음은 언제나 배불렀던 것 같아.

참, 그리고 여기 가파도는 해물짬뽕이 유명하단다. 여기까지 와서 안 먹고 갈 수 없겠지? 그런데 아직 너는 매운 걸 못 먹으니, 해물짜장을 먹어 보렴. 와! 이것 봐봐. 면이 보이지 않을 정도로 해물이 가득하구나. 짜장면은 어떠니? 맛있니? 그런데 아빠는 짜장면을 못 먹는 거 알지? 아빠는 어려서 짜장면 킬러였다고 하는데, 초등학교 2학년 때인가 3학년 때 짜장면을 먹고 심하게 체한 후에는 짜장면만 먹으면 배탈이 나고 온몸이 아프단다. 나중에 어떤 책을 보니, 어려서 심하게 아팠던 기억은 뇌의 변연계 속에 저장됐다가, 후에 비슷한 경험이 생기면 몸을 보호하기 위해서 거부 반응을 보이게 한다더구나. 어른이 돼서 이 '짜장면 트라우마'를 극복해 보려고 여러 번 시도했는데 잘 안 되더라고. 12살 이전의 경험이 이후 삶을 살아가는 데 정말 큰 영향을 미치는 것 같아.

마라도에서 통일을 기원해 보자

오늘 가파도 여행은 어땠니? 다음에는 가파도에서 멀리 보기만 했던 마라도도 한번 가 보자꾸나. 마라도는 가파도의 1/3 정도 되는 더 작은 섬이란다. 한 시간이면 다 돌아볼 수 있을 거야. 보통 우리나라의 끝과 끝을 백두산에서 한라산까지라고 하는데, 정확히 말하면 북녘땅 온성군에서 제주도 마라도까지가 우리나라의 끝에서 끝이란다. 마라도를 봤으면 이제 북녘땅 끝을 보고 싶지 않니? 코로나 사태가 진정되면 준비를 잘 해서, 백두산과 두만강 유역의 엔지(延吉)와 투먼(圖們)도 한번 가보자꾸나. 통일이 오면 중국 쪽을 통하지 않고도 바로 갈 수 있을 텐데. 우리가 사는 동안 그날이 오도록 간절히 빌어 보자.

 **심샘의 깨알정보**

★ **가파도, 마라도 배편** (wonderfulis.co.kr/boarding_guide/time/)

운진항에서 탈 수 있고, 가파도까지는 편도 10분, 마라도까지는 편도 25분이면 갈 수 있다. 오전 9시부터 배편이 있는데, 보통 당일 코스로 섬에 들어가서 1–2시간 둘러보고, 다음 배편으로 섬을 나온다. 자세한 시간 조회와 예매는 위 사이트에서 가능하다.

❶ 가파도 배편에서 바라본 제주도 ❷ 운진항에서 출발하는 가파도 배 ❸ 평평한 섬 가파도 ❹ 우리나라 국토 최남단인 마라도

34 제주도

정방폭포의 아픈 역사를
평화공원에서 확인해 보자

시온아, 오늘은 정방폭포(正房瀑布)를 보고 4.3평화공원으로 올
라가 보자. 제주도는 작은 섬이지만 곳곳에 자연과 역사의 흔
적이 남아 있는 놀라운 곳이지.

동양 유일의 해안 폭포

정방폭포는 한라산에서 흘러내린 물이 바다로 떨어지는 동양 유일의 해안 폭포란다. 제주도에는 주상절리(柱狀節理, columnar joint)라고 용암이 바다를 만나 급히 식으면서 생긴 육각기둥 모양의 지형이 많은데, 정방폭포는 주상절리로 만들어진 해안 절벽으로 약 20m의 물줄기가 떨어지지. 정방폭포와 더불어 천지연폭포(天地淵瀑布), 천제연폭포(天帝淵瀑布)를 제주도 3대 폭포라고 하지.

정방폭포 위에는 서복기념관과 중국식 정원이 있는데, 진시황의 신하 서복(徐福)의 흔적을 기념해 만든 것이란다. 서복은 진시황의 명을 받들어 불로초를 구하러 제주도에 와서 정방폭포 벽에 서불과차(徐市過此)라고 '서불(서복의 다른 표현)이 여기를 지나갔다'라는 글을 새겼다고 해. 결

❶ 동양 유일의 해안 폭포인 정방폭포 ❷ 천지연폭포 ❸ 진시황 설화와 연관 있는 서복전시관 ❹ 중국식 정원

국 서복은 불로초를 구하지 못한 채 중국이 있는 서쪽으로 돌아가고 진시황은 불로초 없이 자기 명(命)대로 살다 죽었지. 서귀포(西歸浦)라는 지명도 '서복이 돌아간 포구' 혹은 '서쪽으로 돌아가는 포구'라는 뜻에서 생겼다는 설(說)이 있단다.

그런데 이 아름다운 정방폭포에서 1948년 11월에서 1949년 1월 사이에 끔찍한 일이 벌어졌지. 공산당으로 몰린 서귀포 일대 주민 240여 명이 정방폭포 위에 있는 '소남머리'라는 언덕에서 죽창과 총으로 학살당하고 그 시체가 바닷가에 버려졌단다. 이때 무슨 일이 있었는지는 조금 후에 가 볼 4.3 평화공원에서 좀 더 자세히 알아보자.

아직도 이름이 정해지지 않은 제주 4.3

4.3은 아직도 역사적으로 뭐라고 불러야 할지 이름이 정해지지 않은 우리 민족의 비극이자 숙제란다. 4.3 사건, 4.3 사태, 4.3 폭동, 4.3 항거. 다양한 주장이 있지만 아직도 이름을 정하지 못했어. 4.3 평화기념관에 가면 어두운 조명 아래 관처럼 누워 있는 하얀 비석이 있단다. 이 비석을 백비(白碑, 비문 없는 비석)라고 하는데, 백비 앞 안내문에는 "언젠가 이 비에 제주 4.3의 이름을 새기고 일으켜 세우리라"고 적혀 있다. 그럼 왜 제주 4.3은 그 일이 일어난 지 70여 년이 지난 지금에도 해결되지 않는 것일까?

4.3은 표면적으로는 1948년 4월 3일 김달삼이 이끄는 공산주의자 350여 명이 제주도 12개 경찰서를 습격하면서 시작됐단다. 이후 경찰

과의 무장충돌이 이어지다 4월 28일 제주도에 있는 9연대의 김익렬 중령과 김달삼이 평화적인 해결에 합의하면서 문제가 해결되는 듯 했단다. 그런데 서울에서 내려온 경찰 총수 조병옥이 김익렬을 공산주의자로 몰고 미군에

2019년 광화문에서 있었던 4.3 추모공연

게 강력한 토벌을 요청했지. 결국 김익렬이 해임되고 평화협정은 무효가 되면서 다시 대대적인 토벌 작전과 양민들의 피해가 이어지게 됐단다. 이후 5월 10일 남한만의 총선거가 치러지고, 8월 15일 단독정부가 수립된 이후 이승만 정권은 다시 토벌 작전을 본격화해서 한국전쟁이 휴전을 한 이후인 1954년 9월 21일까지 공산 게릴라 토벌을 빌미로 무고한 양민 학살을 벌였단다. 정방폭포 학살 사건도 수많은 양민 피해 중 하나란다.

이렇게 거의 7년 동안 계속된 교전과 학살로 당시 제주도민 30만 가운데 3만이 넘게 피해를 당했단다. 〈제주4.3특별법〉 조사결과에 따르면 확인된 사망자만 1만 4,000여 명(진압군에 의한 희생 10,955명, 공산 무장대에 의한 희생 1,764명 및 기타)에 달한다. 그리고 전체 희생자 가운데 여성이 21.1%, 10세 이하의 어린이가 5.6%, 61세 이상의 노인이 6.2%를 차지한다고 해. 전쟁과는 관계없는 무고한 희생이 너무 많았지.

왜 이런 비극이 일어났을까?

·····································

그러면 왜 이런 말도 안 되는 일이 이 아름다운 제주도 땅에서 벌어졌을까? 결국 당시 미국과 소련의 냉전이라는 국제 정세와 해방 이후 친일파 청산이 제대로 되지 않고, 특히 친일 경찰들이 득세했던 현실과 이에 대한 저항, 그리고 해방 이후 제대로 된 자주독립국가를 이루지 못한 우리 민족의 역량 부족 등 여러 가지 문제가 복합적으로 얽히면서 이런 끔찍한 일이 일어나고 말았지.

그런데 더 안타까운 것은 무엇인지 아니? 이런 끔찍한 일을 겪고도 제주도민들은 70여 년 동안 자기 부모, 형제, 친척의 억울한 죽음에 대해 입도 뻥끗할 수 없었단다. 이승만 정권 이후 들어선 군사독재 정권 치하에서 빨갱이로 몰릴까 봐 억울함을 말할 수도 없었고, 죽은 이들을 제대로 추모할 수도 없었지. 실제 4.3 희생자 가족들은 제대로 된 위로와 보상을 받기는커녕 오히려 공산주의자 가문으로 몰려 취직이나 사회생활에 여러 가지 불이익을 당했단다.

해방 공간에서 많은 민족 지도자들은 남과 북에 이념이 다른 정부가 생길 때 결국 같은 민족끼리 서로 죽일 수밖에 없는 비극이 일어난다는 것을 알고 있었단다. 그래서 이를 막기 위해 많은 노력을 했지만, 전후 패권을 둘러싼 미국과 소련의 갈등이 증폭되고, 중국의 공산화 등 악화되는 국제 정세로 인해 4.3과 같은 비극과 한국전쟁을 피할 수 없었지. 지난번 거제도 포로수용소 박물관에서 본 구절대로 전쟁에는 어느 누구도 승자가 될 수 없고, 전쟁 중에 죄 없는 양민들과 어린아이들이 많이 희생당하는데도 인류 역사에서 전쟁은 끊이지 않는구나.

역사 왜곡보다 무서운 것은 무관심

이런 이야기를 들으니 마음이 왠지 무겁지? 지금은 그래도 많이 나아진 거란다. 이렇게 공개적으로 4.3에 대해 말할 수 있고, 무엇이 진실인지 알 수 있는 다양한 통로가 있으니까. 앞으로 이곳 4.3에 대해 알 수 있는 좋은 자료들이 많으니 너도 시간 나는 대로 더 공부해 보렴.

정부에서도 2000년 1월 〈제주4·3사건 진상 규명 및 희생자 명예 회복을 위한 특별법〉을 제정해 진상 규명과 추모 사업을 진행했지. 여기 제주평화공원도 그 법을 근거로 만들어져서 2003년에 문을 연 거란다. 또, 2003년 10월 15일 '제주4·3사건 진상조사보고서'가 확정됐고, 조사위원회의 의견에 따라 그해 10월 31일 노무현 대통령이 대한민국을 대표해 '국가권력에 의해 대규모 희생'이 이뤄졌음을 인정하고 제주도민에게 공식 사과를 했단다. 이날은 많은 희생자 가족들과 제주도민들이 눈물을 흘리며 마침내 70여 년 만에 공산폭도의 누명을 벗는 날을 맞이했단다.

하지만 여전히 우리나라에는 4.3이 전적으로 공산당에 의한 폭동이고, 당시 토벌과 학살은 공산주의 박멸을 위해 잘한 일이라고 말하는 사

4.3을 기억하기 위해 만들어진 평화공원

수없이 늘어선 희생자들의 비석

람들이 있단다. 이건 조금만 4.3에 대해 알아봐도 말도 안 되는 것임을 알 수 있지. 그리고 이렇게 4.3의 진실을 왜곡하는 사람들보다 더 무서운 것은 많은 사람들의 무관심이란다. 아빠도 4.3에 제대로 안 게 몇 년 안 된단다. 7년 전쯤 제주도에 와서 이곳 평화공원에 들러 전시 자료를 본 후 평화공원 뒤의 수많은 검은 비석을 보고 역사적 실체를 알게 됐지. 그날은 정말 가슴이 먹먹하더구나. 당시 아빠 머릿속에 든 생각은 "많다. 많다. 너무 많다."는 거였단다. 이렇게 억울하게 죽은 사람들이 많다니….

이후 제주도에 올 때마다 평화공원에 들르는데, 다른 제주도의 유명 관광지는 늘 사람들로 넘치는데, 이곳은 너무 한산하다는 점이 안타깝더구나. 아빠는 앞으로 너와 제주도에 올 때마다 계속 이곳에 오려고 해. 그리고 4.3의 진실을 많은 사람들에게 알리려고 해. '기억되지 않는 역사는 반복된다'는 말이 있단다. 이런 역사의 아픈 순간을 기억하지 않으면 같은 역사가 반복되고, 그 피해는 결국 너와 너의 후손들이 당할 수밖에 없단다.

무거운 주제지만 예술적으로 전달할 수 있기를

한편으로는 이런 무거운 진실을 알리는 작업들이 좀 더 예술적으로 진행되면 좋겠다는 생각이 드는구나. 예전에 제주도에 오기 전 〈지슬〉이라는 4.3 관련 영화를 봤는데, 사실 큰 감동은 없었단다. 사실적인 묘사는 훌륭한데 너무 무거운 느낌이 들었지. 아빠는 〈인생은 아름다워〉라는 영화를 보며, '아, 비극적인 이야기를 이렇게 부담되지 않게 서술하면서도 큰 울림을 줄 수 있구나'라는 걸 느꼈단다. 유대인의 홀로코스트 학살이라는 주제를 다루지만, 영화는 내내 유머가 넘치지. 그러면서도 유대인의 비극적인 삶과 억울함이라는 메시지를 관객들에게 잘 전달하고 있지. 이런 맥락에서 〈택시운전사〉라는 광주민주화운동을 다룬 영화도 좋은 작품이라고 생각해. '광주에서의 무고한 시민들을 학살한 사건을 세상에 알린 외신기자'라는 무거운 소재를 다루지만, 평범한 택시운전사의 시선에서 부담 없이 메시지를 전달하고 있지.

아빠는 앞으로 4.3을 다룬 좋은 시, 좋은 노래, 좋은 영화, 좋은 연극이 많이 나왔으면 하는 바람이 있단다. 그래서 더 많은 사람들과 다음 세대들에게 이런 역사를 잘 알리면 좋을 것 같아. 너도 예술적 재능이 있다면 한번 도전해 보렴.

심샘의 추천자료 ──────────────────

♥ 《순이 삼촌》 현기영 저 | 창비 | 2015년
　　→ 제주 4.3을 문학으로 표현한 기념비적 작품이다.
♥ 〈황현필 역사 특강〉 4.3이 일어난 진짜 이유

 **심샘의 꿀팁 정보** ──────────────

★ **정방폭포**

주소 제주 서귀포시 동홍동 (064-733-1530)

운영 매일 09:00 – 17:10 / 일몰시간에 따라 변경 가능

서귀포항 동편에 있다. 요금은 성인 기준 2,000원이다.

★ **천지연폭포**

주소 제주 서귀포시 천지동 667-7 (064-733-1528)

운영 평일 09:00 – 21:20

서귀포항과 서귀포 칠십리 시공원 부근에 있다. 정방폭포와도 가깝다. 요금은 성인 기준 2,000원이다.

★ **천제연폭포**

주소 제주 서귀포시 천제연로 132 (064-760-6331)

운영 평일 09:00 - 18:00 / 일몰시간에 따라 변경 가능

중문관광단지 부근에 위치했고, 천제연 1,2,3 폭포가 있다. 요금은 성인 기준 2,500원이다.

★ **제주43평화공원 / 평화기념관**

주소 제주 제주시 명림로 430 (064-723-4344)

운영 매일 09:00 - 16:30 / 매월 첫째, 셋째 월요일 휴무

관람료는 무료다. 찾는 이들이 적어 주차나 관람이 수월하다.

35 제주의 박물관과 전시회

제주에서 만난 크리스 조던과 놀라운 전시들

시온아, 오늘은 제주현대미술관에서 크리스 조던(Chris Jordan) 특별전을 보도록 하자. 2019년 네가 많이 어릴 때 방문했는데, 이런 전시는 상설로 꾸준히 되면 좋겠구나. 제주는 아름다운 자연과 뜻깊은 역사 유적지에 더해 다양한 박물관과 전시가 많아서 어린 시절 다양한 경험을 할 수 있는 좋은 곳이지. 햇볕이 좋으면 자연에서 배우고, 비가 오거나 바람이 많이 불면 도서관이나 박물관에서 공부할 수 있잖니.

* '크리스 조던' 전시회는 2019년 10월에 열린 것으로, 현재 제주현대미술관에서는 다른 전시가 진행 중이니 확인 후 방문하길 권합니다.

죽어 가는 알바트로스를 통해 환경문제의 심각성을 알리다

크리스 조던은 플라스틱으로 인한 해양 오염 등 환경문제에 대한 경각심을 불러일으킨 미국 출신의 세계적인 생태예술 사진작가인데 대표적인 작품이 플라스틱을 먹고 죽은 알바트로스(albatross) 새 사진이란다. 북태평양의 섬 미드웨이에 사는 알바트로스는 바다에 떠다니는 플라스틱을 먹이로 알고 새끼들에게 먹였고, 많은 새끼들과 어미 새들이 플라스틱으로 인해 죽어 가고 있었지. 2018년에 그간의 기록을 모아 알바트로스라는 다큐영화를 만들었는데 53분쯤에 그가 죽은 새끼의 배를 갈라 보고는 거기서 나온 플라스틱 조각들을 한손에 들고, 한손에는 죽은 새끼를 안고 오열하는 장면이 나온단다. 정말 가슴이 먹먹해지고, '도대체 우리 인간들이 무슨 권리로 이 불쌍한 새들을 죽일 수 있나'라는 생각이 들었단다.

　이는 비단 알바트로스만의 문제가 아니란다. 거북이들은 비닐봉지를 해파리인줄 알고 먹다가 죽어 가고, 바다로 버려지는 폐기물이나 각종 쓰레기가 고래 뱃속에서 나오고 있단다. 더 큰 문제는 우리가 빨래할 때 합성섬유에서 나오는 눈에 보이지 않는 미세플라스틱인데, 작은 물고기

크리스 조던 특별전이 열렸던 현대미술관

죽은 알바트로스 뱃속에서 나온 플라스틱

들이 이 미세플라스틱을 먹고, 결국 우리가 먹는 생선이나 바다 먹거리로 돌아오게 되지. 결국 인간이 버린 플라스틱에 동물과 인간이 병들고 죽어 가고 있는 거야.

해마다 1,200만 톤의 플라스틱이 바다로 버려지고 있고, 북태평양의 하와이와 미국 캘리포니아 사이에는 남한 면적의 15배가 넘는 약 155만㎢ 넓이의 쓰레기 섬이 있단다. 전문가들은 이대로 가면 2050년에는 바다에 물고기보다 플라스틱 쓰레기가 더 많을 거라고 하지.

그럼 왜 이렇게 된 것일까? 우리 주변을 돌아보자꾸나. 신용카드, 플라스틱 칫솔, 면도기, 페트병, 요쿠르트병, 화장품 용기, 그리고 네 장난감. 우리 삶의 거의 모든 것이 플라스틱으로 둘러싸여 있단다. 그리고 이 플라스틱이 제대로 수거되고 재활용되지 못하니 바다로 흘러든 거지.

플라스틱을 줄이기 위한 작은 실천

그러면 이 심각한 환경오염을 막기 위해서는 어떻게 해야 할까? 우선 간단히 실천할 수 있는 방법이 장바구니를 사용하고, 일회용품 사용을 줄이는 거란다. 과대 포장된 제품을 사지 말고, 플라스틱보다 병에 담긴 제품을 사는 방법도 있지. 그리고 가능한 합성섬유보다 천연섬유로 된 옷을 입고, 새 옷을 사기보다 물려 입는 노력을 할 수도 있단다. 플라스틱뿐 아니라 생활 쓰레기 전체를 줄여 환경을 보호하자는 운동을 '제로 웨이스트(Zero Waste) 캠페인'이라고 하는데, 그린피스와 같은 환경단체를 중심으로 이뤄지고 있단다. 이런 단체의 캠페인에 참여하고, 환경

문제에 기업이나 정부, 정치인들이 지속적인 관심을 갖도록 요구하는 활동을 할 수 있지.

이런 단체의 열성적인 활동가들은 일 년 쓰레기를 토마토케첩 병 하나 정도로 줄이는 삶을 실천하고 있단다. 제로웨이스트 생활을 실천하고 있는 로렌 싱어(Lauren Singer)는 테드(TED) 강연에서 어떻게 자신이 3년 동안 병 하나 정도의 쓰레기만 만들어 냈는지를 설명했단다. 일회용 제품을 줄이고, 비누나 세제, 화장품 등 생활용품은 천연으로 만들어 쓰고, 생활용품의 대부분을 포장이 없는 중고 제품을 사용했지. 좀 더 연구하면 우리가 쓰는 수많은 제품들을 천연 재료로 만들 수 있다고 해. 그리고 우리나라에도 플라스틱을 줄이기 위한 실천에 동참하는 사람들이 많이 있단다.

깨어 있는 소박한 삶이 지구를 지킨다

다양한 환경운동이나 이런 의미 있는 실천을 하는 사람들의 공통점은 결국 소박한 삶이란다. 적게 생산하고 적게 소비하면 되지. 그리고 이렇게 사는 삶이 더 경제적이고, 더 여유 있게 살 수 있는 길이기도 하단다. 아빠도 지금 쓰고 있는 휴대전화를 중고로 샀는데, 제품을 받아 보니 알루미늄 캔에 폰이 담겨 왔단다. 새로운 제품을 살 때의 포장과 플라스틱이 없더구나. 가격도 새 폰의 반이고, 성능은 그리 큰 차이가 없고.

그리고 이런 소박한 삶과 함께 공부가 필요하단다. 환경문제에 대해 무지한 것을 '환경 문맹'이라고 하는데, 반대로 내가 만드는 쓰레기가 어떻게 지구를 파괴하고 수많은 생명과 인간의 삶에 해를 끼치는지 아는 것은 '환경 의식'이라고 하지. 환경문제나 생명문제는 모르는 게 죄란다. 이런 분야에 관심을 갖고, 시간을 내어 공부하고, 생활 가운데 하나라도 실천할 수 있는 방법을 찾는 지혜가 필요하지.

제주도에는 아빠와 자연출산으로 인연을 맺은 가정들이 많이 내려와 사는데, 오늘 우리가 묵을 곳도 아이들을 자연출산으로 낳고 환경문제에 관심이 많은 가정이란다. 이 이모는 아이가 다니는 초등학교에서 일일 교사로 제로플라스틱 강연도 하셨다는구나. 그리고 이모 남편은 독일분인데, 독일은 학교나 사회에서 환경 교육을 철저히 시키는 것으로 유명하단다. 법률이나 제도적인 장치도 잘 돼 있지. 마트에도 페트병보다 유리병 제품이 훨씬 많고, 페트병을 마트에 가져가면 환불도 해 준다는구나. 그리고 사회 전반에 플라스틱 제품을 많이 쓰고, 환경을 파괴하는 행동을 하면 큰 죄를 짓는 듯한 분위기가 형성됐다고 해. 우리나라도 제대로 된 환경 교육과 제도적 정비가 빨리 돼서 세계 최고의 개인 쓰레기 배출국이라는 오명을 씻어야 할 것 같아.

마지막으로 이런 플라스틱 쓰레기뿐 아니라, 음식 쓰레기, 돼지나 닭 살처분으로 인한 지하수 오염도 우리가 관심을 가져야 할 분야란다. 늘어난 고기 소비량으로 공장식 축산이 확산되면서 열악한 환경에서 자라는 가축들의 전염병이 크게 늘었지. 그리고 구제역이나 돼지열병, 조류독감과 같은 유행성 질병으로 해마다 수만 마리의 가축들이 살처분된단다. 셀 수 없는 가축들이 땅에 묻히고, 사체에서 나온 오염물질이 땅과 지하수를 오염시키고 있지. 2019년 아프리카 돼지열병으로 살처분 된 돼지 수만 15만 마리라고 하는데, 최근 20년간 우리나라에서 살처분된 가축은 1억 마리나 된단다. 이 문제는 언제 〈고기 랩소디〉라는 MBC 다큐를 같이 보면서 다시 한 번 이야기 나눠 보자꾸나.

여러 가지 환경문제를 이야기하다 보니 너무 심각해졌는데, 이런 심각한 이야기를 예술이라는 형태로 잘 표현하고, 사람들에게 거룩한 부담감을 주며, 자연스러운 실천을 이끌어 내는 크리스 조던 같은 예술가가 정말 존경스럽구나. 우리나라에도 이런 예술가들이 많이 나오면 좋겠다.

'빛의 벙커'와 '박물관이 살아있다'

제주도에 올 때마다 여러 박물관을 돌아봤지만, 아직 가 보지 못한 박물관이나 전시관이 더 많구나. 지금까지 가 본 전시관 중 가장 기억에 남는 곳은 '박물관이 살아있다'였어. 잘 알려진 미술 작품이나 재미있는 그림을 입체적으로 표현한 '착시' 예술이라고 할 수 있단다. 우리가 보는 것에 얼마나 속임수가 많은지를 보여 주지. '크리에이티브 통'이라는 회사가 기획 전시한 것으로, 인사동과 여수에도 지점이 있고, 중국과 싱가포르에도 전시를 수출하고 있다는구나.

빛으로 고전 작품을 재해석한 '빛의 벙커' '박물관이 살아있다' 전시 모습 이중섭미술관 대표작 '황소'

또, '빛의 벙커'도 정말 좋았어. 너와 같이 갔을 때는 클림트 작품이 중심 테마였는데, 지금은 반 고흐와 폴 고갱의 작품을 전시하는 것 같아.(2021년 2월 기준, 4월부터 모네, 르누아르, 샤갈 작품이 전시 중이다.) 세계적인 화가의 작품을 빛으로 다시 탄생시킨 아이디어가 너무 멋지구나. 반 고흐는 서양화가 중에 아빠가 제일 좋아하는 작가이고, 전에 뉴욕에 갔을 때 뉴욕 메트로폴리탄 미술관에서 반 고흐의 작품을 직접 본 것이 미국 동부 여행에서 제일 인상 깊은 점이었단다. 다시 뉴욕에 간다면 아빠는 미술관 근처에 숙소를 잡고 일주일 정도 천천히 미술관과 센트럴 파크 구석구석을 둘러보고 싶구나.

아빠가 좀 더 역량이 된다면 너와 함께 한 달씩 세계 역사를 공부하며 세기별 그 시대의 음악 작품이나 미술 작품을 같이 유튜브나 책으로 감상했으면 하는데, 힘닿는 대로 도전해 보자구나. 요즘은 유튜브를 통해 역사나 고전 음악, 미술을 설명해 주는 좋은 선생님이 많아서 조금만 관심 갖고 시간을 내면 좋은 경험을 할 수 있을 거야. 역사나 미술, 음악은 정말 아는 만큼 보이고 들린단다.

제주도의 다양한 박물관과 전시

테디베어 뮤지엄과 헬로키티 뮤지엄은 캐릭터를 이용해 다양한 전시를 한 곳인데, 정말 제대로 된 캐릭터 하나가 얼마나 많은 부가가치를 만들어 낼 수 있는지를 느꼈단다. 우리에게는 너도 좋아하는 '뽀로로와 친구들'과 '아기상어'와 '핑크퐁'이 있는데 뽀로로는 2003년에 나오고,

테디베어 뮤지엄   제주감귤박물관

핑크퐁은 2012년, 아기상어는 2015년에 나왔으니 모두 20년이 안 된 캐릭터들이지만 벌써 세계적으로 많이 알려진 것 같구나. 테디베어는 거의 100년이 넘었고, 헬로키티는 1974년에 나왔으니 벌써 50년이 다 되어 간다. 미국은 미키마우스, 도날드 덕과 같은 디즈니 캐릭터에 스누피, 곰돌이 푸가 있고 일본도 강력한 애니메이션 산업을 바탕으로 토토로, 도라에몽 같은 세계적인 캐릭터가 있지. 우리도 출발은 늦었지만 강력한 애니메이션과 게임, IT 기술을 갖추고 있어 앞으로 더 많은 글로벌 캐릭터가 나올 것 같구나.

마지막으로 큰 기대 없이 갔는데 아주 좋았던 곳이 감귤박물관이란다. 감귤의 재배 역사와 재배 모습, 전 세계의 감귤류 식물들이 소개돼 있어서 재미있게 돌아봤단다. 우리가 가 본 곳 외에도 국립제주박물관, 제주자연사박물관, 제주우주항공박물관 등 못 가본 곳이 훨씬 많은데, 제주도 올 때마다 비가 오거나 날씨가 안 좋으면 한 번씩 들러보자꾸나.

심쌤의추천자료 ─────────────────

♥ 《내가 조금 불편하면 세상은 초록이 돼요》

　김소희 글/정은희 그림 | 토토북 | 2009년

♥ 《오늘을 조금 바꿉니다》

　정다운, 송경호, 홍지선, 신슬기, 박혜진 외 1명 저 | 자그마치북스 | 2020년

♥ 《무해한 하루를 시작하는 너에게》 신지혜 저 | 보틀프레스 | 2020년

♥ 한국 그린피스의 플라스틱제로 캠페인

♥ 크리스 조던 (http://www.chrisjordan.com)

　크리스 조던, 〈다큐 알바트로스〉 무료 시청

　→ 1시간 37분의 긴 영상이다. 너무 길면 50분 전후로 10분 정도를

　봐도 좋다.

♥ 크리스 조던 TED 강연

　→ 미드웨이 섬에서의 알바트로스 다큐 제작 과정을 소개한 영상이다.

　→ 쓰레기와 현대 배금주의의 문제점을 예술로 표현한 영상이다.

♥ 로렌 싱어 TED 강연 제로웨이스트 라이프 강연

♥ 〈MBC 스페셜〉 고기 랩소디

★ 제주 박물관, 미술관, 전시시설 목록

★ 제주현대미술관 (jejumuseum.go.kr/kor)

주소 제주시 한경면 저지14길 35 (064-710-7801)

운영 매일 09:00-18:00 / 월요일, 1월 1일, 설 · 추석 당일 휴관

★ 빛의 벙커 (www.bunkerdelumieres.com/Home)

주소 제주특별자치도 서귀포시성산읍 고성리 2039-22 (1522-2653)

현재는 '모네, 르누아르…샤갈' 전시가 열리고 있다.(2021.4월 기준)

★ 박물관은 살아있다 (www.alivemuseum.com)

주소 제주특별자치도 서귀포시 중문관광로 42 (064-805-0888)

운영 매일 10:00-19:00

오로지 명문학군에서
문제지 푸는 길밖에 없는가?

일전에 지방의 문화센터 강연에서 한 어머니의 고민을 상담해드린 적이 있다. 어머니는 지방대 교수로 있는데, 아이가 다니는 학교의 면학 분위기가 안 좋아 명문학군으로 이사를 고민하고 있었다. 아이는 착하고 성실한데 학교생활에 잘 적응하지 못하고 있다고 한다. 쭉 이야기를 나누다 마음속에 든 생각은 '부모님이 교육 쪽에 계신데, 왜 홈스쿨은 생각해 보지 않으실까?'였다. 미국에서 유학하는 동안 주변에서 홈스쿨링을 하는 가정도 많이 봤을 텐데 왜 오로지 면학 분위기 좋고, 학원가가 잘 돼 있는 곳에서만 아이 교육을 잘 시킬 수 있다고 생각하는지 이해할 수 없었다.

지방에 있는 소도시에서 아이들을 자연 속에서 키우고 있는 한 지인은 그 지역의 공무원이 아이들이 크면 큰 도시로 이사 가라는 충고를 듣고 깜짝 놀랐다고 한다.

"여기 중·고등학교 아이들 질이 너무 안 좋아요. 생각 있는 부모들은 아이들이 초등 고학년쯤 되면 옆 대도시로 이사 가요."

지인은 아이를 입시로 힘들게 해서 좋은 대학에 보낼 생각도 없고, 집값도 싸고, 자연 환경도 좋고, 도서관이나 편의시설도 잘 돼 있어서 그곳에 오래 살려고 했는데 이런 이야기를 들으니 마음이 혼란스러워졌다.

"심선생님, 이 지역에 오래 사셨던 분이 이런 이야기를 하니 정말 마음이 좀 흔들리는데, 선생님은 어떻게 생각하세요?"

"음, 저라면 아이 초등학교까지 보내 보고, 정말 학교 분위기가 안 좋다면 중고등과정은 홈스쿨링이나 검정고시를 생각할 것 같은데요. 그리고 아이가 정말 입시 쪽으로 승부를 볼 수 있겠다는 생각이 들면, 그때 대도시로 가거나 입시 실적이 좋은 고등학교로 보내거나 할 수도 있고요. 아이가 어느 정도 중심을 잡을 수 있다면 고등학교만 그 지역에서 보내면서 농어촌 전형이나 수시 교과 전형으로 상위권 대학에 도전해 볼 수도 있지요."

💜 그렇게 공교육에 불만이 많으시면

사실 홈스쿨링 혹은 검정고시는 학교에 잘 적응하지 못하는 학생들뿐 아니라, 입시에서도 상당히 활용 가능성이 있는 선택지이다. 입시 정보 쪽에 영향력 있는 사이트를 운영하는 한 선생님은 새로운 정부가 들어선 이후에 이른바 혁신 교육이나 줄 세우지 않는 교육을 한다며 아이들의 시험과 학업 강도를 줄이는 데 불만이 많다. 그분의 논리는 '어차피 입시 위주 사회인 우리나라에서 시험을 안 보면 아이들은 결국 놀기만 하고, 학력도 떨어지고, 좋은 대학에 못 가서 이른바 신분 상승의 기회를 박탈당한다.'였다. 그러면서 결국 아이들은 경쟁시키고, 학원 보내서 실력을 길러 주는 게 최선인데 정부나 정치권이 국민을 속이고 있다며 분개했다.

이전부터 나는 이런 식의 논리 즉, '역시 우리나라에서는 입시 위주 교육이 최고이고, 아이들은 빡세게 돌려야 하고, 창의적 체험 활동이니 진로 탐사 활동이니 해서 아이들에게 바람 넣지 말고, 자습 감독하며 문제지 풀려야 해.'라고 주장하는 '교육자'들에게 한 가지 묻고 싶은 질문이 있었다.

"그러면 아예 학교를 다니지 말고, 선생님이 그렇게 칭찬하는 학원만 다니는 건 어때요? 어차피 지금도 학생부 전형은 금수저 전형이라는 비판을 받고, 정치 논리에 휩쓸려 상위권 대학 정시 비중을 30% 이상으로 올려야 하잖아요. 수시 미등록으로 인해 정시 이월 인원까지 합치면 수능이 절대적인 비중을 차지하는 정시가 40-50% 이상이 되는데, 학교 다니느라 시간 낭비하지 않고, 쓸데없는 수행평가나 진로 탐사 활동 하지 않고 수능 공부에만 집중할 수 있잖아요. 친구는 학원 가서 사귀면 되고, 고1 때 내신이 안 좋으면 자퇴하고 바로 기숙 재수학원에 입학해 1-2년 수능에만 집중하면 더 좋은 대학에 갈 수 있지 않을까요?"

나도 지금의 우리 교육 제도에 불만이 있지만, 지금의 공교육 흐름이 싫다고 다시 자율학습과 문제지 푸는 공부로 돌아가자는 것은 더욱 반대이다. 지금의 교육 상황에서 '중1 자유학년제'나 중·고등학교에서의 진로 탐사 활동이 제대로 된다고 할 수 없다. 수시 제도 역시 완벽한 건 아니다. 하지만 내신이 있고, 수시가 있어야 그나마 학교를 다닐 이유가 있는 게 아닌가? 그나마 공교육이라는 틀에서 지금의 교육 문제를 해결하기 위한 미봉책이 지금의 정부와 학교에서 시도하고 있는 방법들이다. 그렇게 열심히 문제지를 풀어서 4년제 대학을 가도, 4년 후 졸업한 아이들의 반 이상이 제대로 된 일자리를 구하지 못해, 커피숍 알바, 편의점 알바를 전전하다 30, 40:1의 경쟁률이 넘는 공무원 시험을 준비하겠다고 다시 학원과 동영상 강의 앞에 앉아 있는 현실이다. 지금의 문제지 푸는 공부로 앞으로 인공지능 시대를 대비할 수 있느냐는 원론적인 질문은 생략하겠다.

지금의 학교 교육이 그렇게 싫으면 홈스쿨링 하고, 검정고시 보고, 학원만 다니면 교육과 입시 문제가 다 해결되는데 왜 그런 선택은 하지 않는지 이해되지 않는다. 이런 '입시 지상론자'뿐 아니라 우리나라에서 홈스쿨이 필요한 사람들은 점점 더 늘어나는 것 같다. 전교조 선생님들이 학교에서 아이들에게 좌파 사상을 주입하는 게 싫다고 하는 분들, 젠더나 탈원전 등의 환경 이슈 등의 진보 사상을 학교에서 가르치는 게 싫은 가정도 대안교육 외에 홈스쿨이라는 선택이 있다. 아이에게 적합한 학교를 알아보고, 부모 교육을 받는 등의 번거로움 없이 가장 빠른 대안이 있는데 왜 교육 전반을 뒤집는 일에 매진하려고 하는지 이 역시 나로서는 잘 이해되지 않는다. 자식 교육 문제로 고민이 깊은 모든 사람들에게 "공부해 보시고 용기 내서 한번 홈스쿨에 도전해 보세요."라고 진심으로 권하고 싶다. 요즘은 홈스쿨이라는 좁은 개념보다 '교실 밖 더 넓은 세상에서 배운다'는 언스쿨링(unschooling)이라는 용어를 쓰고 있는데, 여기서는 좀 더 익숙한 용어인 홈스쿨이라는 말로 계속 설명해 보겠다.

♥ 전 세계의 홈스쿨 트렌드

홈스쿨에 관해서는 미국, 영국, 핀란드처럼 교육적 옵션으로 인정해 주는 나라가 있고, 독일처럼 불법화하고 강제 등교를 명하는 나라가 있다. 우리나라는 제도적으로 홈스쿨을 뒷받침해 주지는 않지만, 학교를 가지 않는다고 학부모를 구속하거나 벌금을 내는 등의 불이익은 없다. 대신 검정고시를 통해 상급 학교 진학을 보장해 주는 이른바 묵인 정책을 쓰고 있다고 할 수 있다. 홈스쿨링을 제도적으로 인정하고 있는 미국에서는 코로나 사태 이전에 전체 학생의 2.5-4%, 약 200만 명이 넘는 학생들이 홈스쿨을 통해 교육 과정을 인정받고, 대학에 진학하거나 사회생활을 하고 있다. 그리고 이번 코로나 사태로 인해 홈스쿨에 대한 관심과 참여는 더욱 늘어날 것으로 예상된다.

이에 비해 우리나라는 주로 종교 단체를 중심으로 한 홈스쿨이 진행되는데, 학생들에 대한 정확한 통계는 없다. 한 연구에 의하면 1999년 약 200 가정으로 추정된 홈스쿨링 인구는 2016년에는 경기도 내에서만 2,350명으로 추정되고 있다. 전국적으로 만 명을 잡아도 전체 학령인구의 0.1%도 안 되는 수치이다. 물론 홈스쿨이 쉬운 일은 아니다. 하지만 미국만큼은 아니더라도 우리나라에서 0.1% 정도의 가정과 아이들은 이 길을 선택해 볼 수 있지 않을까?

내 주변에는 홈스쿨을 하는 가정이 많다. 기독교 신앙을 바탕으로 10명 가까운 아이들을 20년 가까이 홈스쿨을 해서 아이들을 결혼시킨 가정도 있고, 아들 셋과 홈스쿨링을 7-8년째 하는 가정도 있고, 홈스쿨을 통해 로봇 영재로 방송에 소개된 가정도 있다. 주변의 홈스쿨을 하는 가정은 이번 코로나 사태에 별 타격이 없었다. 물론 홈스쿨러 중에서도 일주일에 한두 번은 홈스쿨러 모임에 가거나 학원이나 동호회 모임에 나가는 친구들이 있다. 이런 아이들은 약간의 일정 조정이 필요하지만, 전반적으로 집에서 공부하거나 남는 시간에 자기가 관심 있는 일을 더 하는 큰 방향성은 변함없다.

♥ 또 다른 선택지로써의 홈스쿨링

나는 이전부터 우리나라에서 대안 교육뿐 아니라, 홈스쿨이라는 교육의 선택지가 좀 더 많이 확산되는 게 바람직하다고 생각한다. 그런 점에서 이번 코로나 사태로 인해 '그 시기가 좀 더 빨라지지 않을까?'라는 생각이 든다. 코로나19 바이러스 유행 이후 우리나라뿐 아니라 전 세계 교육계가 비상이다. 아이들이 학교를 제대로 가지 못하고 집에 있는 시간이 늘면서 무엇을 어떻게 해야 할지 난감해한다. 고3 수험생들의 입시에도 비상이 걸렸고, 코로나로 인한 학력 격차가 점점 더 심해지고 있다는 이야기도 나온다. 하지만 이런 코로나 태풍에도 홈스쿨 하드웨어가 갖춰진 가정은 흔들림이 없다. 앞으로 코로나 사태가 어떻게 진행될지 모르는 상황에서 미래를 대비하는 차원에서라도 기본적인 홈스쿨 개념을

각 가정이 이해하고 실천할 수 있으면 많은 도움이 될 것이다.

💙 인지 홈스쿨링은 피곤하지만, 인성 홈스쿨링은 할 만하다

문제는 집에서 부모가 '어떻게 아이들을 가르칠 수 있는가'라는 두려움이다. 특히 초등 고학년 이상의 아이들은 더욱 난감하다. 이에 대해 나는 "부모가 가르치지 말고 더불어 같이 배우면 어떨까요?"라고 말한다. 부모가 국영수사과의 인지 과목을 가르쳐야 한다는 부담을 내려놓으면 수많은 길이 보인다. 좀 더 달리 말하면 인지 홈스쿨링이 아닌 인성 홈스쿨링을 하면 된다.

홈스쿨링을 하지만 인지 과목이 뒤처지면 안 된다는 마음에 집 안을 학원으로 만들면 어떤 부작용이 생기는지는 홈스쿨링 출신의 가수인 악동뮤지션의 부모님이 쓴《오늘 행복해야 내일 더 행복한 아이가 된다》를 보면 알 수 있다. EBS 방송 교재를 텍스트로 아이들의 공부를 감시하고 감독했을 때, 성적도 관계도 깨지는 모습이 나타난다. 그렇기에 나는 홈스쿨에서 이상적인 부모의 역할은 학원 선생님이 아니라, 아이와 더불어 성장하고 배우는 '구도자'가 되는 게 바람직하다고 생각한다.

💙 필리핀 보홀에서의 홈스쿨 실험

아래는 이런 개념으로 내 교육 이론을 지지하는 가정과 함께 필리핀 보홀에서 몇 주간 실험해 본 내용이다.

먼저 아침에 5시에 일어난다. 5시에서 6시까지 '자신이 왜 살고, 어떻게 살아야 할지'에 대해 나눌 수 있는 텍스트(종교나 인문학)를 같이 읽고, 아이와 함께 토론한다. 토론은 같은 텍스트를 읽고 키워드를 중심으로 나눔을 하는 방법인데 자세한 방법은《하루 15분 인문학 지혜독서》에 잘 정리돼 있다.

토론이 끝나면 6-7시에 체조와 기본 체력을 기를 수 있는 운동을 한다. 추천하는 운동법은 백용학 소장의 운기오행체조와 건강 스쿼트로, 자세한 내용은 유튜브 채널 '심정섭 TV'를 참조하면 된다. 그리고 간단히 과일 위주의 아침식사를 한다.

오전 시간은 그날의 날씨 상황을 봐서, 날이 좋으면 자연 탐방이나 역사 유적지 답사 등 그 지역에서만 할 수 있는 활동을 한다. 날이 좋지 않으면 실내에서 책을 읽거나 관심 있는 주제를 공부한다.

점심을 먹고 잠깐 쉬었다가 6시까지는 수영이나 자신이 좋아하는 활동을 하고, 6-7시에 저녁식사를 하고, 하루 활동을 돌아보며 대화하는 시간을 갖는다. 그리고 감사 나눔을 하고 10시 이전에 잔다.

기본 개념은 아이 교육을 밖으로 아웃소싱 하는 것이 아니라, 가장 중요한 운동과 인성 교육을 아이와 같이 하고, 재능 교육은 아이 중심으로 맡기고, 무엇을 했고 어떤 도움이 필요한지 이야기를 나눌 수 있는 소통의 장만 마련하는 것이다. 이것이 바로 '인성 홈스쿨링'이다.

보홀에서의 이 실험에 동참한 가정은 3가정인데, 한 가정은 한국에 돌아와 저녁에 한 시간씩 부모와 인문학 텍스를 읽으며《하루 15분 인문학 지혜독서》에 나오는 내용을 실천했다. 그 결과 지금 코로나 상황에서도 아이가 자기 주도 학습을 하며 동영상 수업이나 과제를 잘 소화하고 있고, 남는 시간은 자기가 좋아하는 재능을 발견해 더욱 발전시켜 가고 있다. 학교는 아이가 친구를 좋아해서 보내고 있는데, 코로나로 인해 학교 가는 시간보다 동네에서 만나서 노는 시간이 더 많다.

한 가정은 여전히 학교에 다니며 홈스쿨로 바꿔야 하는지 계속 고민하고 있는데, 아직 결정을 내리지는 않았다.

마지막 한 가정은 아이가 셋인데, 부모는 홈스쿨을 하고 싶어 하는데, 아이들이 학교에 가서 친구들과 노는 것을 좋아하고, 한 아이는 학교 공부도 잘해서 학교를 포기(?)하지 못하고 있다. 언제든지 학교에 가기 싫으면 가지 말라고 말하며, 아빠는 주말마다 아이들을 데리고 산을 다니는데, 이럴수록 아이들은 더욱 학교에 가고 싶어 하고 몰래 공부하는(?) 기이한 현상이 생기고 있다고 한다.

💙 가정 중심 교육은 흔들림이 없다

아이 교육에 정답은 없다, 아이와 우리 가정 상황에 맞는 최적의 해답을 찾아 가면 된다. 그 해답 가운데 홈스쿨이라는 옵션이 있으면 더 나은 선택을 할 수 있다. 이 책은 포스트 코로나 시대 우리 아이들을 어떻게 가르쳐야 하는지에 대한 나의 두 번째 답이다. 하나는 '인문학 지혜독서'를 하자는 것이고, 하나는 '인문학 가족여행'을 통한 경험의 근육을 만들자는 것이다. 그리고 이 모든 것의 공통 키워드는 '가정'이다. 어차피 코로나19와 같은 팬데믹 시대에는 가족 단위 이상의 오프라인 모임을 가질 수 없다. 가정 중심의 대안을 마련하는 것이 어떤 상황에도 흔들리지 않는 교육의 기초를 쌓는 일이다.

참고문헌

교육 일반

고리들(고영훈), 《인공지능 Vs. 인간지능 두뇌 사용설명서》, 행운출판사, 2015.

고리들(고영훈), 《인공지능과 미래인문학》, 행운출판사, 2017.

김수영, 《멈추지 마, 다시 꿈부터 써봐》, 꿈꾸는지구, 2019.

김지현, 《준규네 홈스쿨》, 진서원, 2019.

도널드 클리프턴, 톰 래스, 《위대한 나의 발견 강점혁명》, 청림출판, 2017.

만프레드 슈피처, 《디지털 치매》, 북로드, 2013.

박혜란, 《다시 아이를 키운다면》, 나무를심는사람들, 2019.

박혜란, 《믿는 만큼 자라는 아이들》, 나무를심는사람들, 2013.

백금산, 《책 읽는 방법을 바꾸면 인생이 바뀐다》, 부흥과개혁사, 2002.

사교육걱정없는 세상, 《아깝다 영어 헛고생》, 우리학교, 2014.

사교육걱정없는 세상, 《아깝다 학원비》, 비아북, 2010.

서형숙, 《엄마 학교》, 큰솔, 2006.

수 클리볼드, 《나는 가해자의 엄마입니다》, 반비, 2016.

악동뮤지션, 《목소리를 높여 high》, 마리북스, 2014.

엘리 홀저, 오릿 켄트, 《하브루타란 무엇인가》, 디씩스코리아, 2019.

이범, 《이범의 교육특강》, 다산에듀, 2009.

이성근, 주세희, 《오늘 행복해야 내일 더 행복한 아이가 된다》, 마리북스, 2014.

이승욱 등, 《대한민국 부모》, 문학동네, 2012.

전성수, 《부모라면 유대인처럼 하브루타로 교육하라》, 위즈덤하우스, 2012.

전은주, 《초간단 생활놀이》, 북하우스, 2013.

전혜성, 《섬기는 부모가 자녀를 큰 사람으로 키운다》, 랜덤하우스, 2006.

전혜성, 《엘리트보다는 사람이 되어라(개정판)》, 중앙북스, 2009.

전혜성, 《생의 목적을 아는 아이가 큰 사람으로 자란다》, 센추리원, 2012.

정선주, 《학력파괴자들》, 프롬북스, 2015.

조엘 펄먼, 《아이를 변화시키는 두뇌음식》, 이아소, 2008.

최승필, 《공부머리 독서법》, 책구루, 2018.

켄 블랜차드, 《춤추는 고래의 실천》, 청림출판, 2009.

피터 그래이, 《언스쿨링》, 박영스토리, 2015.

하워드 가드너, 《다중지능》, 웅진지식하우스, 2007.

EBS 제작팀, 《학교란 무엇인가 1, 2》, 중앙북스, 2011.

저자의 다른 서적

심정섭, 《스무 살 넘어 다시 하는 영어》, 명진출판, 2011.

심정섭, 《강남에서 서울대 많이 보내는 진짜 이유》, 나무의철학, 2014.

심정섭, 《질문이 있는 식탁, 유대인 교육의 비밀》, 예담프렌드, 2016.

심정섭, 《1% 유대인의 생각훈련》, 매경출판, 2018.

심정섭, 《역사 하브루타》, 더디퍼런스, 2019.

심정섭, 《대한민국 입시지도》, 진서원, 2019.

심정섭, 《대한민국 학군지도(개정판)》, 진서원, 2019.

심정섭, 《학력은 가정에서 자란다》, 진서원, 2020.

심정섭, 《공부보다 공부그릇》, 더디퍼런스, 2020.

심정섭, 《하루 15분 인문학 지혜 독서법》, 체인지업, 2020.

심정섭, 《학군상담소(개정판)》, 진서원, 2021. (전자책)

미디어 및 인터넷 자료

유튜브: 심정섭TV

네이버 블로그: 심정섭의 나누고 싶은 이야기 blog.naver.com/jonathanshim

네이버 카페: 심정섭의 학군과 교육 cafe.naver.com/newcre

네이버 카페: 더나음 연구소 cafe.naver.com/birthculture

〈EBS 육아 학교〉 출연 영상 – 유대인에게 배우는 밥상머리교육법

(2016. 4. 1. 방송)

MEMO